もっと プログラマ脳を鍛える 数学パズル

アルゴリズムが脳にしみ込む70問

増井敏克

はじめに

プログラミングを始めたとき、教科書に沿って勉強していると、できることが少しずつ増えていきます。ただ、基本的な内容を学んだあとの成長速度は人によって大きく違います。

仕事として開発するときは、顧客の要望に応えるように開発を進める、スキルに合わせて仕事が割り振られるなど、周囲の支援もあり大きな問題にならないかもしれません。少しずつでもスキルアップできるでしょう。しかし、仕事以外でプログラミングを始めた場合、途中で大きな壁にぶち当たることがあります。

たとえば、「作りたいものが見つからない」という壁があります。これは、学校の授業などで勉強としてプログラミングを始めた人に多いものです。講義の1つにプログラミングがあったから学ぶ、将来に役立ちそうだから学ぶ、という人にとって、作りたいものは明確ではありません。プログラミングの勉強が進んでも、それをどう使っていいのかわからず、モチベーションが続かないのです。

作りたいものがあっても、それを実現できた場合に次のアイデアが思い浮かばないという壁もあります。プログラミングは楽しくなってきたけれど、すでにあるものを作っても意味がない。何か新しいものを作りたい、と思ってもそれが思いつかない。これは「企画力」といってもいいかもしれません。

また、作りたいものがあって、それに向けて勉強している人にとっても次の壁が登場します。それは「いつまでたっても実装できるようにならない」というものです。作りたいプログラムとして想像しているレベルが高く、そのレベルに到達するまでに時間がかかりすぎてしまう、もしくは1人ではできないレベルのものを作ろうとしている状況です。

この原因として、私たちが見ている世界が大きく発達してしまったことが挙げられます。Windowsもインターネットもない時代は、プログラミングでできることは限られていました。CPUも遅く、メモリも潤沢ではありませんでした。使える環境はコンソールのみ、という環境であれば、教科書で学んだことが実現したい内容に直結していました。

ところが、時代は大きく変わってしまいました。きれいにデザインされたスマートフォンアプリ、3Dのゲーム、……。このような環境に慣れたことで、標準入出力やアルゴリズムの勉強が現実と大きくかけ離れている状況があります。

内部の動作としてアルゴリズムは重要ですし、デバッグなどを考えたときに標準入出力についての知識があると便利です。しかし、作りたいもののイメージが大きすぎると、現実との間に想像以上の壁ができてしまうのです。「現在の勉強を続けて、目標に到達できるのはいつになるのだろう？」と考えてしまうと、勉強が進みません。

このような問題を抱えている人にとって、本書のようなパズルを解くことは1つの答えになるのではないかと思っています。目標となる問題が明確になっており、それほど時間をかけずに答えを求められます。

そこで、この本では、以下のような視点で問題を作成しています。

- できるだけ身近な事例を中心に、パズル感覚で楽しめること。
- ソースコードが短く、あまり時間をかけずに実装できること。
- 入出力が簡単な数字だけで処理できること。
- 少し工夫すると処理時間を短くできて達成感を味わえること。

もちろん、上記のすべてを満たすような問題ばかりではありません。それなりの行数を書かなければならない問題もありますし、工夫しなくても簡単に答えが得られるものもあります。

しかし、このような問題を繰り返し解くことで、プログラミングを学ぶときに伸び悩む原因である壁を乗り越えるヒントになるかもしれません。小学生が算数を勉強するときにドリルを解くように、プログラミングを覚えるときにも問題を繰り返し解くことで、言語の特徴や工夫を学ぶことにつながればと思います。

謝辞

本書に掲載されている問題は、ITエンジニアのための実務スキル評価サービスであるCodeIQ（https://codeiq.jp）にて「今週のアルゴリズム」として、毎週出題した問題を一部改変・追加して掲載しています。出題にあたり毎週確認いただいた山本有悟様、その他CodeIQに関わっているスタッフの皆様に感謝いたします。

また、「今週のアルゴリズム」に挑戦していただいた多くの解答者の方々に支えられ、出題を続けることができました。本当にありがとうございました。

本書の概要

本書では、70問の数学パズルを解くためのプログラムを作成していきます。大きく分けて、「問題ページ」と「解説ページ」の2種類で構成されています。各問題の初めのページが「問題ページ」です。まずはここの問題文を読んで、実際にプログラムを作って解いてみてください。実装方法よりも、「どういう手順で実装すれば解けそうか」を考えることが重要です。

ページをめくると、解説とソースコードの例が記載されています。処理速度や読みやすさなど、自分が工夫したところと、解答例のソースコードがどう違うのか、比べてみてください。考え方や答えを先に見てしまうと、パズルを解く楽しみがなくなりますので、プログラムを作成してからページをめくることをオススメします。

問題ページ

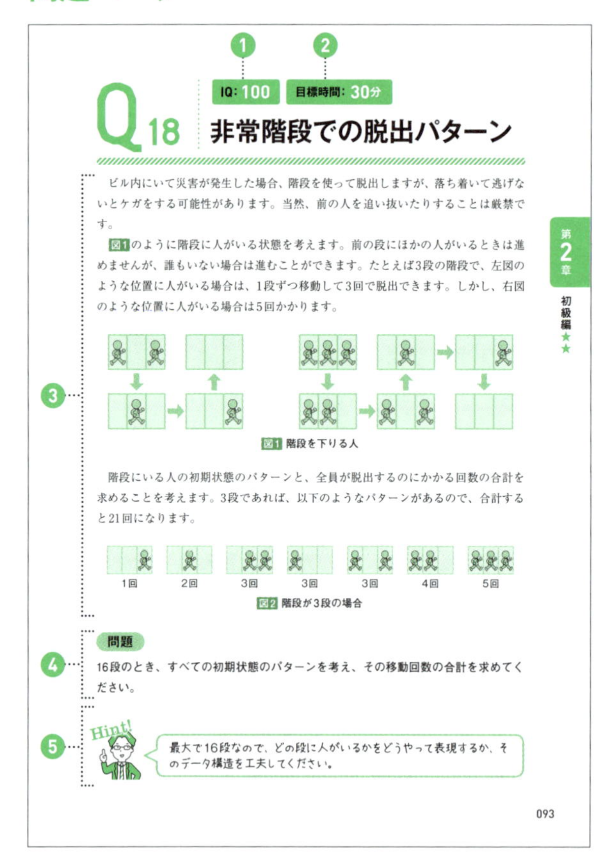

①

②

IQ: 100　目標時間: 30分

Q18 非常階段での脱出パターン

ビル内にいて災害が発生した場合、階段を使って脱出しますが、落ち着いて逃げないとケガをする可能性があります。当然、前の人を追い抜いたりすることは厳禁です。

図1のように階段に人がいる状態を考えます。前の段にほかの人がいるときは進めませんが、誰もいない場合は進むことができます。たとえば3段の階段で、左図のような位置に人がいる場合は、1段ずつ移動して3回で脱出できます。しかし、右図のような位置に人がいる場合は5回かかります。

図1 階段を下りる人

階段にいる人の初期状態のパターンと、全員が脱出するのにかかる回数の合計を求めることを考えます。3段であれば、以下のようなパターンがあるので、合計すると21回になります。

1回　2回　3回　3回　3回　4回　5回

図2 階段が3段の場合

③

問題

16段のとき、すべての初期状態のパターンを考え、その移動回数の合計を求めてください。

④

Hint!

最大で16段なので、どの段に人がいるかをどうやって表現するか、そのデータ構造を工夫してください。

⑤

第2章 初級編★★

093

① IQ

本書は章ごとにレベル分けされていますが、ここでさらに細かい難易度を示しています。

② 目標時間

問題を解くために考える時間の目安です。

③ 問題の前提

問題をイメージしやすいよう、前提を説明しています。

④ 問題

前提を受けて、プログラムを書いて答えを求める問題です。

⑤ ヒント

問題を解くためのヒントです。

解説ページ

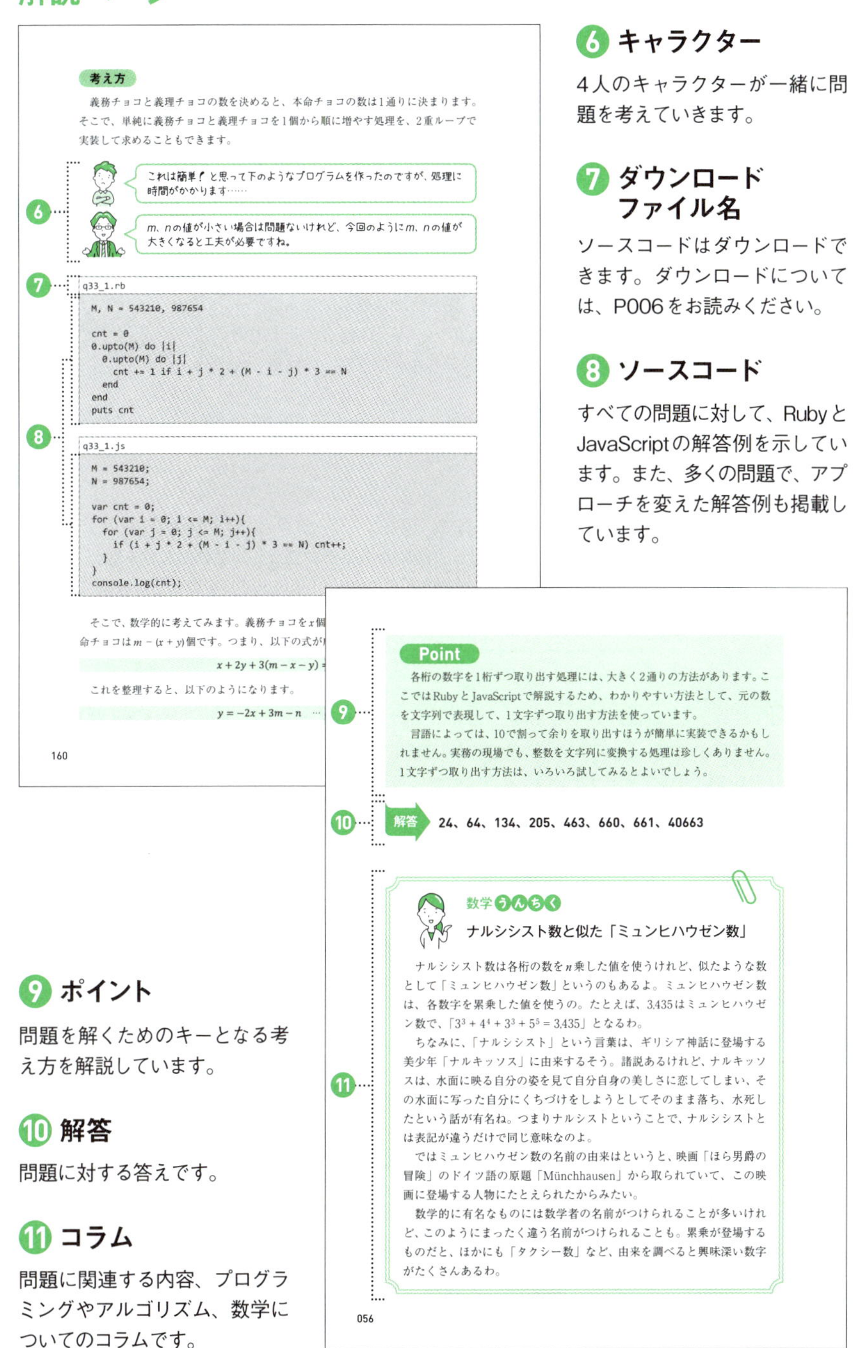

考え方

義務チョコと義理チョコの数を決めると、本命チョコの数は1通りに決まります。そこで、単純に義務チョコと義理チョコを1個から順に増やす処理を、2重ループで実装して求めることもできます。

q33_1.rb

```
M, N = 543210, 987654

cnt = 0
0.upto(M) do |i|
  0.upto(M) do |j|
    cnt += 1 if i + j * 2 + (M - i - j) * 3 == N
  end
end
puts cnt
```

q33_1.js

```
M = 543210;
N = 987654;

var cnt = 0;
for (var i = 0; i <= M; i++){
  for (var j = 0; j <= M; j++){
    if (i + j * 2 + (M - i - j) * 3 == N) cnt++;
  }
}
console.log(cnt);
```

そこで、数学的に考えてみます。義務チョコをx個

命チョコは$m-(x+y)$個です。つまり、以下の式が

$$x+2y+3(m-x-y)=$$

これを整理すると、以下のようになります。

$$y=-2x+3m-n$$

160

Point

各桁の数字を1桁ずつ取り出す処理には、大きく2通りの方法があります。ここではRubyとJavaScriptで解説するため、わかりやすい方法として、元の数を文字列で表現して、1文字ずつ取り出す方法を使っています。

言語によっては、10で割って余りを取り出すほうが簡単に実装できるかもしれません。実務の現場でも、整数を文字列に変換する処理は珍しくありません。1文字ずつ取り出す方法は、いろいろ試してみるとよいでしょう。

解答 24、64、134、205、463、660、661、40663

数学うんちく

ナルシシスト数と似た「ミュンヒハウゼン数」

ナルシシスト数は各桁の数をn乗した値を使うけれど、似たような数として「ミュンヒハウゼン数」というのもあるよ。ミュンヒハウゼン数は、各数字を累乗した値を使うの。たとえば、3,435はミュンヒハウゼン数で、「$3^3+4^4+3^3+5^5=3{,}435$」となるわ。

ちなみに、「ナルシシスト」という言葉は、ギリシア神話に登場する美少年「ナルキッソス」に由来するそう。諸説あるけれど、ナルキッソスは、水面に映る自分の姿を見て自分自身の美しさに恋してしまい、その水面に写った自分にくちづけをしようとしてそのまま落ち、水死したという話が有名ね。つまりナルシストということで、ナルシシストとは表記が違うだけで同じ意味なのよ。

ではミュンヒハウゼン数の名前の由来はというと、映画「ほら男爵の冒険」のドイツ語の原題「Münchhausen」から取られていて、この映画に登場する人物にたとえられたからみたい。

数学的に有名なものには数学者の名前がつけられることが多いけれど、このようにまったく違う名前がつけられることも。累乗が登場するものだと、ほかにも「タクシー数」など、由来を調べると興味深い数字がたくさんあるわ。

056

❻ キャラクター

4人のキャラクターが一緒に問題を考えていきます。

❼ ダウンロードファイル名

ソースコードはダウンロードできます。ダウンロードについては、P006をお読みください。

❽ ソースコード

すべての問題に対して、RubyとJavaScriptの解答例を示しています。また、多くの問題で、アプローチを変えた解答例も掲載しています。

❾ ポイント

問題を解くためのキーとなる考え方を解説しています。

❿ 解答

問題に対する答えです。

⓫ コラム

問題に関連する内容、プログラミングやアルゴリズム、数学についてのコラムです。

登場人物紹介

ナカムラくん

株式会社SEで働く新人プログラマ。文系出身で数学は苦手で、アルゴリズムも勉強中。センセイやヤマザキさんからプログラミングの奥深さを教わり、だんだん面白さに気づいてきた。

ヤマザキさん

ナカムラくんが所属するチームのリーダー。進捗管理は厳しいがメンバー思いで、親身なアドバイスをくれる。豪快な飲みっぷりは健在。子どもの頃から数学が好きで、社内サークル「数式の美しさを語る会」の主宰（会員3名。うち1名はロボット）。

センセイ

株式会社SEの元社員で、現在はフリーランス。今も部活のOBのような感覚で会社に出入りし、後輩たちにプログラミングの楽しさを教えている。コーディングのあまりの速さから、「脳にメモリを増設した改造人間」との噂がある。

ラヴ

株式会社SEが開発した、プログラマ教育が目的のAIロボット（試作機）。メモリをムダに消費するようなプログラムに敏感に反応する。

ダウンロードファイルについて

本書の解説に登場するソースコードは、以下のWebサイトから無料でダウンロードできます。

- 『もっとプログラマ脳を鍛える数学パズル』サンプルダウンロードページ
  URL http://www.shoeisha.co.jp/book/detail/9784798153612

ダウンロードファイルの著作権は、著者および株式会社翔泳社が所有しています。許可なくネットワーク等を通じて配布したり、Webサイトに転載したりすることはできません。

また、ソースコードは以下の環境にて動作を確認しています。

- Ruby 2.5.0
- JavaScript（ECMAScript 2016）

Contents

序章

第1章 入門編 ★

第2章　初級編　★★

第3章　中級編　★★★

第4章 上級編 ★★★★

購入特典について

アルゴリズムの基礎を知りたい方に 特別解説PDFをプレゼント！

本書をお買い上げいただいた方全員に、アルゴリズムを理解するための初歩的な知識となる「データ構造」と「ソート」について解説したコンテンツを差し上げます。翔泳社刊『エンジニアが生き残るためのテクノロジーの授業』（増井敏克 著）より誌面を抜粋して、特別にご提供します。アルゴリズムの基礎をおさらいしたい方は、ぜひお読みください。

<特典内容>

特別解説「アルゴリズムで1000倍速くなる？」

（PDF形式／A5サイズ／12ページ）

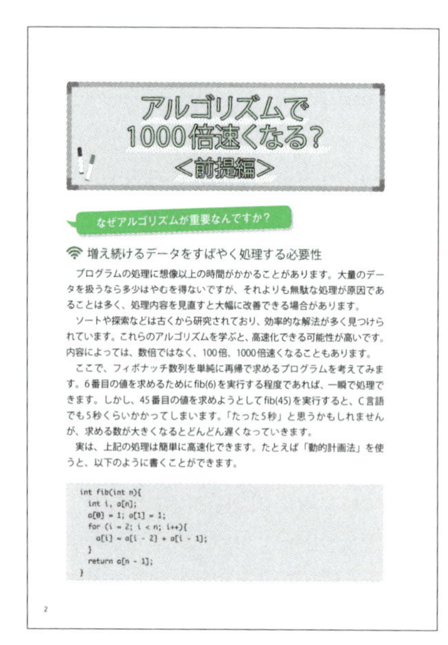

アルゴリズムで
1000倍速くなる?
<前提編>

なぜアルゴリズムが重要なんですか？

増え続けるデータをすばやく処理する必要性

プログラムの処理に想像以上の時間がかかることがあります。大量のデータを扱うなら多少はやむを得ないですが、それよりも無駄な処理が原因であることは多く、処理内容を見直すと大幅に改善できる場合があります。

ソートや探索などは古くから研究されており、効率的な解法が多く見つけられています。これらのアルゴリズムを学ぶと、高速化できる可能性が高いです。内容によっては、数倍ではなく、100倍、1000倍速くなることもあります。

ここで、フィボナッチ数列を単純に再帰で求めるプログラムを考えてみます。6番目の値を求めるためにfib(6)を実行する程度であれば、一瞬で処理できます。しかし、45番目の値を求めようとしてfib(45)を実行すると、C言語でも5秒くらいかかってしまいます。「たった5秒」と思うかもしれませんが、求める数が大きくなるとどんどん遅くなっていきます。

実は、上記の処理は簡単に高速化できます。たとえば「動的計画法」を使うと、以下のように書くことができます。

```
int fib(int n){
  int i, a[n];
  a[0] = 1; a[1] = 1;
  for (i = 2; i < n; i++){
    a[i] = a[i - 2] + a[i - 1];
  }
  return a[n - 1];
}
```

2

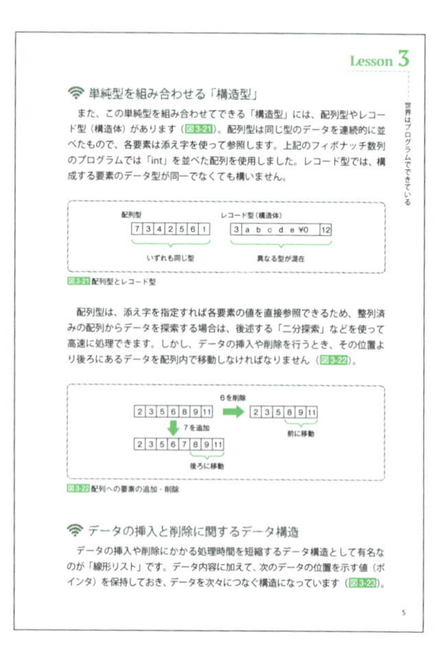

Lesson 3

世界はプログラムでできている

単純型を組み合わせる「構造型」

また、この単純型を組み合わせてできる「構造型」には、配列型やレコード型（構造体）があります（図3-21）。配列型は同じ型のデータを連続的に並べたもので、各要素は添え字を使って参照します。上記のフィボナッチ数列のプログラムでは「int」を並べた配列を使用しました。レコード型では、構成する要素のデータ型が同一でなくても構いません。

図3-21 配列型とレコード型

配列型は、添え字を指定すれば各要素の値を直接参照できるため、整列済みの配列からデータを探索する場合は、後述する「二分探索」などを使って高速に処理できます。しかし、データの挿入や削除を行うとき、その位置より後ろにあるデータを配列内で移動しなければなりません（図3-22）。

図3-22 配列への要素の追加・削除

データの挿入と削除に関するデータ構造

データの挿入や削除にかかる処理時間を短縮するデータ構造として有名なのが「線形リスト」です。データ内容に加えて、次のデータの位置を示す値（ポインタ）を保持しておき、データを次々につなぐ構造になっています（図3-23）。

5

<入手方法>

以下のサイトからダウンロードできます。
URLまたはQRコードよりアクセスしてください。

https://www.shoeisha.co.jp/book/present/9784798153612

※SHOEISHA iD（翔泳社が運営する無料の会員制度）のメンバーでない方は、ダウンロードする際にSHOEISHA iDへの登録が必要です。

序章

パズル問題を解くコツ

典型的な処理を学んでおこう

業務システムであれば、計算方法などの数式が顧客によって用意されており、その式に従って実装するだけの場合もあります。しかし、計算を工夫するときには、効率的なアルゴリズムを考えなければならない場面があります。

これが未知の問題であれば、新たなアルゴリズムを考えるのは至難の業です。実際には過去の研究者が効率的なアルゴリズムを発見しており、このようなアルゴリズムを適用することで、時間をかけずに実装できることが一般的です。ただし、このようなアルゴリズムを使うためには、事前にいろいろな問題に対する解法を知っておくことが必要です。

たとえば入試などで問題を解くにあたり、過去問を解くことの意義はここにあるといえるでしょう。「似た問題がないか」「どれくらいの時間で解けるのか」を知っておくと、その実装が可能なのか判断できますし、必要な時間を見積もることにもつながります。

一方、似た問題をまったく知らなければ、パズル問題を解くことは難しいかもしれません。たとえば、パズル問題を解くような場面では、以下のような基本的なアルゴリズムの考え方を理解しておかないと、想像以上に時間がかかってしまう可能性があります。

- ソート（選択ソート、バブルソート、クイックソート、マージソートなど）
- 探索（線形探索、二分探索、深さ優先探索、幅優先探索、双方向探索など）
- 最短経路問題（ダイクストラ法、ベルマン・フォード法など）

もしこのような言葉を聞いたことがない、という場合は、この本を読む前にほかのアルゴリズムの入門書を読んだほうがよいでしょう。もしこれらの言葉を知っている、学んだことがある、という人にとっては、この本はもっとアルゴリズムについて学ぶよい練習になると思います。

例題 1 メモ化と動的計画法

パズル問題を解くとき、同じ計算を繰り返し行う処理はよく出てきます。再帰的に探索して解ける問題などでよく登場し、一度計算した結果をほかで再利用することで高速化できます。

たとえば、以下のような問題を考えてみましょう。単純に再帰的な処理で求めることもできますが、工夫することで処理時間を大幅に短縮できます。

例題

大人数でファミリーレストランに行ったとき、複数のテーブルに分かれて座ることにしました。このとき、1人だけのテーブルを作ることがないようにグループ分けします。
このとき、人数の分け方のパターンだけを求め、誰がどのテーブルに座るかは考えないものとします。一例として、6人の場合は以下の4通りがあります。

- 2人＋2人＋2人
- 2人＋4人
- 3人＋3人
- 6人

1つのテーブルに配置できる最大の人数が10人のとき、100人が1つ以上のテーブルに分かれて座る人数のパターンを求めてください。

考え方

1つ目のテーブルに配置する人数を決めると、残った人数を残りのテーブルに配置することになります。このとき、テーブルの数は1つ減り、人数は全体から1つ目のテーブルに配置した人数を引いたものが残ります（図1）。

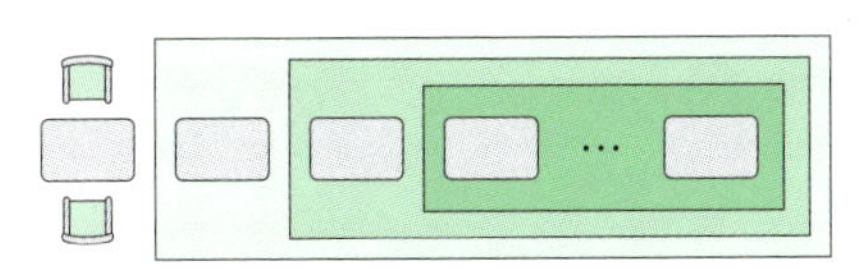

図1 1つ目のテーブルと残りのテーブル

ただし、テーブルの数に上限はありません。ここで考えるのはあくまでも人数の分け方のパターンだけであるため、前のテーブルに配置した人数と同じかそれ以上の人数を割り当てることだけを考えます。

つまり、残った人数と前のテーブルに配置した人数がわかると、再帰的に探索できそうです。そこで、残った人数と、前のテーブルに配置した人数という2つの引数を用いた処理で表現できそうだとわかります。

まずは問題文のとおりに実装してみると、以下のように書けます。

pre1_1.rb

```
M, N = 10, 100

def check(remain, pre)
  # 配置する人がいなくなると終了
  return 0 if remain < 0
  return 1 if remain == 0

  cnt = 0
  pre.upto(M) do |i| # テーブルに配置する人数
    cnt += check(remain - i, i)
  end
  cnt
end

puts check(N, 2)
```

pre1_1.js

```
M = 10;
N = 100;

function check(remain, pre){
  // 配置する人がいなくなると終了
  if (remain < 0) return 0;
  if (remain == 0) return 1;
  var cnt = 0;
  for (var i = pre; i <= M; i++){ // テーブルに配置する人数
    cnt += check(remain - i, i);
  }
  return cnt;
}

console.log(check(N, 2));
```

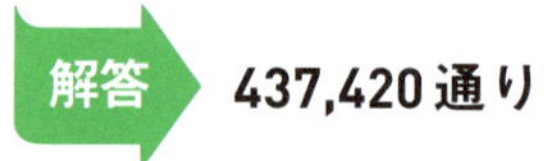

437,420通り

上記で答えは求められますが、人数が増えると処理時間が一気に増加します。ここで問題なのは、同じ人数での計算を何度も行うことです。そこで、一度使ったものをメモしておき、再度同じ引数が与えられたときには、メモしておいた値を返すように変更してみます。

pre1_2.rb

```
M, N = 10, 100

@memo = {}
def check(remain, pre)
  # 一度計算したものがあれば、それを返す
  return @memo[[remain, pre]] if @memo[[remain, pre]]

  # 配置する人がいなくなると終了
  return 0 if remain < 0
  return 1 if remain == 0

  cnt = 0
  pre.upto(M) do |i|
    cnt += check(remain - i, i)
  end
  # 計算結果をメモする
  @memo[[remain, pre]] = cnt
end

puts check(N, 2)
```

pre1_2.js

```
M = 10;
N = 100;

var memo = {};
function check(remain, pre){
  // 一度計算したものがあれば、それを返す
  if (memo[[remain, pre]]) return memo[[remain, pre]];

  // 配置する人がいなくなると終了
  if (remain < 0) return 0;
  if (remain == 0) return 1;

  var cnt = 0;
  for (var i = pre; i <= M; i++){
    cnt += check(remain - i, i);
  }
  // 計算結果をメモする
  return memo[[remain, pre]] = cnt;
```

```
}

console.log(check(N, 2));
```

それぞれ、処理の最後に計算結果をメモしており、ここでメモされている場合、次回以降は処理の冒頭でその値を返すようにしています。このようにメモした値を使うことで、処理速度が一気に向上します。このように再帰的に処理する際に一度調査した結果を保存し、再利用する方法は「メモ化」と呼ばれます。

また、この方法では再帰的な関数を使用していますが、ループを使って実装することも可能です。配置する人数と、テーブルの上限人数を2つの軸として、パターン数を図2のようにカウントすると、小さいほう（図の左上）から順に埋めていくイメージで実装できます。

		配置する人数													
		0	1	2	3	4	5	6	7	8	9	10	11	12	…
テーブルの上限	0	1	0	0	0	0	0	0	0	0	0	0	0	0	…
	1	1	0	0	0	0	0	0	0	0	0	0	0	0	…
	2	1	0	1	0	1	0	1	0	1	0	1	0	1	…
	3	1	0	1	1	1	1	2	1	2	2	2	2	3	…
	4	1	0	1	1	2	1	3	2	4	3	5	4	7	…
	5	1	0	1	1	2	2	3	3	5	5	7	7	10	…
	6	1	0	1	1	2	2	4	3	6	6	9	9	14	…
	7	1	0	1	1	2	2	4	4	6	7	10	11	16	…
	8	1	0	1	1	2	2	4	4	7	7	11	12	18	…
	…	…	…	…	…	…	…	…	…	…	…	…	…	…	…

図2 ループを使って実装するイメージ

つまり、配置する人数が0のときに「1」をセットしておき、2人以上のテーブルの上限に対して左と上の値を加算することを繰り返して、表を作成できます。

これは二重ループを使って、以下のようにシンプルに書けます。

pre1_3.rb

```
M, N = 10, 100

table = Array.new(M + 1){Array.new(N + 1){0}}

0.upto(M){|i| table[i][0] = 1}

1.upto(M) do |i|
  2.upto(N) do |j|
    if (i >= 2) && (j >= i)
      table[i][j] = table[i][j - i]
    end
    table[i][j] += table[i - 1][j] if i > 2
  end
end

puts table[M][N]
```

pre1_3.js

```
M = 10;
N = 100;

var table = new Array(M + 1);
for (var i = 0; i <= M; i++){
  table[i] = new Array(N + 1);
  for (var j = 0; j <= N; j++) table[i][j] = 0;
}

for (var i = 0; i <= M; i++)
  table[i][0] = 1;

for (var i = 1; i <= M; i++){
  for (var j = 2; j <= N; j++){
    if ((i >= 2) && (j >= i))
      table[i][j] = table[i][j - i];
    if (i > 2) table[i][j] += table[i - 1][j];
  }
}

console.log(table[M][N]);
```

このような方法を「動的計画法」と呼びます。名前は難しそうですが、一度使った計算結果を保存していると考えると、難しい内容ではありません。

この本では、2番目に実装したメモ化を多く使っています。

例題 2　順列と組み合わせ

数学的な考え方の中でも、パズル問題でよく使われる順列や組み合わせを考えてみましょう。「n個のものからr個だけ取り出す場合の数」は、高校の数学などでもよく登場します。その並び順も考える「順列」と、選び方だけを考える「組み合わせ」に分けられます。

順列は「${}_nP_r$」と書かれることが一般的で、単純な掛け算で求められます。たとえば、「${}_5P_3=5\times4\times3=60$」のように求められます。一般的には、以下のような数式で計算できます。

$$ {}_nP_r = n\times(n-1)\times(n-2)\times\cdots\times(n-r+1) $$

これは順に掛け算するだけなので、単純な処理で実装できます。

pre2_1.rb

```
def nPr(n, r)
  result = 1
  r.upto(n) do |i|
    result *= i
  end
  result
end
```

pre2_1.js

```
function nPr(n, r){
  var result = 1;
  for (var i = r; i <= n; i++){
    result *= i;
  }
  return result;
}
```

少し複雑なのが、組み合わせの個数を求める計算です。組み合わせを求める実装は複数考えられます。組み合わせは「${}_nC_r$」と書かれることが一般的で、よく知られているのは、以下のような数式での計算でしょう。

$$ {}_nC_r = \frac{n!}{r!\,(n-r)!} = \frac{n\times(n-1)\times(n-2)\times\ldots\times(n-r+1)}{r!} $$

これをRubyやJavaScriptで再帰的な処理をメモ化して実装すると、以下のように書けます。

pre2_2.rb

```
@memo = [1]
def factorial(n)
  return @memo[n] if @memo[n]
  @memo[n] = n * factorial(n - 1)
end

def nCr(n, r)
  factorial(n) / (factorial(r) * factorial(n - r))
end
```

pre2_2.js

```
var memo = [1];
function factorial(n){
  if (memo[n]) return memo[n];
  return memo[n] = n * factorial(n - 1);
}

function nCr(n, r){
  return factorial(n) / (factorial(r) * factorial(n - r));
}
```

ただし、この方法ではnの値が大きくなると分母や分子の値が大きくなり、言語によっては正しく計算できません。たとえばJavaScriptの場合は、途中から浮動小数点数での計算になってしまいます。

そこで、以下のような再帰的な定義もよく使われます。このほうがプログラムを短くでき、ある程度のサイズまで対応できるため、本書では基本的にこの定義を使っています。

$$ {}_{n}\mathrm{C}_{r} = {}_{n-1}\mathrm{C}_{r-1} + {}_{n-1}\mathrm{C}_{r} $$

pre2_3.rb

```
@memo = {}
def nCr(n, r)
  return @memo[[n, r]] if @memo[[n, r]]
  return 1 if (r == 0) || (r == n)
  @memo[[n, r]] = nCr(n - 1, r - 1) + nCr(n - 1, r)
end
```

pre2_3.js

```
var memo = {};
function nCr(n, r){
  if (memo[[n, r]]) return memo[[n, r]];
  if ((r == 0) || (r == n)) return 1;
  return memo[[n, r]] = nCr(n - 1, r - 1) + nCr(n - 1, r);
}
```

この方法では再帰が深くなるため、nの値が大きくなるとスタックが不足する場合もあります。そこで、以下のような、漸化式を使った実装が使われることもあります。漸化式を使うと、ループで実装できるためスタックを消費しません。

$$ {}_nC_r = {}_nC_{r-1} \times \frac{n-r+1}{r}, \quad {}_nC_0 = 1 $$

何度も使用する場合は、以下の処理をメモ化する方法も考えられます。

pre2_4.rb

```
def nCr(n, r)
  result = 1
  1.upto(r) do |i|
    result = result * (n - i + 1) / i
  end
  result
end
```

pre2_4.js

```
function nCr(n, r){
  var result = 1;
  for (var i = 1; i <= r; i++){
    result = result * (n - i + 1) / i;
  }
  return result;
}
```

それでは、ここで挙げたようなコツを使って、次の章から実際に問題を解いてみてください。なお、本書で書かれているソースコードはあくまでもサンプルです。もっと効率のよい実装なども考えられると思います。ぜひ工夫してみてください。

第1章

入門編

★

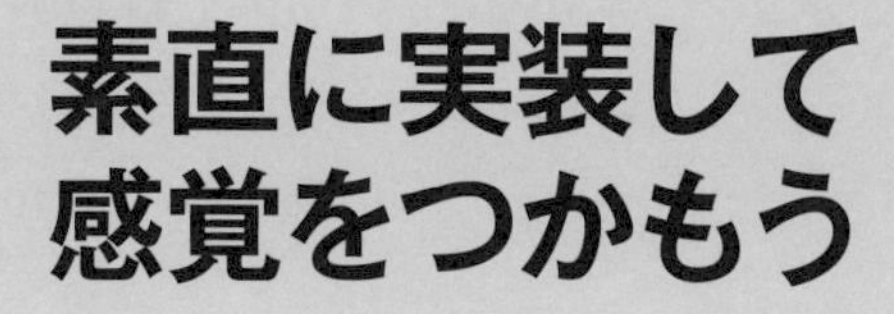

素直に実装して感覚をつかもう

複数の解き方を考える

仕事でプログラミングをしていると、どのように実装するのがよいか迷うことがあります。処理効率を高めればよいのか、保守性を高めればよいのかなど、考えることは多岐にわたります。納期にも追われており、作り直す時間はないかもしれません。結果として、その時点で最善だと思った方法で開発を進めることになります。これは仕方がないことかもしれません。

しかし、パズル問題を解く場合は考え方が違います。正解が用意されている問題に対して、どのような解き方がよいのかを考えることが求められます。これは数学の問題を解くことに似ているかもしれません。

たとえば、数学の計算問題の場合、答えはただ1つです。$1+2+3+4+5+6+7+8+9$を求める問題であれば、答えは45です。しかし、その解き方は何通りも考えられます。単純に足し算をする方法もありますし、等差数列と考えることもできます。ガウスが小学生の頃に使ったといわれる、逆順に並べ替えて足し合わせる方法も有効でしょう（図1）。

1+2+3+4+5+6+7+8+9
3
6
10
…

$$\frac{1}{2}n(2a+(n-1)d)$$
$$=\frac{1}{2}\times 9\times(2+8)$$
$$=45$$

```
  1+2+3+4+5+6+7+8+9
 +9+8+7+6+5+4+3+2+1
---------------------
10+10+10+ … +10+10+10
```
→ $90\div 2=45$

図1 計算問題の様々なアプローチ（左から、単純な足し算、等差数列、逆順に並べ替えて計算）

これはパズル問題を解くプログラミングでも同じです。求める答えが1つであっても、問題ごとに解き方・考え方が異なりますし、異なっているからこそ問題としての価値（解く楽しみ）があるわけです。

そして、このような複数の考え方ができると、実務においても役立てられる場面があるかもしれません。複数の解き方を知っていると、それぞれのメリットやデメリットを検討して比較することもできます。

IQ：70　目標時間：20分

Q01 一発で決まる多数決

意見が対立したときに使われる多数決。単純でわかりやすいため、政治の世界だけでなく、学校や会社でも多く使われています。ここでは、じゃんけんで出す手を使った多数決を考えます。

それぞれが出せる手は「グー」「チョキ」「パー」のいずれかです。このとき、一番多くの人が出した手が勝つことになります。たとえば、6人で行う場合、表1のように1回で勝者がいずれかに決まる場合もありますが、表2のようにいずれにも決まらない場合もあります。

ある人数でじゃんけんをするとき、「一度で」勝つ手が決まるような人数の組み合わせが何通りあるかを求めます。たとえば、4人の場合は表3のようなパターンがあるので、全部で12通りです。

表1 決まる場合

グー	チョキ	パー	結果
3人	2人	1人	グーの勝ち
1人	4人	1人	チョキの勝ち

表2 決まらない場合

グー	チョキ	パー	結果
2人	2人	2人	すべて同数のため決まらず
3人	0人	3人	グーとパーが同数のため決まらず

表3 4人の場合は12通り

グー	チョキ	パー	結果
0人	0人	4人	パーの勝ち
0人	1人	3人	パーの勝ち
0人	2人	2人	決まらず
0人	3人	1人	チョキの勝ち
0人	4人	0人	チョキの勝ち
1人	0人	3人	パーの勝ち
1人	1人	2人	パーの勝ち
1人	2人	1人	チョキの勝ち
1人	3人	0人	チョキの勝ち
2人	0人	2人	決まらず
2人	1人	1人	グーの勝ち
2人	2人	0人	決まらず
3人	0人	1人	グーの勝ち
3人	1人	0人	グーの勝ち
4人	0人	0人	グーの勝ち

問題

100人の場合、一度で勝つ手が決まるような人数の組み合わせが何通りあるかを求めてください。

考え方

出せる手はグー、チョキ、パーの3通りなので、それぞれの手を出した人数を数えてみます。一度で決まるのは、その人数が最多となる手が1通りに決まる場合だといえます。

それぞれが3通りなので、100人だと3^{100}通りを調べるんですか？そんなの計算できそうにないですね……

それぞれの手を出した人数だけを考えればいいんじゃないかしら？ いずれか2つの手を出した人数を決めると、残りの人数が決まるね。

それぞれの人数を変えながら、最大の人数になる手が1つになるものを探してみました。

q01_1.rb

```ruby
N = 100

cnt = 0
0.upto(N) do |rock|                  # グーの人数
  0.upto(N - rock) do |scissors|  # チョキの人数
    paper = N - rock - scissors   # パーの人数
    all = [rock, scissors, paper]
    cnt += 1 if all.count(all.max) == 1
  end
end
puts cnt
```

q01_1.js

```javascript
N = 100;

var cnt = 0;
for (var rock = 0; rock <= N; rock++){ // グーの人数
  for (var scissors = 0; scissors <= N - rock; scissors++){
    // チョキの人数
    var paper = N - rock - scissors; // パーの人数
    if (rock > scissors){
      if (rock != paper)
        cnt++;
    } else if (rock < scissors) {
      if (scissors != paper)
        cnt++;
    } else {
      if (rock < paper)
```

```
            cnt++;
        }
    }
}
console.log(cnt);
```

Rubyでのif文に指定されている条件はどういう意味かな？

グー、チョキ、パーそれぞれの人数の最大値が「1つだけ」、つまり最大の人数になっている手が1つに決まることを表していマス。

JavaScriptのソースコードでは、最初にグーとチョキを比べて、その大きいほうとパーの数を比べているわ。こうすると、最大の人数になっている手がいくつあるかを求められるんだね。

処理速度は変わりませんが、以下のように区切る方法もありますよ。

Point

たとえば4人の場合、グー・チョキ・パーの間に区切り記号を入れることで、各パターンを作り出す、と考えることもできます。「○」を人間とし、1つ目の「|」までがグー、2つ目の「|」までがチョキ、それ以降はパーと考えると、「○」を4つ、「|」を2つ並べるときの組み合わせ数を求める問題だと考えられます（図2）。

このような手法は、組み合わせを調べるときによく使われるので、考え方を学んでおきましょう。

○○○○||	○○○|○|	○○○||○	○○|○○|
○○|○|○	○○||○○	○|○○○|	○|○○|○
○|○|○○	○||○○○	|○○○○|	|○○○|○
|○○|○○	|○|○○○	||○○○○	

図2 区切り記号でパターンを考える

ここでは、左の区切り記号を入れる場所を「l(left)」、右の区切り記号を入れる場所を「r(right)」で表現しています。

q01_2.rb

```
N = 100

cnt = 0
0.upto(N) do |l|     # 左の区切り位置
  l.upto(N) do |r|  # 右の区切り位置
    all = [l, r - l, N - r] # グー、チョキ、パーそれぞれの人数
    cnt += 1 if all.count(all.max) == 1
  end
end
puts cnt
```

q01_2.js

```
N = 100;

var cnt = 0;
for (l = 0; l <= N; l++){    // 左の区切り位置
  for (r = l; r <= N; r++){ // 右の区切り位置
    if (l > r - l){           // グーがチョキより多いとき
      if (l != N - r)         // グーがパーと異なるとき
        cnt++;
    } else if (l < r - l){  // チョキがグーより多いとき
      if (r - l != N - r)   // チョキがパーと異なるとき
        cnt++;
    } else {                  // グーとチョキが同じとき
      if (l < N - r)          // パーが最大のとき
        cnt++;
    }
  }
}
console.log(cnt);
```

ソースコードはあまり変わらないような……

これは「重複組み合わせ」の考え方ですね。「*n*種類から重複を許して*r*個選ぶ方法」と「*r*個の○と*n*－1個の仕切りを一列に並べる方法」は1対1に対応する、というのは有名なので、覚えておきましょう。

5,100通り

IQ：70　目標時間：15分

Q02 山手線でスタンプラリー

山手線のスタンプラリーを考えましょう。すべての駅にスタンプを設置し、利用者は最初の駅と最後の駅で必ずスタンプを押すものとします。スタンプは改札内に設置し、一度入場すれば改札を出ずにスタンプを集めることができます。

山手線は東京都内にある環状の鉄道路線で、全部で29個の駅があります。ここでは、山手線と共通の駅を持つほかの路線は使えないものとします。

さらに、ここでは山手線を一方通行で進むとします。利用者は片道の切符を購入し、ある駅から別の駅に向かいますが、一度通った駅を再度通ることはできません(途中で逆行すると違反になります)。

スタンプカードはすべての駅のスタンプを押すことができ、山手線の各駅には1～29の番号が順に付与されているとします。

問題

1番の駅から入場し、17番の駅から出場するとき、スタンプを押す順番として考えられるパターンが何通りあるかを求めてください（図3）。

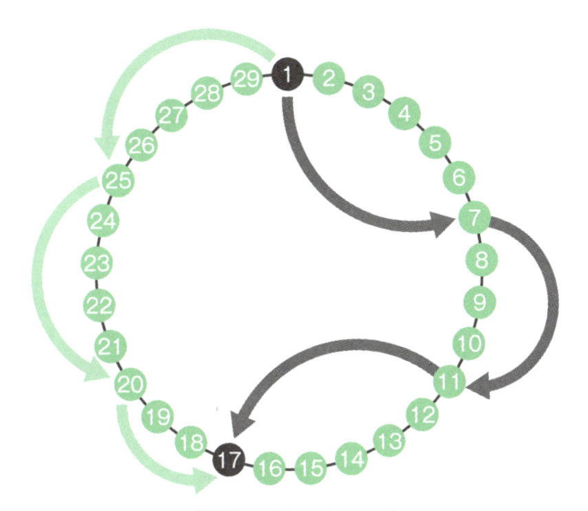

図3 問題のイメージ

途中の駅でスタンプを押さない場合は、内回りでも外回りでも押されるスタンプは同じ（2つのみ）ですね。

考え方

問題を簡単にするため、最初は循環している配置ではなく、一列に並んだ駅を考えてみます。逆行できないため、それぞれの駅で降りるかどうかを調べると、そのパターン数を求められます。

たとえば、1、2、3、4、5という5つの駅があった場合、図4の8通りがあります。

1→2→3→4→5	1→2→3→5	1→2→4→5	1→3→4→5
1→2→5	1→3→5	1→4→5	1→5

図4 駅が5つの場合

最初の駅と最後の駅は必ず止まるので、「2」に止まるかどうか、「3」に止まるかどうか、「4」に止まるかどうか、と考えられ、2×2×2で求められます。つまり、「間にある駅の数」をnとすると2^n通りとなります。

間にある駅の数は「出場した駅の番号」と「入場した駅の番号」を比べることで求められるわ。

一般的な場合を考えると、「入場した駅の番号」のほうが大きい可能性があるので、絶対値を使うと簡単に求められマス。

内回りと外回りはどう考えたらいいんだろう?

ヒントにもあるように、途中の駅でスタンプを押さない場合は、スタンプを押す順番が同じです。この1通りは重複しますので、除外しましょう。

q02.rb

```
N = 29

# 入場と出場の駅番号をセット
a, b = 1, 17

#「間にある駅の数」を求める
n = (a - b).abs

# 内回りと外回りを足して、重複を除外
puts (1 << (n - 1)) + (1 << (N - n - 1)) - 1
```

q02.js

```
N = 29;

var a = 1;
var b = 17;
var n = Math.abs(a - b);

console.log((1 << (n - 1)) + (1 << (N - n - 1)) - 1);
```


Point

ここでは2^nを求めるのに「<<」というシフト演算子を使用しています。「<<」は「左シフト」と呼ばれ、「1 << 3」であれば2進数の「1」を左に3ビットシフトします（図5）。

10進数	2進数
1	0001
2	0010
3	0011
4	0100
5	0101
6	0110
7	0111
8	1000
9	1001
10	1010
11	1011
12	1100

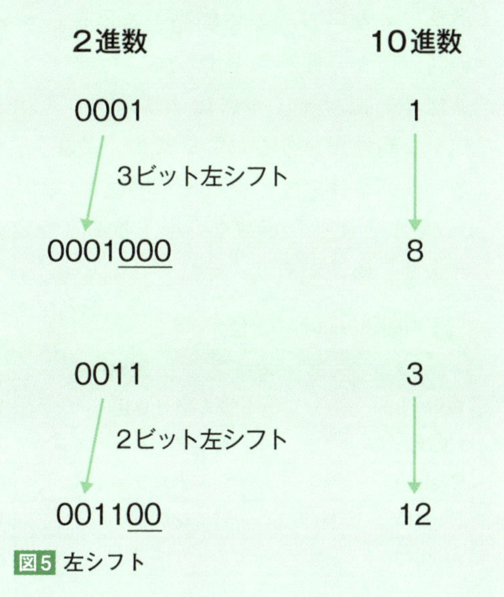

図5 左シフト

1ビット左にシフトするごとに2倍、右にシフトするごとに2分の1になるので、2のn乗を計算するには1をn回左シフトすると求められるわけです。

aのb乗を計算する場合、Rubyの場合は「a ** b」、JavaScriptの場合は「Math.pow(a, b)」と書くこともできますが、底が2、つまり2の累乗であればシフト演算を使うほうが高速に処理できます。

※JavaScriptでもES2016よりa ** bという書き方ができるようになりました。

解答 **36,863通り**

先生のコラム

実務にも使えるビット演算

この問題で登場したシフト演算以外にも、ANDやOR、XORなどのビット演算（論理演算）もよく使われます。ビット演算を使うと、ソースコードがシンプルになり高速に処理できるだけでなく、「1つのデータに複数の情報を入れられる」といったメリットがあります。

マニアックな印象を持たれやすいビット演算ですが、この特徴を活かして実務で使われることも珍しくありません。たとえば、Windowsのアプリケーションを開発する場合、ファイルやフォルダの属性情報の判定によく使われます。

保存したファイルには「読み取り専用」や「隠しファイル」など、様々な属性が付与されています。これを管理するのが「FileAttributes」という列挙体です。それぞれの属性に対し、1、2、4、8、16、…という2の累乗を使った定数を列挙することで定義しています。実際には表4のような属性があり、それぞれのビットに値が割り当てられています。

表4 FileAttributesの属性

メンバー名	説明	実際の値
ReadOnly	読み取り専用	1
Hidden	隠しファイル	2
System	システムファイル	4
Directory	ディレクトリ	16
Archive	アーカイブ	32
…	…	…

たとえば、読み取り専用のビットが立っているかを確認する場合は、以下のように「AND演算」を使って判定できます。

```
attr = File.GetAttributes("ファイル名")
if (attr & FileAttributes.ReadOnly) == FileAttributes.ReadOnly
```

Q03 ローマ数字の変換規則

IQ：80　目標時間：20分

時計の文字盤などで人気があるローマ数字。海外に行くと、歴史的建造物など、いたるところで目にします。しかし、その"変換規則"を知らないと、その数字がいくつを表しているのかわかりません。

そこでローマ数字について考えてみます。ローマ数字では表5にある記号が使われます。

表5 アラビア数字とローマ数字の対応表

アラビア数字	1	5	10	50	100	500	1,000
ローマ数字	I	V	X	L	C	D	M

この表にない数は、足し算して目的の数になるような表現の中から、できるだけ使う文字数が少ないものを選び、数字が大きい順に左から並べて書きます。たとえば、27であれば10＋10＋5＋1＋1で表現できるので、「XXVII」と書きます。

ただし、「同じ文字を4つ以上連続で並べることはできない」というルールもあります。例を挙げると、4を「IIII」、9を「VIIII」とは書けないので、引き算を使って小さい数を大きい数の左に書きます。4なら「IV」、9なら「IX」と書きます。

なお、使える記号は上記のように「M（1,000）」までのため、ローマ数字では最大で3,999まで表現できます。

問題

ローマ数字の記号を12個並べたとき、ローマ数字として認識できる数が何通りあるかを求めてください。
たとえば、1個の記号で表現できるのは、I、V、X、L、C、D、Mの7通り、15個の記号で表現できるのは「MMMDCCCLXXXVIII」（3,888）の1通りです。

1から3,999までの数をそれぞれローマ数字で表現してみて、使う記号の数を数えれば求められます。

考え方

ヒントにあったように、それぞれの数をローマ数字に変換できれば、あとはその文字数を数えるだけです。そこで、アラビア数字からローマ数字にどのように変換するかを考えてみます。

まずは基本となる表（問題文の表5）から規則性を考えてみましょう。

規則性……。それぞれの最上位の桁が1、5、1、5、の繰り返しになっていますよね……それくらいしかわかりません。

1、5、1、5の繰り返しということは、桁が増えるタイミングが1、10、100、1,000の部分だけじゃない、ということね。

数字を読み取る場合、私たちは桁で考えます。一、十、百、千といった区切りだけでなく、日本では万を超えるとこれらを組み合わせて「千三百万」といった呼び方も使います。英語ではten thousandのように1,000の位で区切ります。

ローマ数字への変換の場合も、同じように桁で区切って考えてみます。まずは1、10、100、1,000という桁で区切るため、それぞれ割り算をして、その「余り」を求めます。この余りが4、9、40、90、…のようになる場合は無条件にローマ数字が決まります。

一方、余りがその他の場合は、さらに5、50、500で割った余りを考えてみます。表6のように整理すると、同じ色のところではローマ数字の増え方が同じようになっており、規則性があることがわかります。

表6 余りの規則性

アラビア数字	1	2	3	5	6	7	8
ローマ数字	I	II	III	V	VI	VII	VIII
アラビア数字	110	120	130	150	160	170	180
ローマ数字	CX	CXX	CXXX	CL	CLX	CLXX	CLXXX

この表をもとにプログラムを作ってみると、以下のように実装できます。

q03.rb
```
N = 12

# 1桁分の変換
```

```
def conv(n, i, v, x)
  result = ''
  if n == 9
    result += i + x
  elsif n == 4
    result += i + v
  else
    result += v * (n / 5)
    n = n % 5
    result += i * n
  end
  result
end

# ローマ数字への変換
def roman(n)
  m, n = n.divmod(1000)
  c, n = n.divmod(100)
  x, n = n.divmod(10)
  result = 'M' * m
  result += conv(c, 'C', 'D', 'M')
  result += conv(x, 'X', 'L', 'C')
  result += conv(n, 'I', 'V', 'X')
  result
end

cnt = Hash.new(0)
1.upto(3999){|n|
  cnt[roman(n).size] += 1
}
puts cnt[N]
```

q03.js

```
N = 12;

// 1桁分の変換
function conv(n, i, v, x){
  var result = '';
  if (n == 9)
    result += i + x;
  else if (n == 4)
    result += i + v;
  else {
    for (j = 0; j < Math.floor(n / 5); j++)
      result += v;
    n = n % 5;
    for (j = 0; j < n; j++)
      result += i;
  }
```

第1章 入門編★

```
  return result;
}

// ローマ数字への変換
function roman(n){
  var m = Math.floor(n / 1000);
  n %= 1000;
  var c = Math.floor(n / 100);
  n %= 100;
  var x = Math.floor(n / 10);
  n %= 10;
  var result = 'M'.repeat(m);
  result += conv(c, 'C', 'D', 'M');
  result += conv(x, 'X', 'L', 'C');
  result += conv(n, 'I', 'V', 'X');
  return result;
}

var cnt = {};
for (i = 1; i < 4000; i++){
  var len = roman(i).length;
  if (cnt[len]){
    cnt[len] += 1;
  } else {
    cnt[len] = 1;
  }
}
console.log(cnt[N]);
```

10、100、1,000で割った商と余りを使って変換する処理を、共通処理として抜き出しているのね。これならシンプルになるわ。

共通の処理をまとめてもらえると、同じ処理を実行するだけなのでコンピュータは助かりマス。

結果の集計にハッシュ（連想配列）を使っているのもコツです。ただの配列で1～3,999まで確保してもよいですが、今回の場合は文字数だけわかれば十分ですね。

93通り

Q04 点灯している量で考えるデジタル時計

IQ：70　目標時間：15分

図6のような7セグメントディスプレイを使ったデジタル時計があります。この時計では、時刻によって点灯している位置の数が決まります。たとえば、12:34:56（12時34分56秒）の場合は、右図のように27カ所が点灯しています。

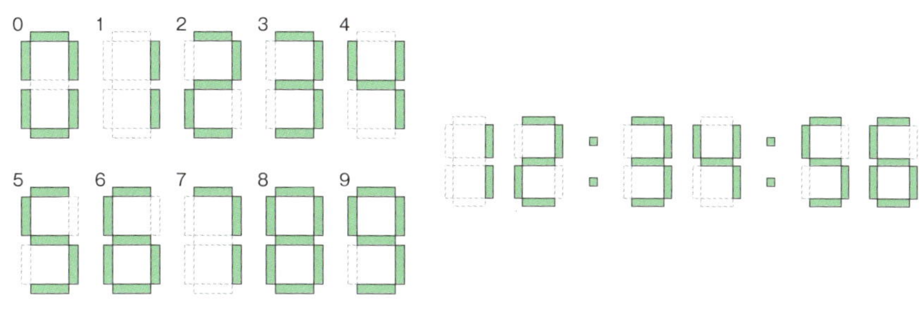

図6 7セグメントディスプレイの点灯位置

ここでは逆に考えて、点灯している箇所の数から時刻を調べてみましょう。ただし、時刻としてありえない数字の並びは対象にはなりません（「53:61:24」も27カ所が点灯しますが対象外）。

なお、このデジタル時計は24時間表示で、23時59分59秒まで表示します。また、1桁になる場合は、時・分・秒のいずれも0埋めして表示されるものとします。

問題

30カ所が点灯するような時刻が何通りあるかを求めてください。

27カ所が点灯するような時刻は、「12:34:56」を含めて8,800通りあります。

点灯している位置をどんなデータ構造で表現すればいいんだろう？

この問題を解くうえで必要なのは、点灯している位置ではなく個数だね。

考え方

デジタル時計において、点灯している箇所を数えるにはいくつかの方法が考えられます。点灯可能な箇所は7カ所×6文字あるので、全部で42通りです。その中から30カ所が点灯しているものを調べようとすると、42個から30個を選ぶ組み合わせになってしまい、膨大な数になってしまいます。

しかし、表示されるのは時刻になる並びだけですので、調べるパターンをすべての時刻だけに絞り込み、その点灯箇所を数えれば求められます。

点灯しているかどうかをすべての位置について調べるのではなくて、時刻を前提としてプログラムを作ればいいのか！……でもどうやるんだろ。

時刻の組み合わせは24×60×60。つまり86,400通りを調べれば済むね。

それぞれの数字で点灯される量は事前に求めておくと楽ですね。

時刻として可能なものを調べると、以下のようなプログラムを作成できます。

q04_1.rb

```
N = 30

# 2桁の数字に対する点灯数を返す
def check(num)
  light = [6, 2, 5, 5, 4, 5, 6, 3, 7, 6]
  light[num / 10] + light[num % 10]
end

cnt = 0
24.times do |h|
  60.times do |m|
    60.times do |s|
      cnt += 1 if check(h) + check(m) + check(s) == N
    end
  end
end
puts cnt
```

q04_1.js

```
N = 30;

```

```
// 2桁の数字に対する点灯数を返す
function check(num){
  var light = [6, 2, 5, 5, 4, 5, 6, 3, 7, 6];
  return light[Math.floor(num / 10)] + light[num % 10];
}

var cnt = 0;
for (var h = 0; h < 24; h++){
  for (var m = 0; m < 60; m++){
    for (var s = 0; s < 60; s++){
      if (check(h) + check(m) + check(s) == N)
        cnt++;
    }
  }
}
console.log(cnt);
```

なるほど。事前に、数字に対応する点灯数を配列にセットしているんですね。

10の位と1の位に分けて、その合計を求めているよ。

もう少し調べる量を減らせませんか？ たとえば、「12」という数字は時・分・秒のいずれでも調べていますし、それをループの中で何度も調べていますね？

同じ数字を何度も調べることを防ぐためには、一度だけ調べて記憶させておく方法が有効です。ここでは、0～59までの数字について、事前にこの考え方を使って配列に格納しています。

q04_2.rb

```
N = 30

# 2桁の数字に対する点灯数を返す
def check(num)
  light = [6, 2, 5, 5, 4, 5, 6, 3, 7, 6]

  light[num / 10] + light[num % 10]
end

lights = Array.new(60)
60.times do |i|
```

```
  lights[i] = check(i)
end

cnt = 0
24.times do |h|
  60.times do |m|
    60.times do |s|
      cnt += 1 if lights[h] + lights[m] + lights[s] == N
    end
  end
end
puts cnt
```

q04_2.js

```
N = 30;

// 2桁の数字に対する点灯数を返す
function check(num){
  var light = [6, 2, 5, 5, 4, 5, 6, 3, 7, 6];
  return light[Math.floor(num / 10)] + light[num % 10];
}

var lights = new Array(60);
for (var i = 0; i < 60; i++){
  lights[i] = check(i);
}

var cnt = 0;
for (var h = 0; h < 24; h++){
  for (var m = 0; m < 60; m++){
    for (var s = 0; s < 60; s++){
      if (lights[h] + lights[m] + lights[s] == N)
        cnt++;
    }
  }
}
console.log(cnt);
```

Point

関数呼び出しだけでなく、データベースの取得やファイルの読み込みなど、処理に時間がかかる処理を事前に実行しておく考え方は、実務の現場においてもよく利用されます。

8,360通り

IQ：70　目標時間：20分

Q05 枚数で考えるパスカルの三角形

規則性を学ぶときによく登場する「パスカルの三角形」。各行の左右の端を「1」として、それ以外の箇所は左上と右上の数の和を書くことで作成できます。

今回は、それぞれの値を「金額（日本円）」だと考えることにします。たとえば、「1」は1円、「2」は2円、「10」は10円です。このとき、n段目のそれぞれの値について、紙幣や硬貨での最小の枚数を考え、その枚数の和を求めることにします。

たとえば、$n=4$のとき、1、4、6、4、1の並びでは、1円＝1枚、4円＝4枚、6円＝2枚（5円玉＋1円玉）なので、すべて足すと12枚になります。同様に、$n=9$のとき、すべて足すと48枚になります（図7）。

なお、使える紙幣や硬貨は1円玉、5円玉、10円玉、50円玉、100円玉、500円玉、千円札、2千円札、5千円札、1万円札です（2千円札を忘れないように）。

$n=0$										1										1枚
$n=1$									1		1									2枚
$n=2$								1		2		1								4枚
$n=3$							1		3		3		1							8枚
$n=4$						1		4		6		4		1						12枚
$n=5$					1		5		10		10		5		1					6枚
$n=6$				1		6		15		20		15		6		1				12枚
$n=7$			1		7		21		35		35		21		7		1			22枚
$n=8$		1		8		28		56		70		56		28		8		1		31枚
$n=9$	1		9		36		84		126		126		84		36		9		1	48枚

図7 パスカルの三角形と計算例

問題

$n=45$のとき、紙幣・硬貨の枚数の和を求めてください。

金額から紙幣や硬貨の枚数を求める際、大きな金額から順番に使っていくと最小の枚数を求められます。

考え方

一気に実装するのではなく、大きく以下の3つのステップに分けて考えてみます。1つ目は、パスカルの三角形を生成するステップです。2つ目は、パスカルの三角形の該当行について、それぞれの値から最小の枚数を算出するステップ。3つ目は、その最小の枚数の和を求めるステップです。

図8のように配列を用意して、右側から順に計算していけば、直前の行のデータから、次の行のデータを順にセットできます。

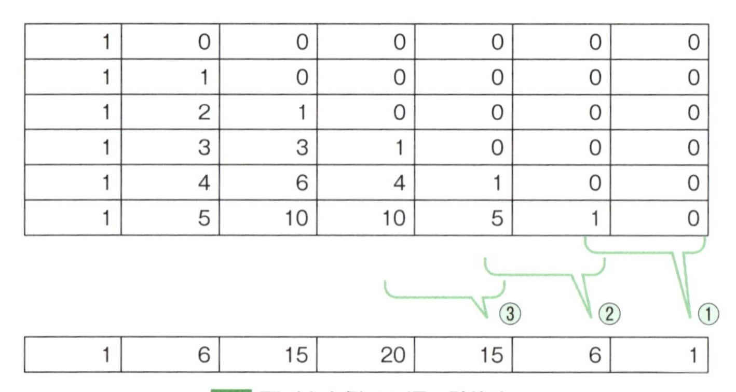

1	0	0	0	0	0	0
1	1	0	0	0	0	0
1	2	1	0	0	0	0
1	3	3	1	0	0	0
1	4	6	4	1	0	0
1	5	10	10	5	1	0

1	6	15	20	15	6	1

図8 配列を右側から順に計算する

1行目から順に加算して該当の行まで作成したうえで、その行について最小の枚数を算出します。枚数を計算するためには、紙幣や硬貨の金額が大きなほうから順に割り算をすると、その商が枚数になります。

たとえば、178円の場合、100で割ると商が1なので100円が1枚、余りの78を50で割ると商が1なので50円が1枚、余りの28を10で割ると商が2なので10円が2枚、…というように求められます。

これを実装すると、以下のようなプログラムを作成できます。

q05.rb

```
N = 45

def count(n)
  coin = [10000, 5000, 2000, 1000, 500, 100, 50, 10, 5, 1]
  result = 0
  coin.each do |c|
    # 大きな金額から順に、商と余りを計算
    cnt, n = n.divmod(c)
    result += cnt
  end
  result
end

row = [0] * (N + 1);
row[0] = 1;
N.times do |i|
  # 各行に対して右からセット
  (i + 1).downto(1) do|j|
    # 前の行の値に、その左隣の値を足す
    row[j] += row[j - 1]
  end
end

# 枚数の和を計算
puts row.map{|i| count(i)}.inject(:+)
```

q05.js

```
N = 45;

function count(n){
  var coin = [10000, 5000, 2000, 1000, 500, 100, 50, 10, 5, 1];
  var result = 0;
  for (var i = 0; i < coin.length; i++){
    // 大きな金額から順に、商と余りを計算
    var cnt = Math.floor(n / coin[i]);
    n = n % coin[i];
    result += cnt;
  }
  return result;
}

row = new Array(N + 1);
row[0] = 1;
for (var i = 1; i < N + 1; i++){
  row[i] = 0;
}
for (var i = 0; i < N; i++){
  // 各行に対して右からセット
```

```
  for (var j = i + 1; j > 0; j--)
    // 前の行の値に、その左隣の値を足す
    row[j] += row[j - 1];
}

// 枚数の和を計算
var total = 0;
for (var i = 0; i < N + 1; i++){
  total += count(row[i]);
}
console.log(total);
```

Rubyだと、商と余りを同時に計算できるんですね！

枚数の和を計算する最後の処理でも、Rubyでは配列の合計を1行で求めているわ。もちろん、JavaScriptのようにループで処理することもできるね。

3,518,437,540枚

複数のパターンから最適な選択肢を選ぶ場合、全探索ですべてのパターンを調べることもできるけれど、問題に合わせて作成した基準を使って、簡単に最もよいものを求める方法があるの。このような方法は、「貪欲法」または「グリーディ算法」と呼ばれているわ。

この問題で登場した、「金額から紙幣や硬貨の枚数を求める方法」は貪欲法の典型例。本来なら、最小の枚数を調べるには、すべての組み合わせを洗い出す必要があるよね。でも、紙幣や硬貨の枚数を求めたいのなら、大きな金額から順に使えば求められることは直感でわかるはず。

問題によっては厳密解が得られない場合もあるけれど、単純なプログラムで高速に解を求める方法としてよく使われているよ。

IQ：80　目標時間：20分

Q06 長方形から作る正方形

折り紙で鶴を折った経験は誰でもあるでしょう。長方形の紙だときれいに作ることができないので、長方形の短辺を一辺とする正方形を端から切り取ることを考えます。残った形が正方形になるまで、この作業を繰り返します。

たとえば、8×5の長方形の紙があったとき、5×5の正方形を切り取ると、残るのは3×5の長方形。さらに3×3の正方形を切り取ると、3×2の長方形が残ります。さらに2×2の正方形を切り取ると1×2の長方形ができるので、1×1の正方形2つにします。すると、5個の正方形を作ることができます（図9）。

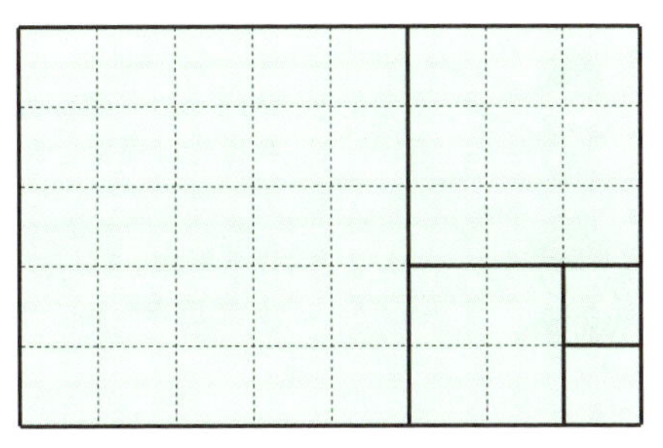

図9 長方形から正方形を作るイメージ

問題

長辺の長さが1,000以下で、できる正方形の数がちょうど20個になるような、長方形の「縦と横のペア」がいくつあるかを求めてください。ただし、長方形の縦と横を入れ替えたものは1つとしてカウントするものとします。

たとえば、長辺の長さが8以下で、正方形が5個になるようなものは、上記の8×5の長方形に加えて図10の7通りがあり、合計8通りになります。

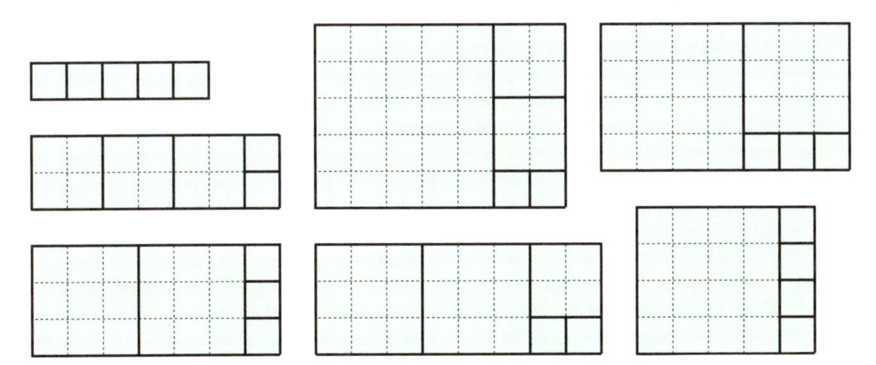

図10 長辺の長さが8以下で、正方形が5個になる例

考え方

短辺の長さがわかると正方形の形が決まり、「長辺の長さ」から「切り出した正方形の一辺の長さ」を引いた分が、新しい長方形の一辺になります。このとき、切り取る正方形は1つとは限りません。

また、「縦と横」ではなく「長辺と短辺」と考えることで、切り取る処理を同じ処理の繰り返しで実行できます。

切り取る方法はわかったけれど、データ構造を考えるのが難しいです。縦と横をマス目に区切って配列を作るのは、ムダが多そうだし……

長方形を決めるのに必要なのは、縦と横の長さだけだね。この2つの値を使って、再帰的に探索できないかな？

いいところに目をつけましたね。短辺と長辺を切り替えながら、すべての長方形について正方形を切り出す作業を繰り返してみましょう。

最後に1×1の正方形が残るまで、正方形を切り出すことを繰り返す処理を再帰的に実装してみると、以下のようなソースコードで実現できます。長辺を短辺で割ったとき、商が切り出す正方形の個数になり、余りが次の短辺に該当します。

q06_1.rb

```
W, N = 1000, 20

def cut(w, h)
  return 1 if w == h
  w, h = h, w if w > h
  q, r = h.divmod(w)
  result = q
  result += cut(w, r) if r > 0
  result
end

cnt = 0
1.upto(W) do |i| # 短辺
  i.upto(W) do |j| # 長辺
    cnt += 1 if cut(i, j) == N
  end
end
puts cnt
```

q06_1.js

```
W = 1000;
N = 20;

function cut(w, h){
  if (w == h) return 1;
  if (w > h){
    var temp = w; w = h; h = temp;
  }
  var r = h % w;

  var result = Math.floor(h / w);
  if (r > 0) result += cut(w, r);
  return result;
}

var cnt = 0;
for (var i = 1; i <= W; i++){   // 短辺
  for (var j = i; j <=W; j++){  // 長辺
    if (cut(i, j) == N) cnt++;
  }
}
console.log(cnt);
```

縦と横の長さを比較して交換すると、長辺と短辺が入れ替わったことになるんですね。考えてみれば当たり前かぁ。

でも、切り取りたい正方形の数を超えても探索が続くのがムダな感じがします。

では、求める数を超えたら探索を打ち切るようにしてみましょう。

q06_2.rb

```
W, N = 1000, 20

def cut(w, h, n)
  return (n == 0) if w == h
  w, h = h, w if w > h
  q, r = h.divmod(w)
  if (n - q < 0) || (r == 0)
    return (n - q == 0)
  else
    return cut(w, r, n - q)
```

```
  end
end

cnt = 0
1.upto(W) do |i| # 短辺
  i.upto(W) do |j| # 長辺
    cnt += 1 if cut(i, j, N)
  end
end
puts cnt
```

q06_2.js

```
W = 1000;
N = 20;

function cut(w, h, n){
  if (w == h) return (n == 0);
  if (w > h){
    var temp = w; w = h; h = temp;
  }
  var r = h % w;

  var q = Math.floor(h / w);
  if ((n - q < 0) || (r == 0))
    return (n - q == 0);
  else
    return cut(w, r, n - q);
}

var cnt = 0;
for (var i = 1; i <= W; i++){    // 短辺
  for (var j = i; j <= W; j++){  // 長辺
    if (cut(i, j, N)) cnt++;
  }
}
console.log(cnt);
```

Point

切り取る正方形の数が多い場合はあまり処理時間が変わりませんが、正方形の数が少ない場合は後者のように枝刈りしたほうが高速になります。

26,882通り

IQ：70　目標時間：15分

Q07 ファイルの順番を元どおりに戻したい！

1993年に出版された『「超」整理法』（野口悠紀雄 著）というベストセラー本があります。同書では「使った順にファイルを並べる」という方法が提唱されています。たとえば、「本棚に並べてある資料を使ったあと、戻すときは必ず左端に戻す」という方法です。この作業を繰り返すと、使っていない資料が自然と右端に押し出されていきます。

ここで、ふと最初の順番に戻したくなったらどうすればよいでしょうか。資料を左端に移動する方法を繰り返して、元の順番に戻すまでの最短の手順を考えます。

たとえば、3冊のファイルがあり、元の配置が左からA、B、Cの順に並んでいれば、

A、B、C　：0回の移動
A、C、B →（Bを移動）→ B、A、C →（Aを移動）→ A、B、C　：2回の移動
B、A、C →（Aを移動）→ A、B、C　：1回の移動
B、C、A →（Aを移動）→ A、B、C　：1回の移動
C、A、B →（Bを移動）→ B、C、A →（Aを移動）→ A、B、C　：2回の移動
C、B、A →（Bを移動）→ B、C、A →（Aを移動）→ A、B、C　：2回の移動

といった移動で実現できます。これらの移動回数の合計は、0＋2＋1＋1＋2＋2＝8なので、8回になります。

問題

ファイルが15冊あるとき、本棚に入っているファイル配置についてすべてのパターンを考え、移動回数の合計を求めてください。

数学的に順列を考えると、プログラムをシンプルにできます。結果が大きな値になるため、整数型の範囲にも注意しましょう。

考え方

問題のような多数のファイルで考える前に、もう少し小さな数のファイルを用意した例を考えてみます。たとえば、5つのファイルを並べ替える場面を想定し、「DBEAC」という並びを「ABCDE」に戻すための移動回数を考えてみましょう。

DとEは左側にほかのファイルが追加されることで自然に移動するため、移動が必要なのは、A、B、Cの3つです。つまり、3回の移動で実現できます。

右端に並ぶものは、「最初から昇順に並んでいれば移動は必要ない」ということですか？

そうだね。同じように考えると、移動が3回必要な並びは何通りあるかな？

全部で5個のうち、移動しない2個、移動する3個の並べ替えを考えると……

移動するファイルのうち、最も右に来るファイルは先頭以外に配置する必要があります（先頭に配置すると、移動しなくてよくなるため）。残りは任意の位置に配置できます。つまり、n個のファイルがあり、k回移動する場合、移動する中で最も右に来るファイルを配置する場所は$n-k$通り、それ以外は$k-1$個の並べ替えで${}_nP_{k-1}$通りがあります。

> 例）5つのファイルでD、Eが移動しないとき、3回移動する。
> Cを配置できるのは以下の○がある2カ所のうち1つ。
> 「×D○E○」
> Cを真ん中に配置すると、「DCE」となり、Aは以下の○がある4カ所。
> 「○D○C○E○」
> 同様にBは5カ所に配置できる。
> つまり、5つのファイルで3回移動するのは$(5-3)\times{}_5P_2=2\times20=40$通り。

また、n個のファイルの場合、移動する回数は最大でも$n-1$回のため、以下のようなプログラムで実装できます。それぞれの移動回数について、並べ替えのパターン数を掛けています。

q07_1.rb

```ruby
N = 15

# 順列を計算
def nPr(n, r)
  result = 1
  r.times do |i|
    result *= n - i
  end
  result
end

cnt = 0
1.upto(N - 1) do |i| # 移動回数
  cnt += i * (N - i) * nPr(N, i - 1)
end
puts cnt
```

q07_1.js

```javascript
N = 15;

// 順列を計算
function nPr(n, r){
  var result = 1;
  for (var i = 0; i < r; i++)
    result *= n - i;
  return result;
}

var cnt = 0;
for (var i = 1; i < N; i++){ // 移動回数
  cnt += i * (N - i) * nPr(N, i - 1);
}
console.log(cnt);
```

順列の計算は${}_nP_r = n \times (n-1) \times \cdots (n-r-1)$という計算で求められるんだったね。

確かに、こんな式は序章で登場しました。

「${}_nP_0 = 1$」というのは忘れがちなので要注意デス。

この方法でも十分高速ですが、別の考え方も試してみましょう。

手順を逆から考えて、n冊の本が整列した状態から、左端の本を任意の位置に差し込む作業を繰り返します。初期状態では0手で元に戻ります。1手で元に戻るのは、左端のファイルを残り$n-1$ファイルの右側に入れる、$n-1$通りです。

同様に繰り返すと、以下のように実装できます。

q07_2.rb

```
N = 15

cnt = Array.new(N){0}
cnt[0] = 1
1.upto(N) do |i|
  (i - 2).times do |j|
    cnt[i - j - 1] = cnt[i - j - 2] * i
  end
  cnt[1] = i - 1
end
sum = 0
cnt.each_with_index{|v, i| sum += i * v}
puts sum
```

q07_2.js

```
N = 15;

var cnt = [1];
for (var i = 1; i <= N; i++){
  cnt[i] = 0;
  for (var j = 0; j < i - 2; j++){
    cnt[i - j - 1] = cnt[i - j - 2] * i;
  }
  cnt[1] = i - 1;
}
var sum = 0;
for (var i = 0; i < N; i++){
  sum += i * cnt[i];
}
console.log(sum);
```

17,368,162,415,924回

IQ：70　目標時間：10分

Q08 セルの結合で一筆書き

表計算ソフトでよく使われるのが「セルの結合」です。うまく工夫すると複雑な表も表現できて便利な機能ですが、ここではセルの結合によって、「一筆書きできる図形」を作ることを考えます。

たとえば、横に3つ、縦に2つのセルが並んでいるとき、図11の左図のように結合すると一筆書きできますが、中央の図のように結合すると一筆書きできません。また、右の図のような形は一筆書きできますが、表計算ソフトの結合では実現できないので対象外となります。

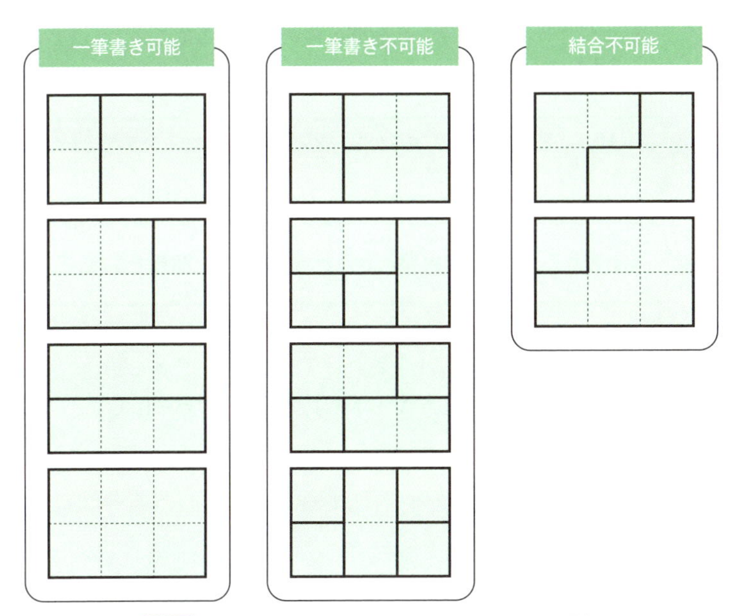

図11 横に3つ、縦に2つのセルが並んでいる場合

問題

横に10個、縦に10個のセルが並んでいるとき、セルの結合でできる図形のうち、一筆書きできるものが何通りあるか求めてください。なお、結合しなくても一筆書きできる場合は、その形も含めるものとします（上下左右の反転などもそれぞれカウントすることにします）。

考え方

一筆書きできるかどうかの条件としては、各頂点につながっている線の数（次数）を数える方法が有名です。次数から判断できる一筆書きができる条件は、以下の2つがあります。

- すべての頂点の次数が偶数
- 次数が奇数の頂点が2つだけ

言い換えると、一筆書きができるためには、奇数個の線がつながった頂点が0個または2個である必要があります。今回の問題で奇数個の線がつながる頂点が0個になるのは、すべてのセルを1つに結合した場合のみです。一方、奇数個の線がつながる頂点が2個になるのは、結合の結果セルが2つだけになるときのみです。

セルが3つ以上あると、奇数個の線がつながる頂点が3つ以上できてしまうね。

つまり、「どこで縦に区切るかと、どこで横に区切るかを考えればいい」ということですか？

そのとおり。それぞれ縦横のセルの数を考えると簡単ですね。

横にX個あれば$X-1$通り、縦にY個あれば$Y-1$通り、全体を結合したものが1通りなので、$(X-1)+(Y-1)+1=X+Y-1$通りだと考えられます。

q08.rb

```ruby
X, Y = 10, 10

puts X + Y - 1
```

q08.js

```javascript
X = 10;
Y = 10;

console.log(X + Y - 1);
```

19通り

IQ: 80　目標時間: 20分

Q09 ナルシシストな8進数

数学用語ランキングなどで話題になることが多い「ナルシシスト数」。n桁の自然数のうち、その各桁の数をn乗した値の和が、元の自然数に等しくなるような数を指します。たとえば、153は3桁の数で、$1^3+5^3+3^3=153$となるため、153 はナルシシスト数だといえます。

これは10進数でのナルシシスト数ですが、これをほかの基数でも考えてみます。例として、3進数でのナルシシスト数を考えてみると1、2、12、22、122、…のように求められます。

$$1^2+2^2=1+11=12$$
$$2^2+2^2=11+11=22$$
$$1^3+2^3+2^3=1+22+22=122$$

問題

8進数で2桁以上のナルシシスト数を小さいほうから8個求め、8進数で順に出力してください。

表7 （参考）10進数と3進数の対応表

10進数	3進数	10進数	3進数
1	1	10	101
2	2	11	102
3	10	12	110
4	11	13	111
5	12	14	112
6	20	15	120
7	21	16	121
8	22	17	122
9	100	18	200

N進数を求める処理は多くのプログラミング言語に用意されていますので、それを使ってください。

第1章 入門編★

考え方

基数の変換は、多くのプログラミング言語で関数などが用意されています。つまり、考えなければならないのは、累乗を求め、その値の和が元の数と等しくなるかを調べる部分です。

まずは調べる範囲を決めないといけません。1桁の場合は無条件でナルシシスト数なので、2桁以上を調べる問題ということですね。

調べる範囲は、2桁なら8^1～、3桁なら8^2～、4桁なら8^3～……どこまで続くんだろう？

上限を無限に調べていると、8個存在しなかった場合に無限ループになってしまいマス。

10進数で考えると、n桁の自然数は最小で10^{n-1}です。探索範囲の上限を考えると、各桁の数をn乗した値の和が最大になるのは「9がn個並んだとき」なので、最大でも$n \times 9^n$となります。ところが、nが大きくなると$n \times 9^n < 10^{n-1}$となるため、このようなnに対してナルシシスト数は存在しません。

N進数の場合、同様に考えると、各桁の数をn乗した値の和が最大になるのは「$(N-1)$がn個並んだとき」で、最大でも$n \times (N-1)^n$です。このnが大きくなったとき、$n \times (N-1)^n < N^{n-1}$となるまで調べれば済みます。

q09.rb

```
N = 8

# 探索すべき最大桁を調査
keta = 1
while true do
  break if keta * ((N - 1) ** keta) < N ** (keta - 1)
  keta += 1
end

cnt = 0
N.upto(N ** keta) do |i|
  # N進数に変換
  value = i.to_s(N)
  len = value.length
  sum = 0
  len.times do |d|
    sum += value[d].to_i(N) ** len
  end
```

```
  if i == sum
    puts value
    cnt += 1
    break if cnt == N
  end
end
```

q09.js

```
N = 8;

// 探索すべき最大桁を調査
var keta = 1;
while (true){
  if (keta * Math.pow(N - 1, keta) < Math.pow(N, keta-1))
    break;
  keta++;
}

var cnt = 0;
for (i = N; i <= Math.pow(N, keta); i++){
  // N進数に変換
  var value = i.toString(N);
  var len = value.length;
  var sum = 0;
  for (d = 0; d < len; d++){
    sum += Math.pow(parseInt(value[d], N), len);
  }
  if (i == sum){
    console.log(value);
    cnt++;
    if (cnt == N) break;
  }
}
```

Rubyでは「to_s」、JavaScriptでは「toString」を使うと、*N*進数に変換できるんですね。

逆に*N*進数の数を10進数に戻すには、Rubyでは「to_i」、JavaScriptでは「parseInt」を使えます。

コンピュータは2進数で処理していますが、8進数や16進数へ変換すると人間がわかりやすいので、よく使われマスヨ。

Point

各桁の数字を1桁ずつ取り出す処理には、大きく2通りの方法があります。ここではRubyとJavaScriptで解説するため、わかりやすい方法として、元の数を文字列で表現して、1文字ずつ取り出す方法を使っています。

言語によっては、10で割って余りを取り出すほうが簡単に実装できるかもしれません。実務の現場でも、整数を文字列に変換する処理は珍しくありません。1文字ずつ取り出す方法は、いろいろ試してみるとよいでしょう。

解答 24、64、134、205、463、660、661、40663

数学うんちく

ナルシシスト数と似た「ミュンヒハウゼン数」

ナルシシスト数は各桁の数をn乗した値を使うけれど、似たような数として「ミュンヒハウゼン数」というのもあるよ。ミュンヒハウゼン数は、各数字を累乗した値を使うの。たとえば、3,435はミュンヒハウゼン数で、「$3^3 + 4^4 + 3^3 + 5^5 = 3,435$」となるわ。

ちなみに、「ナルシシスト」という言葉は、ギリシア神話に登場する美少年「ナルキッソス」に由来するそう。諸説あるけれど、ナルキッソスは、水面に映る自分の姿を見て自分自身の美しさに恋してしまい、その水面に写った自分にくちづけをしようとしてそのまま落ち、水死したという話が有名ね。つまりナルシストということで、ナルシシストとは表記が違うだけで同じ意味なのよ。

ではミュンヒハウゼン数の名前の由来はというと、映画「ほら男爵の冒険」のドイツ語の原題「Münchhausen」から取られていて、この映画に登場する人物にたとえられたからみたい。

数学的に有名なものには数学者の名前がつけられることが多いけれど、このようにまったく違う名前がつけられることも。累乗が登場するものだと、ほかにも「タクシー数」など、由来を調べると興味深い数字がたくさんあるわ。

IQ：80　目標時間：20分

Q10 アダムズ方式で議席数を計算せよ!

衆院選挙制度改革関連法が成立し、「アダムズ方式」による議席数の割り当てが2020年の国勢調査にもとづいて行われることが決まりました。アダムズ方式は、各都道府県の人口を「ある同じ整数」で割ったとき、その答えの合計が全国の議席数と同一になるように、割る値を調整する計算方式です。商が小数になる場合は切り上げることになっています。

たとえば、人口が250人、200人、150人の3つの県から10議席を選ぶとき、それぞれ65で割ると3.84…、3.07…、2.30…なので4、4、3となり、合計が10になりません。それぞれ75で割ると3.33…、2.66…、2なので4、3、2となり、これも合計が10になりません。

しかし、それぞれ70で割ると3.57…、2.85…、2.14…なので4、3、3となり、合計が10になります。

問題

平成27年の国勢調査結果（表8）をもとに、各都道府県の議席数を求めてください。なお、全体での議席数は289議席とします。

表8 各都道府県の人口（平成27年の国勢調査より）

北海道	5,381,733	石川県	1,154,008	岡山県	1,921,525
青森県	1,308,265	福井県	786,740	広島県	2,843,990
岩手県	1,279,594	山梨県	834,930	山口県	1,404,729
宮城県	2,333,899	長野県	2,098,804	徳島県	755,733
秋田県	1,023,119	岐阜県	2,031,903	香川県	976,263
山形県	1,123,891	静岡県	3,700,305	愛媛県	1,385,262
福島県	1,914,039	愛知県	7,483,128	高知県	728,276
茨城県	2,916,976	三重県	1,815,865	福岡県	5,101,556
栃木県	1,974,255	滋賀県	1,412,916	佐賀県	832,832
群馬県	1,973,115	京都府	2,610,353	長崎県	1,377,187
埼玉県	7,266,534	大阪府	8,839,469	熊本県	1,786,170
千葉県	6,222,666	兵庫県	5,534,800	大分県	1,166,338
東京都	13,515,271	奈良県	1,364,316	宮崎県	1,104,069
神奈川県	9,126,214	和歌山県	963,579	鹿児島県	1,648,177
新潟県	2,304,264	鳥取県	573,441	沖縄県	1,433,566
富山県	1,066,328	島根県	694,352		

考え方

問題文にあるように、各都道府県の人口を「ある同じ整数」で割ったとき、その商が小数になった場合は切り上げます。この値を合計して、求める議席数になれば探索は完了します。

どうやってこの「ある同じ整数」を決めるのかを考えると、問題文の中にヒントがあります。つまり、65で試すとNG、75で試してもNG、70で試すとOK、のように探索範囲を絞っていきます。ここで、二分探索が使えそうだと気づいたでしょうか。

二分探索はアルゴリズムの勉強をするときによく出てきます。

単調に増加するような関数であれば、問題を半分ずつに分解して考えると高速に答えを求められるね。

最小を1、最大を都道府県の人口の最大値にして、探索してみましょう。

まず、探索範囲の中央の値で各都道府県の人口を割り、その合計が求める議席数になるかをチェックします。もし求める議席数になった場合、そこで探索は終了です。

求める議席数より少なかった場合は分母が大きかったことになるので、現在の値を探索範囲の右端に変えて、同じ処理を実行します。逆に、求める議席数より多かった場合は分母が小さかったことになるので、現在の値を探索範囲の左端に変えて、同じ処理を実行します（図12）。

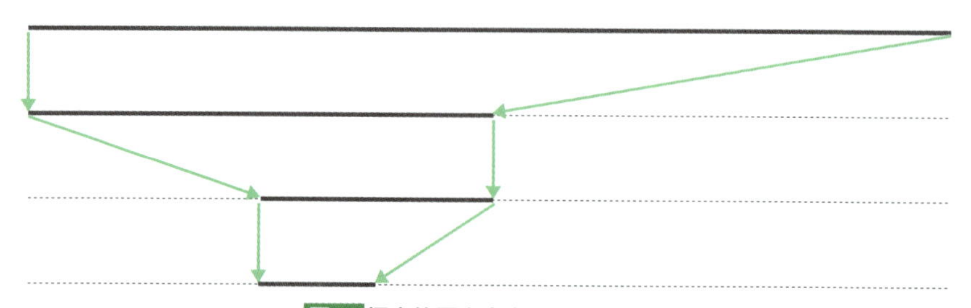

図12 探索範囲を左右の端に変える

これにより、最初は1300万個を超える範囲を探索することになりますが、探索範囲を半分にしていくことで、最大でも24回実行すると探索できます（2^{24} = 16,777,216）。これを実装すると、以下のように書けます。

```
q10.rb
```

```ruby
N = 289

pref = [5381733, 1308265, 1279594, 2333899, 1023119, 1123891,
        1914039, 2916976, 1974255, 1973115, 7266534, 6222666,
        13515271, 9126214, 2304264, 1066328, 1154008, 786740,
        834930, 2098804, 2031903, 3700305, 7483128, 1815865,
        1412916, 2610353, 8839469, 5534800, 1364316, 963579,
        573441, 694352, 1921525, 2843990, 1404729, 755733,
        976263, 1385262, 728276, 5101556, 832832, 1377187,
        1786170, 1166338, 1104069, 1648177, 1433566]

left, right = 1, pref.max

while left < right do
  mid = (left + right) / 2
  seat = pref.map{|i| (i / mid.to_f).ceil}
  seat_sum = seat.inject(:+)
  if N == seat_sum
    p seat
    break
  elsif N > seat_sum
    right = mid
  else
    left = mid + 1
  end
end
```

```
q10.js
```

```javascript
N = 289;

pref = [5381733, 1308265, 1279594, 2333899, 1023119, 1123891,
        1914039, 2916976, 1974255, 1973115, 7266534, 6222666,
        13515271, 9126214, 2304264, 1066328, 1154008, 786740,
        834930, 2098804, 2031903, 3700305, 7483128, 1815865,
        1412916, 2610353, 8839469, 5534800, 1364316, 963579,
        573441, 694352, 1921525, 2843990, 1404729, 755733,
        976263, 1385262, 728276, 5101556, 832832, 1377187,
        1786170, 1166338, 1104069, 1648177, 1433566];

var left = 1;
var right = Math.max.apply(null, pref);
while (left < right){
  var mid = Math.floor((left + right) / 2);
  var seat_sum = 0;
  for (var i = 0; i < pref.length; i++){
    seat_sum += Math.ceil(pref[i] / mid);
  }
```

```
  if (N == seat_sum){
    for (var i = 0; i < pref.length; i++)
      console.log(Math.ceil(pref[i] / mid));
    break
  } else if (N > seat_sum){
    right = mid;
  } else {
    left = mid + 1;
  }
}
```

探索範囲が広そうに見えても、二分探索を使うと一瞬ね。

アルゴリズムの教科書で学んだことが役に立つと、勉強のモチベーションも上がります。

「アダムズ方式」という言葉だけを聞くと難しそうに感じるかもしれませんが、実際に実装してみると、シンプルな計算でできていることがわかりますね。

北海道	12	石川県	3	岡山県	5
青森県	3	福井県	2	広島県	6
岩手県	3	山梨県	2	山口県	3
宮城県	5	長野県	5	徳島県	2
秋田県	3	岐阜県	5	香川県	3
山形県	3	静岡県	8	愛媛県	3
福島県	4	愛知県	16	高知県	2
茨城県	7	三重県	4	福岡県	11
栃木県	5	滋賀県	3	佐賀県	2
群馬県	5	京都府	6	長崎県	3
埼玉県	16	大阪府	19	熊本県	4
千葉県	14	兵庫県	12	大分県	3
東京都	29	奈良県	3	宮崎県	3
神奈川県	20	和歌山県	3	鹿児島県	4
新潟県	5	鳥取県	2	沖縄県	3
富山県	3	島根県	2		

IQ：70　目標時間：15分

Q11 オリンピックの開催都市投票

オリンピックの開催地が決まるまでには、IOC委員による投票があります。2016年の開催地は4都市の中から3回の投票でリオに、2020年は3都市の中から3回の投票で東京に決まりました。

開催地の決定に使われるのが「繰り返し最下位消去ルール」です。トップが過半数に達すると1回の投票で決定しますが、トップが過半数を取れなかった場合、最下位を除外してもう一度投票を行います。過半数を得るまでこの方法を繰り返します。

ここでは、最下位が複数になった場合、最下位が1つに決まるまで上記の逆の投票を行うことにします。つまり、最下位が過半数に達すると1回で決定、過半数が取れない場合、最上位を除外してもう一度投票します。

たとえば、2016年の開催地を決める際は、表9のような投票結果でした。

表9 2016年の開催地の投票結果

都市	1回目	2回目	3回目
リオデジャネイロ	26	46	66
マドリード	28	29	32
東京	22	20	-
シカゴ	18	-	-

また、2020年の場合は表10のような結果でした。

表10 2020年の開催地の投票結果

都市	1回目	2回目	3回目
東京	42	-	60
イスタンブール	26	49	36
マドリード	26	45	-

問題

候補地が7都市あり、十分多くの人が投票するとき、1つの候補地が決まるまでに必要な投票パターンが何通りあるかを求めてください。なお、投票を行ったときにすべての候補が同数になることはないものとします。

考え方

まずは候補地が少ない例で考えてみます。たとえば、候補地が3都市の場合、以下の3つのパターンが考えられます。

- 1回目で1つが過半数に達して決定
- 1回目で1つが脱落し、2回目で残り2つの決選投票
- 1回目で下位2つが並び、2回目で下位2つの投票、3回目で決選投票

少ない事例で考えると、何をするべきかわかりやすい。

候補地が4つの場合も、「1つが過半数のとき」「1つが脱落するとき」というのは同じね。

順調に正解に近づいていますね。最後の「下位が並んだとき」についてさらに考えてみましょう。

下位がいくつ並んだかによって、そのパターンは異なります。候補地が4つのときは、下位2個が並ぶ場合と、下位3個が並ぶ場合の2通りが考えられます。これは候補地が5つになると、下位2個が並ぶ、下位3個が並ぶ、下位4個が並ぶ場合の3通りがあります。

それぞれについて逆の投票（最下位決め）を行うため、下位の候補地の中から1つが選ばれ、残った候補地で投票が行われます。これをソースコードにしてみると、以下のように書けます。

q11_1.rb

```
N = 7

def vote(n)
  return 1 if n <= 2
  cnt = 1                 # 1つが過半数
  cnt += vote(n - 1)      # 1つが脱落
  2.upto(n - 1) do |i|  # 下位i個が並んだとき
    # 下位i個から1つが選ばれ、残ったn-1個で投票
    cnt += vote(i) * vote(n - 1)
  end
  cnt
end

puts vote(N)
```

q11_1.js

```
N = 7;

function vote(n){
  if (n <= 2) return 1;
  var cnt = 1;                     // 1つが過半数
  cnt += vote(n - 1);              // 1つが脱落
  for (var i = 2; i < n; i++){ // 下位i個が並んだとき
    // 下位i個から1つが選ばれ、残ったn-1個で投票
    cnt += vote(i) * vote(n - 1);
  }
  return cnt;
}

console.log(vote(N));
```

そうか、候補地の数を減らして、同じ処理を再帰的に実行すればいいんだ！

このソースコードを見て、気づいたことはありませんか？

n－1個の投票を調べる部分が何度も繰り返されていますねぇ。

1つが脱落したときに調べるだけでなく、下位の候補地が並んだときも、その並んだ候補地の数だけ同じ処理が繰り返されています。このような処理はムダなので、1つにまとめると探索量を減らすことができます。

序章で解説した動的計画法やメモ化を使う方法もありますが、ここでは同じ処理を一度しか実行しないようにしてみましょう。

q11_2.rb

```
N = 7

def vote(n)
  return 1 if n <= 2
  v1 = vote(n - 1)        # 残ったn-1個での投票
  v2 = 0
  2.upto(n - 1) do |i|   # 下位i個が並んだとき
    v2 += vote(i)
  end
```

```
  1 + v1 + v2 * v1
end

puts vote(N)
```

q11_2.js

```
N = 7;

function vote(n){
  if (n <= 2) return 1;
  var v1 = vote(n - 1);         // 残ったn-1個での投票
  var v2 = 0;
  for (var i = 2; i < n; i++){ // 下位i個が並んだとき
    v2 += vote(i);
  }
  return 1 + v1 + v2 * v1;
}

console.log(vote(N));
```

処理の効率を意識すると、問題文のとおりに実装するだけではいけないのね。

さっきのソースコードのほうが、わかりやすいけどなぁ……

それも大事な意見ですね。処理速度や読みやすさなど、いろいろな視点からソースコードの書き方を考えるようにすることが大切です。

Point

今回の問題の場合も、出力される値が32ビット整数を超えてしまいます。変数に格納する場合には、int型の変数を使うのではなく、64ビットの整数を格納できる型を使うなど、言語によっては工夫が必要になります。

14,598,890,236通り

IQ：70　目標時間：15分

Q12 円周率に近似できる分数

小学校で学ぶ円周率。無限に続く循環しない小数で、既約分数で表せないということはよく知られています。一方で、ゆとり教育において「円周率を3として計算する？」といったことが話題になりました。

実際には「3.14」が多く使われていますが、古くから分数で近似する試みも行われてきました。そこで、分母、分子ともに整数である分数を使って円周率に近似することを考えます。

小数第n位まで円周率と一致する分数のうち、「分母が最小のもの」を$\pi(n)$とします。たとえば、nが小さいとき、表11のようになります。

表11 小数第n位まで円周率と一致する分数のうち、分母が最小のものの例

n	$\pi(n)$	分母
1	19/6＝3.166…	6
2	22/7＝3.1428…	7
3	245/78＝3.14102…	78

問題

n＝11のとき、$\pi(11)$の分母を求めてください。

参考）小数点以下11桁までの円周率は以下のとおりです。
3.14159265358

円周率を求めるには、円の内接多角形と外接多角形を用いる方法が有名です。たとえば、半径1の円に内接する正六角形の周の長さは6、外接する正六角形の周の長さは$4\sqrt{3}$なので、$6 < 2\pi < 4\sqrt{3}$、つまり$3 < \pi < 3.46\cdots$のように範囲を絞り込めます。

ただ、今回のように事前に円周率がわかっていれば、分母と分子を変えながら実行するだけで求められマス。

考え方

まずはnが小さいときを考えてみます。たとえば、$n = 2$のときに小数第2位までの「3.14」と一致するものを探してみます。$p/q = 3.14\cdots$となる分数は、

$$3.14 \times q < p < 3.15 \times q$$

という式を満たします。このような式を満たす整数pを探すには、$3.14 \times q \neq 3.15 \times q$を満たすような値が見つかるまで、$q$を1から順に増やしていく方法が考えられます。

たとえば、表12のように考えられます。

表12 qを1から順に増やす

分母	3.14×分母	3.15×分母	結果
1	3.14	3.15	NG
2	6.28	6.3	NG
3	9.42	9.45	NG
4	12.56	12.6	NG
5	15.7	15.75	NG
6	18.84	18.9	NG
7	21.98	22.05	OK(22/7)

なるほど、これなら順に分母を増やしていくだけで解けそうですね。

でも、小数で計算すると、丸め誤差が発生する可能性がありそう。整数で計算したほうがいいんじゃないかな。

いいところに気がつきました。つまり、「3.14…」という小数で計算するのではなく、「314」といった整数で処理する、ということですね。

たとえば小数第2位までの計算を整数で処理するには、円周率の小数第2位までの値に対して10^2を掛けた値を使います。そのうえで商が一致するかどうかを比べることで、分母を求められます。

そこで、円周率の計算に必要な桁数だけ、整数として事前に用意しておきます。この処理を実装すると、以下のようなソースコードで実現できます。

q12.rb

```
N = 11
q = 1

# 指定した桁数の円周率を整数で取得
pi = "314159265358"[0, N + 1].to_i
pow = 10 ** N

while true do
  if q * pi / pow != q * (pi + 1) / pow
    # 商が一致した場合
    if q * (pi + 1) % pow > 0
      # 余りが0より大きいとき
      puts q
      exit
    end
  end
  q += 1
end
```

q12.js

```
N = 11;
var q = 1;

// 指定した桁数の円周率を整数で取得
var pi = parseInt("314159265358".substring(0, N + 1));
var pow = Math.pow(10, N);

while (true){
  if (Math.floor(q * pi / pow) !=
      Math.floor(q * (pi + 1) / pow)){
    // 商が一致した場合
    if (q * (pi + 1) % pow > 0){
      // 余りが0より大きいとき
      console.log(q);
      break;
    }
  }
  q++;
}
```

「余りが0より大きい」というチェックは何のために行っているんですか？

たとえば、$3.14 \times q < p < 3.15 \times q$のような例で、右辺がちょうど整数になる場合を考慮しています。

265,381

数学うんちく

円周率などの近似に有効な連分数

今回の問題ではシンプルな分数を考えたけれど、円周率の近似には連分数が使われることがあるよ。連分数とは、分母にさらに分数が含まれているような分数のことね。

たとえば、以下のような連分数があるわ。

$$\cfrac{1}{1+\cfrac{1}{2+\cfrac{1}{3+\cfrac{1}{4}}}}$$

この例では分子をいずれも1にしているけれど、必ずしも分子を1にする必要はないの。たとえば、円周率の近似値として、以下のような値が知られているわ。

$$\pi = 3+\cfrac{1^2}{6+\cfrac{3^2}{6+\cfrac{5^2}{6+\cfrac{7^2}{6+\cfrac{9^2}{\ddots}}}}}$$

このような規則性が見つかると、プログラミングは楽になる。実際、連分数を使った円周率の近似は簡単に精度を高めることができるわ。$\sqrt{2}$や$\sqrt{3}$、自然対数eや黄金比など、無理数であっても連分数を使ってきれいに表現できる例はたくさんあるのよ。

連分数を求めるプログラムを汎用的に作ってしまえば、上記以外にもいろいろな数を調べられるから、ぜひこのような数を探してみてね。

Q13 並べ替えの繰り返し2※

IQ：80　目標時間：30分

1～9までの数字が1つずつ書かれた9枚のカードがあります。カードは1列に並べられており、一番左のカードに書かれている数字を見て、その数の枚数だけカードを左から取り、並びを逆順にする作業を繰り返します。

この作業を左端が1になるまで続けます。もし1～4までの4枚であれば、最初の並びが「3421」の順になっていると、以下の手順を繰り返して3回で停止します。

3421
↓　1回目：左端が3なので、左の3枚を反転
2431
↓　2回目：左端が2なので、左の2枚を反転
4231
↓　3回目：左端が4なので、4枚を反転
1324

同様に、4枚のカードに対して上記のような処理を行ったとき、3回で停止するのは上記のほかに以下のパターンがあり、合わせて4通りあります。

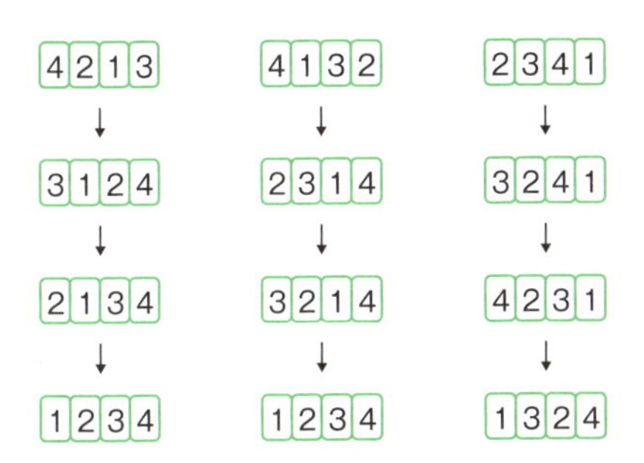

問題

1～9までの数字が1つずつ書かれた9枚のカードに対して、上記と同様の処理をちょうど5回行って停止するような最初の並びが何通りあるかを求めてください。

※「並べ替えの繰り返し」の1作目は、『プログラマ脳を鍛える数学パズル』（前作）に収録されています。

考え方

9枚のカードの並べ替えであれば、全通り試しても9!通り = 362,880通りです。ただし、それぞれに対して停止するまで繰り返す必要があるため、単純に処理すると時間がかかります。

また、カードの枚数が増えると、現実的な時間では処理できなくなります。そこで、工夫して処理時間を縮めることを考えます。

問題文のとおりに実装すると処理に時間がかかる、ということか……。

逆から探索してみるとどうかな？ 左端が1になれば探索終了だから、終了した状態から逆再生するイメージで。

いい発想ですね。逆から調べると、調べるパターンが少なくて済みます。

終了時点のパターンから調べるため、左端に「1」があるすべてのパターンを用意し、それぞれから指定された回数だけ並べ替えることを繰り返すプログラムを作成します。

初期状態の配置は、左端を除いた8枚に対して順列を生成し、反転する位置で折り返して並びを逆順にする処理を実装します。この処理を指定された回数繰り返すと、初期状態を求められます。

q13_1.rb

```
M, N = 9, 5

# 左端に1がある並びを生成
seq = []
(2..M).to_a.permutation(M - 1){|a| seq.push([1] + a)}

log = []
log.push(seq)

# N回の移動を実施
N.times do |i|
  seq = []
  log[i].each do |a|
    1.upto(M - 1) do |j|
      if a[j] == j + 1
        # 並びを逆順にする
```

```
        seq.push(a[0..j].reverse + a[(j + 1)..-1])
      end
    end
  end
  log.push(seq)
end
puts log[N].size
```

q13_1.js

```
M = 9;
N = 5;

// 順列を生成
Array.prototype.permutation = function(n){
  var result = [];
  for (var i = 0; i < this.length; i++){
    if (n > 1){
      var remain = this.slice(0);
      remain.splice(i, 1);
      var permu = remain.permutation(n - 1);
      for (var j = 0; j < permu.length; j++){
        result.push([this[i]].concat(permu[j]));
      }
    } else {
      result.push([this[i]]);
    }
  }
  return result;
}

// 左端に1がある並びを生成
var temp = new Array(M - 1);
for (var i = 1; i < M; i++){
  temp[i - 1] = i + 1;
}
var permu = temp.permutation(M - 1);
var seq = [];
for (var i = 0; i < permu.length; i++){
  seq.push([1].concat(permu[i]));
}

log = [];
log.push(seq);

// N回の移動を実施
for (var i = 0; i < N; i++){
  var s = [];
  for (var j = 0; j < log[i].length; j++){
    for (var k = 1; k < M; k++){
```

```
      if (log[i][j][k] == k + 1){
        // 並びを逆順にする
        temp = log[i][j].slice(0, k + 1).reverse();
        temp = temp.concat(log[i][j].slice(k + 1));
        s.push(temp);
      }
    }
  }
  log.push(s)
}
console.log(log[N].length);
```

左端のカードに書かれている数字の数だけ逆順にするということは、逆から考えると、左からn番目のカードの数字がnのときに逆順にするということになるわけだね。

Rubyだと順列を生成するメソッドがありますが、JavaScriptには存在しないので作る必要がありますよね……。

これでも、この問題に対しては十分なのですが、枚数が増えると処理に時間がかかります。もう少し工夫を考えてみましょう。

4枚のカードに対して処理を行い、1回で停止するものは「2134」「2143」「3214」「3412」「4231」「4321」の6通りがありますが、これらは「21XX」「3X1X」「4XX1」の形になっていれば、残りはほかの数字を入れるだけです（XXの位置には使っていないカードのうち、任意のカードが入る）。

そこで、このような不要な探索を省略するため、最初は左端だけカードをセットし、残りは必要に応じて調べるようにしてみます。もし残りが何でもよい場合は、残った部分のパターン数は枚数の階乗で求められます。

つまり、たとえば、「21XX」の場合は、残りの「XX」の部分は「3」と「4」の2枚のカードの並べ替えなので、2の階乗（$2! = 2 \times 1$）通りが存在するわけです。これを実装すると、以下のように書けます。

q13_2.rb

```
M, N = 9, 5

# seq: カードのセット状況
# used: 使用済みのカード（ビット列）
# n: 移動回数
```

```
def search(seq, used, n)
  # 探索が完了したら残りの個数の階乗を返す
  return (1..seq.count(0)).inject(1, :*) if n == 0

  cnt = 0
  1.upto(M - 1) do |i|
    # 並びを逆順にする
    new_seq = seq[0..i].reverse + seq[(i + 1)..-1]
    if (seq[i] == 0) && (used & (1 << i) == 0)
      new_seq[0] = i + 1
      cnt += search(new_seq, used | (1 << i), n - 1)
    elsif seq[i] == i + 1
      cnt += search(new_seq, used, n - 1)
    end
  end
  cnt
end

puts search([1] + [0] * (M - 1), 1, N)
```

q13_2.js

```
M = 9;
N = 5;

// seq: カードのセット状況
// used: 使用済みのカード（ビット列）
// n: 移動回数
function search(seq, used, n){
  if (n == 0){
    // 探索が完了したら残りの個数の階乗を返す
    var result = 1;
    var cnt = seq.filter(function(e){return e == 0;}).length;
    for (var i = 1; i <= cnt; i++){
      result *= i;
    }
    return result;
  }

  var cnt = 0;
  for (var i = 1; i < M; i++){
    // 並びを逆順にする
    new_seq = seq.slice(0, i + 1).reverse();
    new_seq = new_seq.concat(seq.slice(i + 1));
    if ((seq[i] == 0) && ((used & (1 << i)) == 0)){
      new_seq[0] = i + 1;
      cnt += search(new_seq, used | (1 << i), n - 1);
    } else if (seq[i] == i + 1){
      cnt += search(new_seq, used, n - 1);
    }
```

```
  }
  return cnt;
}

seq = (new Array(M)).fill(0);
seq[0] = 1;
console.log(search(seq, 1, N));
```

Rubyの階乗の計算は不思議な感じですね。

JavaScriptでも、配列の中にある「0」の要素数を数える部分を工夫しています。ほかの言語で書く場合は、単純に配列をループして、要素が0である個数を数える方法がわかりやすいと思います。

注意しなければならないのは、0の階乗（0!）が1だということデスネ。忘れがちなので注意しまショウ。

後者の方法を使うと、15枚でも一瞬で処理が終わるようになったわ。

Point

後者の処理の中では、使用済みのカードを表すためにビット演算を使用しています。1のカードを「0001」、2のカードを「0010」、3のカードを「0100」、4のカードを「1000」のように2進数で表現すると、1と4のカードを使っている状況を「1001」のように表現できます。

これにより、1つの変数ですべてのカードの使用状況を表現でき、処理もシンプルに実装できます。

28,692通り

IQ: 80　目標時間: 30分

Q14 現地で使いやすい両替

最近は日本旅行に訪れる外国人が増えました。彼らはレートに従って日本円に両替しますが、使うときに便利なように、紙幣や硬貨を組み合わせるでしょう。使い勝手をよくするには、なるべく多くの種類を組み合わせて両替したいところです。しかし、あまり枚数が増えると今度は持ち運びが不便になります。

今回は「米ドルから日本円への両替」を考えます。紙幣や硬貨の「種類の数」が最大になるもののうち、全体の枚数が最小になる両替方法を求め、その全体の枚数を出力してください。

たとえば、1ドル112.54円のときに100ドルを日本円に交換すると11,254円になり、その交換方法として表13のような例があります。

表13 100ドルを日本円に交換する方法の例

紙幣・硬貨	例1	例2	例3	例4	例5
1万円札	1	0	0	0	0
5千円札	0	1	1	1	1
2千円札	0	0	1	2	2
千円札	1	5	3	1	1
500円玉	0	2	2	1	2
100円玉	2	1	1	4	1
50円玉	1	2	1	4	2
10円玉	0	5	9	14	4
5円玉	0	0	2	2	2
1円玉	4	4	4	4	4
枚数	9	20	24	33	19

例1は紙幣や硬貨の種類が5種類、例2は7種類なのに対し、例3～5は9種類です。そこで、例3～5の中から、全体の枚数が少ない例5を選び、その枚数は19枚となります（ほかのパターンもありますが、その中でも例5が最小になります）。

ここでは、両替後の日本円の金額が指定されたとき、紙幣・硬貨の種類が最大かつ全体の枚数が最小になる場合を求め、その枚数を出力することを考えます。

問題

両替後の金額が45,678円のとき、紙幣・硬貨の種類が最大かつ全体の枚数が最小になる場合の枚数を求めてください。

考え方

この問題を解くには、大きく2つのステップに分けて考える必要があります。1つ目は「使用する紙幣・硬貨の種類が最大となるものを探す」、2つ目は「紙幣・硬貨の合計枚数が最小になるものを探す」というステップです。

まず第一のステップについて考えてみると、使える紙幣・硬貨は10種類だね。

この10種類のそれぞれを使うか使わないかの2択と考えると、最大で2^{10}通りなので、1024通りですよね？

そのとおりです。それぞれについて、第二のステップを考えてみましょう。

同じ金額を支払う場合でも、小さな金額の紙幣・硬貨を使うよりも、大きな金額の紙幣・硬貨を使うほうが枚数は少なくなります。そこで、合計枚数を最小にするためには、できるだけ大きな金額の紙幣・硬貨を使う必要があります。

1万円を払うとき、1万円札なら1枚ですが、5千円札なら2枚、千円札なら10枚必要ですね。

ということは、Q05で登場した「貪欲法」を使って、金額の高い貨幣から順に使っていけばいいね。

第一のステップで選択した紙幣・硬貨を必ず1枚使うことがポイントですよ。

この2つのステップをループの外側と内側で実装すると、以下のように書けます。

q14_1.rb

```
N = 45678
coins = [10000, 5000, 2000, 1000, 500, 100, 50, 10, 5, 1]
result = N

10.downto(1) do |i| # 使用する枚数を大きいほうから順に探索
  coins.combination(i) do |coin|
    remain = N - coin.inject(:+) # 1枚ずつ事前に使用しておく
    next if remain < 0
```

```
    cnt = coin.length               # 1枚ずつの枚数をセット
    coin.each do |c|                # 大きい金額から最大枚数使用
      r = remain / c
      cnt += r
      remain -= c * r
    end
    result = [cnt, result].min
  end
  break if result < N
end

puts result
```

q14_1.js

```
// 配列に対して組み合わせを列挙する
Array.prototype.combination = function(n){
  var result = [];
  for (var i = 0; i <= this.length - n; i++){
    if (n > 1){
      var combi = this.slice(i + 1).combination(n - 1);
      for (var j = 0; j < combi.length; j++){
        result.push([this[i]].concat(combi[j]));
      }
    } else {
      result.push([this[i]]);
    }
  }
  return result;
}

// 配列の要素の値を合計する
Array.prototype.sum = function(){
  var result = 0;
  this.forEach(function(i){ result += i;});
  return result;
}

N = 45678;
var coins = [10000, 5000, 2000, 1000, 500, 100, 50, 10, 5, 1];
var result = N;

for (var i = 10; i >= 1; i--){
  // 使用する枚数を大きいほうから順に探索
  var coin = coins.combination(i);
  for (var j = 0; j < coin.length; j++){
    var remain = N - coin[j].sum(); // 1枚ずつ事前に使用しておく
    if (remain < 0)
      continue;
    var cnt = coin[j].length;        // 1枚ずつの枚数をセット
```

```
    for (var c = 0; c < coin[j].length; c++){
      // 大きい金額から最大枚数使用
      var r = Math.floor(remain / coin[j][c]);
      cnt += r;
      remain -= coin[j][c] * r;
    }
    result = Math.min(result, cnt);
  }
  if (result < N)
    break;
}

console.log(result);
```

Rubyだと組み合わせを求める処理が用意されているから楽ですね。

JavaScriptでは再帰的に組み合わせを生成してマス。

今回は最大でも1,024通り程度で、さらに見つかった時点で探索を終了できるので十分高速ですが、以下のような方法もあります。

Point

多くの種類の紙幣・硬貨を使うため、最初のステップとして使う紙幣・硬貨を小さい金額からチェックし、1枚ずつ使用したことにしておきます。そのあと、逆に大きい金額からチェックし、残りの枚数をセットします。これにより、確実に多くの種類を使うことができます。

ただし、この方法では小さい金額を先に確保してしまうため、全体の枚数が最小になるとは限りません。そこで、全体の枚数をセットしたあとで、枚数を減らせる場合は調整するようにしてみます。

以下のように書くと、どんな金額に対しても最大で約30回のループで処理が完了します。

q14_2.rb

```
N = 45678
coins = [10000, 5000, 2000, 1000, 500, 100, 50, 10, 5, 1]

# 使用枚数をセット
used = [0] * 10 # 最初はすべて未使用
remain = N

# まず1枚ずつ使えるものは使う
9.downto(0) do |i|
  if remain > coins[i]
    used[i] = 1
    remain -= coins[i]
  end
end

# 残りをとりあえずセット
0.upto(9) do |i|
  used[i] += remain / coins[i]
  remain %= coins[i]
end

# 枚数を減らせるものは調整
0.upto(8) do |i|
  if (used[i] == 0) && (coins[i + 1] * used[i + 1] >= coins[i])
    used[i] = 1
    used[i + 1] -= coins[i] / coins[i + 1]
  end
end
puts used.inject(:+)
```

q14_2.js

```
N = 45678;
var coins = [10000, 5000, 2000, 1000, 500, 100, 50, 10, 5, 1];

// 使用枚数をセット(最初はすべて未使用)
var used = [0, 0, 0, 0, 0, 0, 0, 0, 0, 0];
var remain = N;

// 配列の要素の値を合計する
Array.prototype.sum = function(){
  var result = 0;
  this.forEach(function(i){ result += i;});
  return result;
}

// まず1枚ずつ使えるものは使う
for (var i = 9; i >= 0; i--){
```

```
  if (remain > coins[i]){
    used[i] = 1;
    remain -= coins[i];
  }
}

// 残りをとりあえずセット
for (var i = 0; i < 10; i++){
  used[i] += Math.floor(remain / coins[i]);
  remain %= coins[i];
}

// 枚数を減らせるものは調整
for (var i = 0; i < 9; i++){
  if ((used[i] == 0) && (coins[i + 1] * used[i + 1] >= coins[i])){
    used[i] = 1;
    used[i + 1] -= Math.floor(coins[i] / coins[i + 1]);
  }
}
console.log(used.sum());
```

最後の調整が重要ね。最初に1円玉を1枚配ったとき、あと4円残っていれば1円玉をやめて5円玉1枚にしたほうが枚数を少なくできる。

みんなでトランプをするときに1枚ずつ配っていくみたいな感じかな？

最初の1枚目はそんな感じですね。必ず1枚は配るようにする、ということです。

3重ループは2重ループに、2重ループは1重ループにできないか考えてもらえると、コンピュータの負担が減りマス。

解答 **17枚**

Q15 幅優先の二分木を深さ優先探索

IQ：80　目標時間：30分

図13の左図のように、ノードが左から順に埋まっている二分木を考えます。この二分木に対し、根元の要素を「1」とし、幅優先で順番に番号を付与していきます(ノードの数が10個の場合は、左図のような番号が付与されます)。

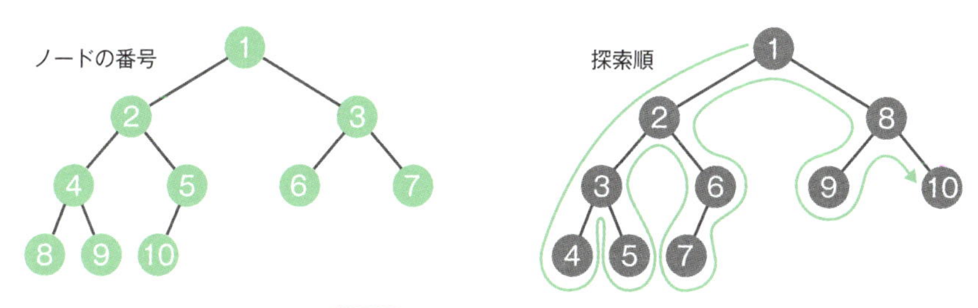

図13 ノードが10個の二分木

この二分木に対して、深さ優先探索を行います。深さ優先探索では、左から順に最も深くなるまで進み、そのあとはバックトラックを行いながら順に探索します。左図のような二分木の場合は、右図のような順番にノードをたどって探索を行います。

m個の要素が存在する二分木について、n番目に探索したノードの番号を求めます。たとえば$m=10$、$n=6$のとき、右側の図で「6」の位置にあるのは左側の図で「5」です。$m=10$、$n=8$のときは、右側の図で「8」の位置にあるのは左側の図で「3」になります。

問題

$m=3000$、$n=2500$のとき、2,500番目に探索したノードの番号を求めてください。

ノードの番号の規則性に気づけば、同じ処理を繰り返すだけで実装できるよ。

二分木を構成する必要はなく、ノードの番号だけに注目することでシンプルに実装できる例ですね。

考え方

幅優先探索と深さ優先探索では、ノードの探索順が異なります。今回は幅優先探索のノード番号を深さ優先探索でたどりますが、ポイントになるのはノードの番号がどのように割り振られているのか、という点です。そこで、まず幅優先探索で付与された番号の規則性を確認します。

問題文にある図13の左図において、各ノードの左下と右下にある数字を見てみます。たとえば、「2」の左下には「4」、右下には「5」があります。同様に、「4」の左下には「8」、右下には「9」があります。

つまり、各ノードの左下にはノードの番号の「2倍」の値、右下にはノードの番号の「2倍+1」の値が番号として付与されています。これを使うと、深さ優先探索を行う場合の次のノード番号がわかります。

でも、探索するときは上に戻るときもありますよね？

戻るときは逆に考えて、2で割ると求められますよ。

2で割った余りは無視して、商のみを求めるわけですね。

ただし、ノード番号を見ただけでは、次に左下に進むのか、右下に進むのか、上に戻るのかわかりません。そこで、直前に訪問したノード番号もあわせて保持しておくことにします。

もし下に降りてきたときは次に左下、左下から戻ってきたときは次に右下、右下から戻ってきたときは次に上、というように移動します。これを順に処理すると、以下のように実装できます。

q15.rb

```
M, N = 3000, 2500

pre, now, n = 0, 1, N
while n > 1 do
  if (pre * 2 == now) || (pre * 2 + 1 == now)
    # 下に降りてきたとき
    if now * 2 <= M
      # まだ左下にノードが残っていれば左下
```

```
      pre, now, n = now, now * 2, n - 1
    else
      # ノードがなければ上に戻る
      pre, now = now, now / 2
    end
  else
    if pre % 2 == 0
      # 左下から戻ってきたとき
      if now * 2 + 1 <= M
        # 右下にノードが残っていれば右下
        pre, now, n = now, now * 2 + 1, n - 1
      else
        # ノードがなければ上に戻る
        pre, now = now, now / 2
      end
    else
      # 右下から戻ってきたときは上に戻る
      pre, now = now, now / 2
    end
  end
end

puts now
```

q15.js

```
M = 3000;
N = 2500;

var pre = 0;
var now = 1;
var n = N;

while (n > 1){
  if ((pre * 2 == now) || (pre * 2 + 1 == now)){
    // 下に降りてきたとき
    if (now * 2 <= M)
      // まだ左下にノードが残っていれば左下
      [pre, now, n] = [now, now * 2, n - 1];
    else
      // ノードがなければ上に戻る
      [pre, now] = [now, Math.floor(now / 2)];
  } else {
    if (pre % 2 == 0){
      // 左下から戻ってきたとき
      if (now * 2 + 1 <= M)
        // 右下にノードが残っていれば右下
        [pre, now, n] = [now, now * 2 + 1, n - 1];
      else
        // ノードがなければ上に戻る
```

```
        [pre, now] = [now, Math.floor(now / 2)];
    } else {
      // 右下から戻ってきたときは上に戻る
      [pre, now] = [now, Math.floor(now / 2)];
    }
  }
}

console.log(now);
```

n番目に訪問したノードを調べるために、nから1つずつ減らしていって実装しているんですね。

最初のノードに「1」をセットして、直前のノードに「0」をセットしておくと、ほかの部分と同じように処理できるわ。

繰り返す回数はn回なので、処理時間はnに比例します。単純な計算だけなので、一瞬で処理できます。

Point

深さ優先探索における探索において、訪問したノードを列挙するときには「先行順（行きがけ順）」「中間順（通りがけ順）」「後行順（帰りがけ順）」に分類されることがあります（図14）。いずれも探索する経路は同じですが、各ノードの値を取り出すタイミングが異なります（今回の問題での例は「先行順」でした）。

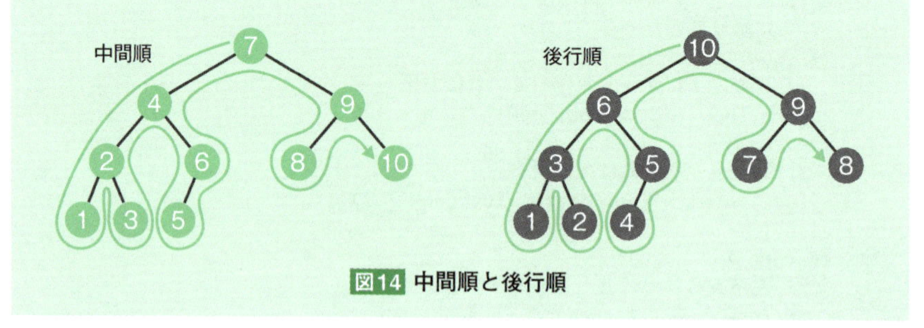

図14 中間順と後行順

897

Q16 既約分数はいくつある？

IQ：80　目標時間：20分

0と1の間にある既約分数のうち、分母と分子の和が「ある数」になる分数を考えます。たとえば、和が20になるのは、以下の4通りがあります。

$$\frac{1}{19}、\frac{3}{17}、\frac{7}{13}、\frac{9}{11}$$

和が20になる2つの数の組み合わせには、2と18、4と16などもありますが、これらを使うと、

$$\frac{2}{18}=\frac{1}{9}、\frac{4}{16}=\frac{2}{8}=\frac{1}{4}$$

のように約分でき、既約分数ではありません。また、

$$\frac{19}{1}、\frac{17}{3}、\frac{13}{7}、\frac{11}{9}$$

のような数も和が20になりますが、いずれも1以上の数であるため対象外です。

問題

分母と分子の和が1,234,567になるような、0と1の間にある既約分数がいくつあるか求めてください。

「既約分数」ということは、共通の約数がなければいいのですね。

共通の約数があれば、その数で約分できますね。つまり、2つの数の最大公約数が1であるものを探せばいいことになります。

最大公約数を求める方法には、有名なものがありますね。

考え方

ヒントにあるように、この問題は「2つの数の最大公約数が1」であるものを探すことを意味します。これは、2つの数が「互いに素」であるともいえます。つまり、2つの数を順に選び、その最大公約数を計算して1であるものを、与えられた数の半分になるまでカウントします。

最大公約数……それぞれの約数を求めて、その中で最大の値を求めればいいんですか？

もっといい方法があるよ。「ユークリッドの互除法」が有名ね。

プログラミング言語によってはすでに関数が用意されている場合もあるので、確認してみまショウ。

Ruby や Python、PHP などの言語では、最大公約数を求める関数がすでに用意されているので、それを使うだけです。ここでは、最大公約数を求める関数が用意されていない言語について考えてみましょう。

Point

ユークリッドの互除法は「剰余（余り）」が持つ以下の特徴を活かして、最大公約数を求める方法です。

> 2つの自然数a、b（$a \geqq b$）について、aのbによる剰余がrのとき、
> 「aとbの最大公約数」と「bとrの最大公約数」が等しい

つまり「aとbの最大公約数」を求めるときは、「bとrの最大公約数」を求めればよいということです。さらに、bのrによる剰余をcとすると、「rとcの最大公約数」を求めることに等しくなります。

これを具体的な数で繰り返すと、たとえば86と20の最大公約数は以下のように続きます。

86 ÷ 20 = 4 … 6
20 ÷ 6 = 3 … 2
6 ÷ 2 = 3 … 0

この剰余が0になったときの商（上記の場合は「2」）が最大公約数になります。
これを実装すると、以下のように書けます。

q16_1.js

```
function gcd(a, b){
  var r = a % b;
  while (r > 0){
    a = b;
    b = r;
    r = a % b;
  }
  return b;
}
```

ほかにも、再帰的に考えて、以下のようにシンプルに実装することもあります。

q16_2.js

```
function gcd(a, b){
  if (b == 0) return a;
  return gcd(b, a % b);
}
```

それぞれの約数を求める必要はないわけですか。

今回の問題も、これを使えば高速に処理できるね。

分母と分子は、片方を選ぶともう一方が決まります。そこで、1つを小さなほうから順に変え、もう1つの数との最大公約数を計算します。これは以下のように書けます。

q16.rb

```
N = 1234567

cnt = 0
1.upto(N / 2) do |i|
  cnt += 1 if i.gcd(N - i) == 1
end
puts cnt
```

q16_3.js

```
// 最大公約数を再帰で求める
function gcd(a, b){
  if (b == 0) return a;
  return gcd(b, a % b);
}

N = 1234567;
var cnt = 0;
for (var i = 1; i < N / 2; i++){
  if (gcd(i, N - i) == 1) cnt++;
}
console.log(cnt);
```

Rubyだと簡単ですね!

JavaScriptでも、上記で作成した最大公約数を求める処理を使うだけです。

612,360個

先生のコラム

意外と使われる小学校で学んだ知識

小学校の算数で学んだ知識でも、そのあとはあまり使われないものがあります。たとえば、この問題で使われた最大公約数や最小公倍数などに限らず、帯分数や仮分数、割り算の「余り」など、中学校以降の数学ではほとんど使われることがありません。

しかし、プログラミングをしていると、「余り」は周期性を持つような計算によく使われます。例を挙げると、日付を7で割った余りを使って曜日を求める、といった処理は実務でも頻繁に登場します。

また、小数の計算で丸め誤差が発生することを防ぐ目的で、整数での計算が可能な分数を扱うことも少なくありません。「算数や数学が将来何に役に立つの?」といった質問に対し、「論理的に考える」といったこと以外にも、意外なところで役に立つ知識なのかもしれません。

第2章

初級編

★★

メモ化などを使って処理時間を意識しよう

パズル問題は
通常のソフトウェア開発に役立つ？

パズルのような問題を解くことが、実際の業務に役立つのか、というのはよく議論になります。その理由として挙げられるのが実用性です。迷路を探索するような処理が実務で使われることはほとんどないでしょう。

また、短時間で解くことが優先され、読みにくく汎用性のないソースコードが生産されるという指摘もあります。確かに、業務システムであれば将来の保守も考えて、オブジェクト指向で丁寧に設計することが求められる場面もあります。しかし、パズルを解くアルゴリズムを考えるときに、オブジェクト指向設計が求められることはほとんどありません。

一方で、パズル問題を解くことにはメリットもあります。たとえば、1つのプログラムを実装するのにかかる時間が短く、達成感を得られることです。大きな目標を達成するのは困難でも、小さな目標を何度も達成していくことでモチベーションを保つというのは、プログラミングに限った話ではありません。

また、処理時間の見積ができるようになることも挙げられます。実際の業務システムでも、データ件数が少ない場合は問題なくても、データ量が増えたときに応答速度が遅くなって問題になることは珍しくありません。しかし、アルゴリズムの計算量を見積もることができれば、実装前の段階である程度の処理時間を想定できます。

初心者の場合は数多くの問題を解くことで、プログラミング言語を使った実装に慣れることにもつながります。デバッグなど原因を調査する力も身につくでしょう。そして、上級者になっても速度や正確さを競い、プログラミングコンテスト（競技プログラミングの大会）に参加するなど、楽しんでいる人も多くいます。

パズルを解くのが得意でも業務システムの開発ができない人は実際に存在しますし、その逆も少なくありません。ただ、両方できる人はプログラミングのことをより深く理解できるといえるのではないでしょうか。

IQ：90　目標時間：20分

Q17 グループで乗るリフト

友達同士で集まったグループが、スキー場でリフトやゴンドラに乗ろうとしています。ここでは、はぐれないように連続したリフトやゴンドラに乗ることにします。

グループのメンバーを区別せず、各リフトやゴンドラに乗る人数だけを考えるとき、1回の移動における乗り方が何通りあるかを求めます。ただし、誰も乗らないリフトやゴンドラはないものとします。

たとえば、5人のグループで3人乗りのリフトに乗るとき、表1の13パターンがあります。

表1 5人グループが3人乗りのリフトに乗る場合

パターン	1台目	2台目	3台目	4台目	5台目
(1)	1人	1人	1人	1人	1人
(2)	1人	1人	1人	2人	–
(3)	1人	1人	2人	1人	–
(4)	1人	2人	1人	1人	–
(5)	2人	1人	1人	1人	–
(6)	1人	1人	3人	–	–
(7)	1人	3人	1人	–	–
(8)	3人	1人	1人	–	–
(9)	1人	2人	2人	–	–
(10)	2人	1人	2人	–	–
(11)	2人	2人	1人	–	–
(12)	2人	3人	–	–	–
(13)	3人	2人	–	–	–

問題

32人のグループが6人乗りのゴンドラに乗るとき、その乗り方が何通りあるか求めてください。

序章で解説した内容を実践してみてください。

考え方

連続するリフトやゴンドラに乗るため、1台目に乗った人数を除いた人数で、後続のリフトに乗るパターンを考えられます。2台目以降も同様なので、シンプルな再帰処理で実装できます。

同じパターンが何度も登場するため、序章での例のようにメモ化して実装してみます。

q17.rb

```ruby
MEMBER, LIFT = 32, 6

@memo = {0 => 1, 1 => 1}
def board(remain)
  return @memo[remain] if @memo[remain]
  cnt = 0
  1.upto(LIFT) do |i|
    cnt += board(remain - i) if remain - i >= 0
  end
  @memo[remain] = cnt
end

puts board(MEMBER)
```

q17.js

```javascript
MEMBER = 32;
LIFT = 6;

memo = {0: 1, 1: 1}
function board(remain){
  if (memo[remain]) return memo[remain];
  var cnt = 0;
  for (var i = 1; i <= LIFT; i++){
    if (remain - i >= 0) cnt += board(remain - i);
  }
  return memo[remain] = cnt;
}

console.log(board(MEMBER));
```

初期値として0人のときと1人のときを決めておけば、シンプルなメモ化再帰を実装するだけなので簡単ね。

1,721,441,096通り

IQ：100 目標時間：30分

Q18 非常階段での脱出パターン

ビル内にいて災害が発生した場合、階段を使って脱出しますが、落ち着いて逃げないとケガをする危険性があります。当然、前の人を追い抜いたりすることは厳禁です。

図1のように階段に人がいる状態を考えます。前の段にほかの人がいるときは進めませんが、誰もいない場合は進むことができます。たとえば3段の階段で、左図のような位置に人がいる場合は、1段ずつ移動して3回で脱出できます。しかし、右図のような位置に人がいる場合は5回かかります。

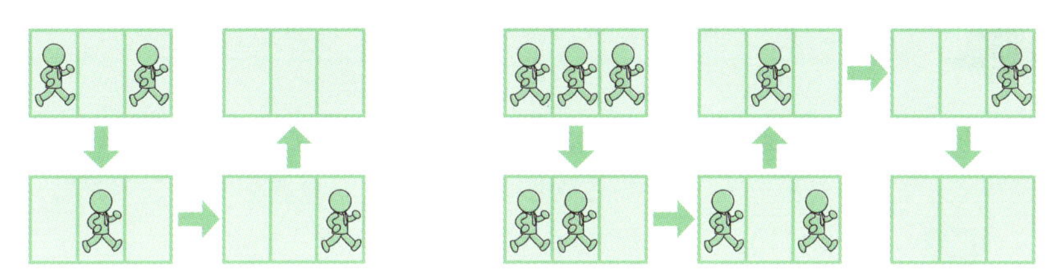

図1 階段を下りる人

階段にいる人の初期状態のパターンと、全員が脱出するのにかかる回数の合計を求めることを考えます。3段であれば、図2のようなパターンがあるので、合計すると21回になります。

図2 階段が3段の場合

問題

16段のとき、すべての初期状態のパターンを考え、その移動回数の合計を求めてください。

最大で16段なので、どの段に人がいるかをどうやって表現するか、そのデータ構造を工夫してください。

考え方

計算するためのステップとしては、まず、初期状態が与えられたとき、全員が脱出するのにかかる回数を求める関数を作成します。そして、すべての初期状態について実行し、その回数を合計すれば求められます。ここで、どの段に人がいるのかを、どうやって表現するのがよいかを考えてみましょう。

配列でそれぞれの段を表現すると実装できますかね？

誰かがいれば「1」、いなければ「0」で表現するということデスネ。

配列を使うと、各要素のコピーや条件分岐が面倒なので、Q02にも登場したビット演算を使うと簡単です。

「0」と「1」のように2種類の値で表現できる場合、2進数で表現するとビット演算を使用できます。たとえば、人がいる位置を「1」、いない位置を「0」とすると、問題文の**図1**の左上は「101」と表現できます。

さらに、誰もいない段を求めたい場合は、これらのビットを反転するだけで表現でき、移動は右シフトで表現できます。右側に人がいると移動できませんが、ここでもビット演算を使います。

たとえば、移動できる人がどこにいるかを考えると、誰もいない段の左隣にいるといえます。そこで、誰もいない段を左シフトし、その段にいる人を移動すれば実現できます。

q18_1.rb

```
N = 16

def steps(n)
  cnt = 0
  # 脱出できていない人がいる間、繰り返し
  while n > 0 do
    cnt += 1
    # ビットを反転して誰もいない段を取得
    none = ~n
    # 移動できる人がいる段を取得
    movable = (none << 1) + 1
    # 移動後の人の状態を取得
    n = (n & (~movable)) | ((n >> 1) & none)
```

```
  end
  cnt
end

sum = 0
# 各段に人がいる状況を全探索
(1..((1 << N) - 1)).each do |i|
  sum += steps(i)
end

puts sum
```

q18_1.js

```
N = 16;

function steps(n){
  var cnt = 0;
  while (n > 0){
    cnt++;
    var none = ~n;
    var movable = (none << 1) + 1;
    n = (n & (~movable)) | ((n >> 1) & none);
  }
  return cnt;
}

var sum = 0;
for (var i = 1; i <= (1 << N) - 1; i++){
  sum += steps(i);
}

console.log(sum);
```

コメントがないとわかりにくいですが、シンプルに書けますね。

全探索ですので、もう少し処理速度も工夫してみましょう。メモ化することで、20段でも一瞬で求められるようになります。

q18_2.rb

```
N = 16

@memo = {0 => 0, 1 => 1}
```

第2章 初級編★★

```
def steps(n)
  return @memo[n] if @memo[n]

  # ビットを反転して誰もいない段を取得
  none = (~n)
  # 移動できる人がいる段を取得
  movable = (none << 1) + 1
  # 移動後の人の状態を取得
  moved = (n & (~movable)) | ((n >> 1) & none)

  @memo[n] = 1 + steps(moved)
end

sum = 0
# 各段に人がいる状況を全探索
(1..((1 << N) - 1)).each do |i|
  sum += steps(i)
end

puts sum
```

q18_2.js

```
N = 16;

var memo = [0, 1];
function steps(n){
  if (memo[n]) return memo[n];

  var none = ~n;
  var movable = (none << 1) + 1;
  var moved = (n & (~movable)) | ((n >> 1) & none);

  return memo[n] = 1 + steps(moved);
}

var sum = 0;
for (var i = 1; i < 1 << N; i++){
  sum += steps(i);
}

console.log(sum);
```

「移動後の人の状態を取得」の部分で、OR演算の左側で移動前の状態をクリアして、右側で移動後の状態をセットしているのがポイントデス。

1,149,133回

Q19 バランスのよいカーテンフック

IQ：90　目標時間：20分

部屋のイメージを変えるカーテン。カーテンには、左右に移動させるためのランナーと呼ばれる穴がレールについています。このランナーにフックを使ってカーテンを掛けます。

引っ越し先などで新しくカーテンを掛けると、ランナーが余ることがあります。ここでは、ランナーの数とフックの数が与えられるとき、フックが掛かっていないランナーが2個以上連続しないような掛け方が何通りあるかを求めます（フックの掛かっていない箇所が連続すると、カーテンがだらんとしてしまうので）。

なお、両端のランナーは必ず使うものとし、ランナーの数はフックの数の2倍より少ないものとします。たとえば、ランナーが6個でフックが4個の場合は、図3の緑色の3通りがあり、右下のような配置にはできません。

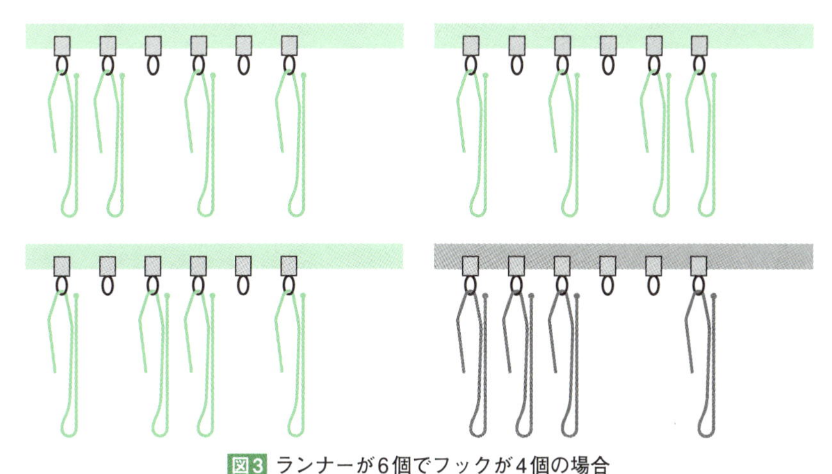

図3 ランナーが6個でフックが4個の場合

問題

ランナーが50個、フックの数が35個のとき、掛け方が何通りあるかを求めてください。

数学的に考えるとプログラムをシンプルに実装できます。

第2章 初級編★★

考え方

両端のランナーは必ず使うため、最初のフックにランナーを掛けてスタートし、右側に向かって順にフックを掛けていきます。最後にちょうどフックを使い切れば完了です。

フックが掛かっていないランナーが2個以上連続しないということは、1つ飛ばしまではオッケーということですね？

フックを掛けるか、1つ飛ばしで掛けるか、と考えれば再帰的に考えられそうですが、最後をどうやって終わらせるかが難しいな。

1つ飛ばしのことを考えると、フックが2つ残ったパターンを考えるといいでしょう。

Point

残り2つのランナーに対してフックがちょうど2つ残っていれば、1通りに決まります。一方、ランナーが3つ、フックが2つ残っていた状態を考えてみると、両端のランナーは必ず使うため、右端の1つは必ず必要です。

つまり、残った3つのうち左端にフックを掛けると、真ん中が1つ空くようにフックを掛けられます。左端にフックを掛けない場合は、残り2つに対してフックがちょうど2つ残るパターンで、これは先にカウントしたとおりです。そこで、左端にフックを掛けると考えると、これも1通りしかありません。

これをプログラムとして実装すると、以下のように書けます。

q19_1.rb

```
RUNNER, HOOK = 50, 35

@memo = {[2, 2] => 1, [3, 2] => 1}
def search(runner, hook)
  return @memo[[runner, hook]] if @memo[[runner, hook]]

  return 0 if hook <= 1
  return 0 if runner < hook
  cnt = 0

  # フックをセット
 cnt += search(runner - 1, hook - 1)
```

```
  # 一つ飛ばしてフックをセット
  cnt += search(runner - 2, hook - 1)
  @memo[[runner, hook]] = cnt
end

puts search(RUNNER, HOOK)
```

q19_1.js

```
RUNNER = 50;
HOOK = 35;

memo = {[[2, 2]] : 1, [[3, 2]] : 1}
function search(runner, hook){
  if (memo[[runner, hook]])
    return memo[[runner, hook]];

  if (hook <= 1) return 0;
  if (runner < hook) return 0;
  var cnt = 0;

  // フックをセット
  cnt += search(runner - 1, hook - 1);

  // 1つ飛ばしてフックをセット
  cnt += search(runner - 2, hook - 1);
  return memo[[runner, hook]] = cnt;
}

console.log(search(RUNNER, HOOK));
```

フックが2つ残っているときを考えたから、フックが1つ残っているときは数えなくてもいいわけですね。

ランナーよりフックが多くなったときも数えない、というのもシンプルだね。きれいな再帰処理で実装できるわ。

数学的に考えることもできます。たとえば、以下のように組み合わせを使う方法はどうでしょう？

フックが掛かっていないランナーは2個以上連続しないため、フックが掛かっていないランナーを、フックが掛かっているランナーで区切ると考えられます。つまり、フックが掛かっている位置を□、残っているランナーを配置できる位置を○で表すと、問題の例では、「○□○□○」のように表現できます。すると、この3カ所の「○」の中に、2つのランナーを配置するパターンを求めるという問題に置き換えられます。

つまり、問題の例では${}_3C_2 = 3$通りとなります。一般に、ランナーの数をr、フックの数をhとすると、${}_{h-1}C_{r-h}$となります。組み合わせを求める処理は、序章で解説したものを使用しています。

q19_2.rb

```
RUNNER, HOOK = 50, 35

@memo = {}
def nCr(n, r)
  return @memo[[n, r]] if @memo[[n, r]]
  return 1 if (r == 0) || (r == n)
  @memo[[n, r]] = nCr(n - 1, r - 1) + nCr(n - 1, r)
end

puts nCr(HOOK - 1, RUNNER - HOOK)
```

q19_2.js

```
RUNNER = 50;
HOOK = 35;

var memo = {};
function nCr(n, r){
  if (memo[[n, r]]) return memo[[n, r]];
  if ((r == 0) || (r == n)) return 1;
  return memo[[n, r]] = nCr(n - 1, r - 1) + nCr(n - 1, r);
}

console.log(nCr(HOOK - 1, RUNNER - HOOK));
```

これは思いつかなかったなぁ。

問題を単純化する、視点を変える、といった工夫をして簡単に解けると嬉しいね。

解答 **1,855,967,520通り**

Q20 酔っ払いの帰り道

IQ：90　目標時間：20分

電車の心地よい揺れは眠くなるもの。お酒を飲んだあとに電車に乗ると、寝過ごしてしまう人も少なくありません。ここでは電車で出発駅から目的の駅まで移動してみます。乗るときは目的の駅への方向を間違えずに乗りますが、居眠りして乗り過ごしてしまう可能性があります。

このとき、一度折り返した駅や乗車駅で目覚めることはありません。また、目的の駅に着く前に降りることもないものとして、目的の駅までの移動パターンを考えます。たとえば、5つの駅がある路線で、乗車駅と降車駅が2番目と3番目のとき、降車駅までの移動パターンは図4の7通りが考えられます。

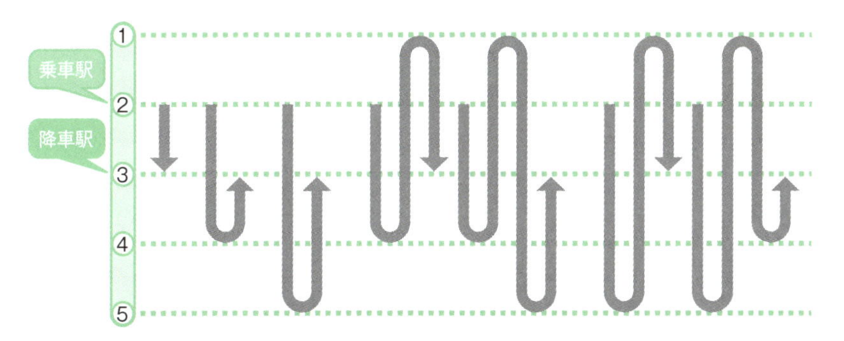

図4 5つの駅がある路線で2番目が乗車駅、3番目が降車駅の場合

問題

駅の数が15個あり、乗車駅が3番目で降車駅が10番目のとき、目的の駅までの移動パターンが何通りあるかを求めてください。

それぞれの駅について個別に調べることも可能ですが、効率よく探索する方法を考えてみましょう。

どんなデータ構造にするのがいいか、難しいですね。

考え方

降車駅の方向に進むと考えると、訪問済みの駅と現在位置がわかると探索できます。進行方向に進めて、「降車駅に着く」か「乗り過ごす」か、というパターンを、訪問していない駅に対して深さ優先探索します。

訪問済みかどうかを駅の数だけ用意した配列でフラグをセットし、降車駅に到達したら探索を終了します。

進行方向を考えなくていいのは楽です。

終了条件も降車駅に到達するかどうかだけなので、シンプルでわかりやすいですね。

一度探索したものは再度探索しないようにメモ化すると、以下のように実装できます。

q20_1.rb

```
N, START, GOAL = 15, 3, 10

@memo = {}
def search(used, pos)
  return @memo[[used, pos]] if @memo[[used, pos]]

  return 1 if pos == GOAL # 降車駅に着くと終了
  cnt = 0
  used[pos - 1] = true # 使用済みのフラグをセット
  if pos < GOAL
    (GOAL..N).each do |i|
      cnt += search(used, i) if used[i - 1] == false
    end
  else
    (1..GOAL).each do |i|
      cnt += search(used, i) if used[i - 1] == false
    end
  end
  used[pos - 1] = false # フラグを戻す
  @memo[[used, pos]] = cnt
end

puts search([false] * N, START)
```

q20_1.js

```
N = 15;
START = 3;
GOAL = 10;

memo = {}
function search(used, pos){
  if (memo[[used, pos]]) return memo[[used, pos]];

  if (pos == GOAL) return 1; // 降車駅に着くと終了
  var cnt = 0;
  used[pos - 1] = true; // 使用済みのフラグをセット
  if (pos < GOAL){
    for (var i = GOAL; i <= N; i++){
      if (used[i - 1] != true)
        cnt += search(used, i);
    }
  } else{
    for (var i = 1; i <= GOAL; i++){
      if (used[i - 1] != true)
        cnt += search(used, i);
    }
  }
  used[pos - 1] = false; // フラグを戻す
  return memo[[used, pos]] = cnt;
}

console.log(search(new Array(N), START));
```

移動したときに使用済みのフラグをセットして、探索が完了したらフラグを戻しているのですね。

移動先の方向を、降車駅との位置関係で変えています。

メモ化していますが、駅の数が16を超えると処理に時間がかかりますね……。

処理を高速化するため、考え方を変えてみます。進行方向は交互に変わるので、それぞれの方向に残っている駅の数がわかると、そのパターン数も求められます。

つまり、進行方向の前後に残っている駅の数を変えながら深さ優先探索を行ってみます。

q20_2.rb

```ruby
N, START, GOAL = 15, 3, 10

def count(bw, fw)
  return 1 if fw == 0
  1 + fw * count(fw - 1, bw)
end

if START == GOAL
  puts "1"
elsif START < GOAL
  puts count(GOAL - 2, N - GOAL)
else
  puts count(N - GOAL - 1, GOAL - 1)
end
```

q20_2.js

```javascript
N = 15;
START = 3;
GOAL = 10;

function count(bw, fw){
  if (fw == 0) return 1;
  return 1 + fw * count(fw - 1, bw);
}

if (START == GOAL){
  console.log("1");
} else if (START < GOAL){
  console.log(count(GOAL - 2, N - GOAL));
} else {
  console.log(count(N - GOAL - 1, GOAL - 1));
}
```

前方に残っている駅の数がfw、後方に残っている駅の数がbw、ということですか？

そうですね。countで返している「1」はゴールに到達したとき、残りの再帰部分は乗り越した駅の数に対して逆方向に動くパターンを求めています。

1,274,766通り

IQ：90　目標時間：20分

Q21 本の読み方は何通り？

図書館で本を借りた場合、指定された日数の間に返却する必要があります。そこで、借りた本が期間内に読み終わるように、計画的に読むことにしました。もちろん、早めに読み終わった場合は、期日前であっても返却できます。

本の後半になると内容が難しくなるため、読み進められるページ数は、必ず前日よりも少なくなるように配分することにします。たとえば、100ページの本の場合、ちょうど1日で読み終わるのは初日に100ページ読む1通りですが、ちょうど2日で読み終わるのは表2の49通り、ちょうど3日で読み終わるのは表3の784通りです。

表2　2日で読み終わるパターン

1日目	2日目
51ページ	49ページ
52ページ	48ページ
…	…
99ページ	1ページ

表3　3日で読み終わるパターン

1日目	2日目	3日目
35ページ	34ページ	31ページ
35ページ	33ページ	32ページ
36ページ	35ページ	29ページ
36ページ	34ページ	30ページ
36ページ	33ページ	31ページ
…	…	…
97ページ	2ページ	1ページ

問題

本が180ページ、返却までの日数が14日のとき、14日以内で読み終わるパターンが全部で何通りあるかを求めてください。

前日に読んだページ数がわかれば、当日に読むページ数を絞り込むことができるよ。

考え方

読み終えたページを除くと、残ったページを残りの日数で読めばよいため、同じような処理で解くことができます。つまり、「残りのページ数」「前日に読んだページ数」「残りの日数」がわかると、再帰的に考えられます。

このとき、指定された日数以内で読み終わるパターンを求める際は、日数が残っていなくても、読んでいないページ数も残っていなければ、題意を満たすといえます。

つまり、残りページ数が0になった時点で探索終了、日数が0になった場合や、残りページがなくなった場合は対象外とできるわけデスネ。

最初に、前日に読んだページ数を本全体のページ数より多くしておけば、同じ処理で実装できますね。

何度も同じパターンが現れそうだから、メモ化が効果ありそう。

「残りのページ数」「前日に読んだページ数」「残りの日数」の3つを引数として、再帰的な関数で表すと、以下のように実装できます。

q21_1.rb

```ruby
PAGES, DAYS = 180, 14

@memo = {}
def search(pages, prev, days)
  return @memo[[pages, prev, days]] if @memo[[pages, prev, days]]

  return 1 if pages == 0
  return 0 if (pages < 0) || (days == 0)
  cnt = 0
  1.upto(prev - 1) do |i|
    cnt += search(pages - i, i, days - 1)
  end
  @memo[[pages, prev, days]] = cnt
end

puts search(PAGES, PAGES + 1, DAYS)
```

q21_1.js

```javascript
PAGES = 180;
DAYS = 14;
```

```
memo = {}
function search(pages, prev, days){
  if (memo[[pages, prev, days]]) return memo[[pages, prev, days]];

  if (pages == 0) return 1;
  if ((pages < 0) || (days == 0)) return 0;
  var cnt = 0;
  for (var i = 1; i < prev; i++){
    cnt += search(pages - i, i, days - 1);
  }
  return memo[[pages, prev, days]] = cnt;
}

console.log(search(PAGES, PAGES + 1, DAYS));
```

探索終了の条件がシンプルでわかりやすいね。

当日に読めるページ数は、1ページから前日に読んだページ数の間、というのがよくわかります。

ただ、300ページくらいになると少し時間がかかってしまいますね。

ちょうどn日で読み終えるパターンを求めておけば、nを変化させて求めることもできます。n日目にaページ読んでちょうど読み終わると考えると、1日目から$n-1$日目にはaページ以上読んでいるため、このページ数を差し引いた分をちょうど$n-1$日で読むことになります。

つまり、以下のように書くことができます。

q21_2.rb

```
PAGES, DAYS = 180, 14

@memo = {}
def search(page, days)
  return @memo[[page, days]] if @memo[[page, days]]

  return 1 if days == 1
  cnt = 0
  1.upto((page - days * (days - 1) / 2) / days) do |i|
```

```
      cnt += search(page - i * days, days - 1)
    end
    @memo[[page, days]] = cnt
  end

  cnt = 0
  1.upto(DAYS) do |i|
    cnt += search(PAGES, i)
  end

  puts cnt
```

q21_2.js

```
PAGES = 180;
DAYS = 14;

var memo = {};
function search(page, days){
  if (memo[[page, days]]) return memo[[page, days]];

  if (days == 1) return 1;
  var cnt = 0;
  var oneday = ((page - days * (days - 1) / 2) / days);
  for (var i = 1; i <= oneday; i++){
    cnt += search(page - i * days, days - 1);
  }
  return memo[[page, days]] = cnt;
}

var cnt = 0;
for (var i = 1; i <= DAYS; i++){
  cnt += search(PAGES, i);
}

console.log(cnt);
```

これなら、500ページ・60日以内でも、あっという間に求められます。

同じようにメモ化する場合でも、メモ化する量を考えると工夫できるね。

140,615,467通り

Q22 百マス計算で最小のマスをたどると?

IQ: 80　目標時間: 15分

算数の計算練習によく使われる百マス計算。百マス計算では、図5のように縦10×横10のマスがあり、その上と左にそれぞれ0～9の数がランダムに書かれています。縦と横の交差したマスには、左図のように上端と左端にある数の和を書きます。

＼	3	5	0	8	1	4	2	6	7	9
4										
8										
1										
7							9			
0										
6										
9										
2										
5										
3										

＼	3	5	0	8	1	4	2	6	7	9
4	7	9	4	12	5	8	6	10	11	13
8	11	13	8	16	9	12	10	14	15	17
1	4	6	1	9	2	5	3	7	8	10
7	10	12	7	15	8	11	9	13	14	16
0	3	5	0	8	1	4	2	6	7	9
6	9	11	6	14	7	10	8	12	13	15
9	12	14	9	17	10	13	11	15	16	18
2	5	7	2	10	3	6	4	8	9	11
5	8	10	5	13	6	9	7	11	12	14
3	6	8	3	11	4	7	5	9	10	12

図5 百マス計算の例

このマスをすべて埋めたあと、右図のように左上からスタートして右下の数字まで、隣り合うマスを上下左右にたどりながら進みます。このとき、通過したマスに書かれた数の和が最小になるような経路を求めます。

上の左図が与えられた場合、右図のようにたどると最小になるので、通過したマスに書かれた数の和である117が答えになります。なお、マスの上と左に書かれる数は1桁（0～9）で、重複する場合もあるものとします。

問題

上端の数字が「8、6、8、9、3、4、1、7、6、1」、左端の数字が「5、1、1、9、1、6、9、0、9、6」のとき、通過したマスに書かれた数字の和が最小になる経路を求め、その和を計算してください。

考え方

各マスに入る値は、上端と左端の数の和なので、単純に足し算で求められます。そこで、左上からスタートして右下のマスまで進めるときに、和が最小になる道順を調べます。

今回の問題のポイントは上下左右に動ける、ということです。1つの方法は、幅優先探索で順に調べていく「ダイクストラ法」を使う方法です（再帰処理での枝刈りでも解けます）。

ダイクストラ法？ 何ですか、それ？

グラフ理論で最短経路問題を解くときに有名な方法よ。正の値のときにしか使えないけど、今回ならこの方法が使えるわ。

左上のマスから始めて、上下左右に移動したときの経路での和が最小になるものを順に確定していけば求められますね。

ダイクストラ法に沿って実装すると、以下のように書くことができます。

q22_1.rb

```
# 上と左の値をセット
col = [8, 6, 8, 9, 3, 4, 1, 7, 6, 1]
row = [5, 1, 1, 9, 1, 6, 9, 0, 9, 6]

# 各マスの値を設定（左と上の和）
board = row.map{|i| col.map{|j| i + j}}

# 移動したときの最小経路の和（コスト）を記録
#（最大値の初期値として2000をセット）
cost = Array.new(row.size){Array.new(col.size, 2000)}
cost[0][0] = board[0][0]

queue = [[0, 0]]
while queue.size > 0 do
  # コストが最小のマスを確定させるため、並べ替えて取り出し
  queue.sort_by!{|r, c| cost[r][c]}
  r, c = queue.shift

  # 上下左右を調べて、小さくなる場合はキューに入れる
  [[-1, 0], [0, -1], [1, 0], [0, 1]].each do |d|
    x, y = r + d[0], c + d[1]
    if (x >= 0) && (x < row.size) &&
```

```
      (y >= 0) && (y < col.size)
     if cost[x][y] > cost[r][c] + board[x][y]
       cost[x][y] = cost[r][c] + board[x][y]
       queue.push([x, y])
     end
   end
 end
end

puts cost[row.size - 1][col.size - 1]
```

q22_1.js

```
// 上と左の値をセット
var col = [8, 6, 8, 9, 3, 4, 1, 7, 6, 1];
var row = [5, 1, 1, 9, 1, 6, 9, 0, 9, 6];

// 各マスの値を設定（左と上の和）
var board = new Array(row.length);
// 移動したときの最小経路の和(コスト)を記録
// (最大値の初期値として2000をセット)
var cost = new Array(row.length);
for (var i = 0; i < row.length; i++){
  board[i] = new Array(col.length);
  cost[i] = new Array(col.length);
  for (var j = 0; j < col.length; j++){
    board[i][j] = row[i] + col[j];
    cost[i][j] = 2000;
  }
}

cost[0][0] = board[0][0]

var queue = [[0, 0]];
while (queue.length > 0){
  // コストが最小のマスを確定させるため、並べ替えて取り出し
  queue.sort(function(a, b){
    return cost[a[0]][a[1]] < cost[b[0]][b[1]];
  });
  var r, c;
  [r, c] = queue.shift();

  // 上下左右を調べて、小さくなる場合はキューに入れる
  [[-1, 0], [0, -1], [1, 0], [0, 1]].forEach(function(d){
    var x, y;
    [x, y] = [r + d[0], c + d[1]];
    if ((x >= 0) && (x < row.length) &&
        (y >= 0) && (y < col.length)){
      if (cost[x][y] > cost[r][c] + board[x][y]){
        cost[x][y] = cost[r][c] + board[x][y];
```

```
        queue.push([x, y]);
      }
    }
  });
}

console.log(cost[row.length - 1][col.length - 1]);
```

上下左右を調べるけど、合計が大きくなるときは探索を打ち切れるのか！

コストが小さいほうから順番に調べていく、というのがポイントね。

こういったパズルを解くときには有効な方法なので、覚えておきましょう。

もう1つの方法として、上や左に戻った場合に最小にならないことが証明できれば、右か下に移動するだけなので簡単に求められます。たとえば、左に移動する場合、図6のような移動を仮定します。

この場合、左上から右下に移動するまでの経路の和を考えると、その和は、

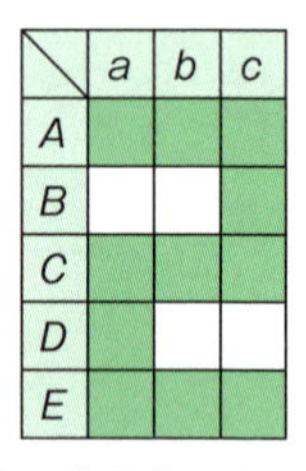

図6 左に移動する場合の仮定

(1) $3A + B + 3C + D + 3E + 4a + 3b + 4c$

になります。一方で、まっすぐに下に移動してから右に移動する場合の和は、以下のとおりです。

(2) $A + B + C + D + 3E + 5a + b + c$

そして、まっすぐに右に移動してから下に移動する場合の和は、

(3) $3A + B + C + D + E + a + b + 5c$

です。上記のように移動するのは (1) がほかの2つより小さくなるときです。つまり、(1) ＜ (2) かつ (1) ＜ (3) を満たします。これを整理すると、

(1) ＜ (2) … $2A + 2C - a + 2b + 3c < 0$

(1) ＜ (3) … $2C + 2E + 3a + 2b - c < 0$

の両方を満たさなければなりません。1つ目を変形すると、$2A + 2C + 2b + 3c < a$になるので、両辺を3倍すると、

(4) $6A + 6C + 6b + 9c < 3a$

になります。また、2つ目を変形すると$3a < c - 2C - 2E - 2b$になるので、(4) と合わせると、

(5) $6A + 6C + 6b + 9c < c - 2C - 2E - 2b$

となり、移行すると、

(6) $6A + 8C + 2E + 8b + 8c < 0$

となります。

A～E、a～cはいずれも0以上の整数なので、これを満たす数はありませんね。

上に移動する場合も同じことがいえますので、今回は右か下方向に進む場合のみ考えればよいですね。

第2章 初級編★★

高速に求める方法としては、動的計画法やメモ化再帰などが考えられます。ここでは実装が簡単な動的計画法で作成してみます。各マスについて、上からと左からの移動のうち、経路での和が最小になるほうを選び、その経路の和を記録しながら探索していきます。

q22_2.rb

```
# 上と左の値をセット
col = [8, 6, 8, 9, 3, 4, 1, 7, 6, 1]
row = [5, 1, 1, 9, 1, 6, 9, 0, 9, 6]

# 各マスの値を設定（左と上の和）
board = row.map{|i| col.map{|j| i + j}}

# 上からと左からのうち、小さいほうからの値を加算
row.size.times do |i|
  col.size.times do |j|
    if (i == 0) && (j == 0) # 最初のマス
      next
    elsif i == 0            # 1行目を設定
      board[i][j] += board[i][j - 1]
    elsif j == 0            # 1列目を設定
      board[i][j] += board[i - 1][j]
    else                    # 残り
```

```
      board[i][j] += [board[i][j - 1], board[i - 1][j]].min
    end
  end
end

# 結果を出力
puts board[row.size - 1][col.size - 1]
```

q22_2.js

```
// 上と左の値をセット
var col = [8, 6, 8, 9, 3, 4, 1, 7, 6, 1];
var row = [5, 1, 1, 9, 1, 6, 9, 0, 9, 6];

// 各マスの値を設定（左と上の和）
var board = new Array(row.length);
for (var i = 0; i < row.length; i++){
  board[i] = new Array(col.length);
  for (var j = 0; j < col.length; j++){
    board[i][j] = row[i] + col[j];
  }
}

// 上からと左からのうち、小さいほうからの値を加算
for (var i = 0; i < row.length; i++){
  for (var j = 0; j < col.length; j++){
    if ((i == 0) && (j == 0)){// 最初のマス
      continue;
    } else if (i == 0){        // 1行目を設定
      board[i][j] += board[i][j - 1];
    } else if (j == 0){        // 1列目を設定
      board[i][j] += board[i - 1][j];
    } else {                   // 残り
      board[i][j] += Math.min(board[i][j - 1], board[i - 1][j]);
    }
  }
}

// 結果を出力
console.log(board[row.length - 1][col.length - 1]);
```

122

IQ：90　目標時間：30分

Q23 セミナーの座席を整列させろ

セミナー会場に座席を配置します。講師と受講者がお互いに見やすいように、全体として長方形で、左右対称に並べましょう。1列だけのような配置を避けるため、座席は横方向・縦方向ともに2つ以上は隣り合う必要があります。

また、通路は縦方向のみに設置するので、最前列以外は、どの座席も前に座席があります。さらに、途中で行き止まりになると面倒なので、通路は通り抜けられるようにしなければなりません。なお、6席以上隣り合うと出入りが面倒なので、必ず通路を入れることにします（つまり、座席が横に隣り合う数は最大5席）。

たとえば12席を配置する場合、図7の上6つのパターンが考えられます（左下の図は6席並んでいるので不可。中央下の図は行き止まりがあり、さらに前に座席がないところがあるため不可。右下の図は左右対称でないので不可です）。

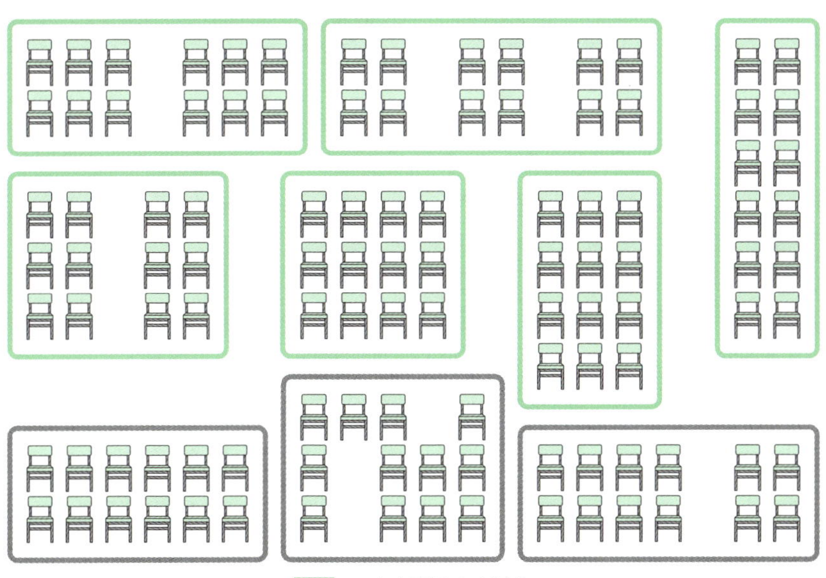

図7　12席を配置する場合

問題

座席の数が100席のとき、その並べ方が何パターンあるか求めてください。

考え方

全体として長方形になるため、人数が整数で割り切れる（縦×横に分解できる）ように縦と横の数を決めます。そのうえで、間に通路があるような座席配置を考えます。

つまり、座席の数を縦方向に並べる数で割り算し、ちょうど割り切れるとき、その商が横方向に並べる数になります。もちろん、割れ切れないときは並べられないため、カウント対象外となります。

縦と横がありますが、横方向の席数さえ決まれば、縦方向はどれだけ席があってもその配置を考える必要はありませんよね？

そうですね。横方向の席数に対して、どこに通路を入れるか考えるだけで解くことができます。

問題の前提から、横に並んだ座席に対して通路を入れるとき、6席未満では通路を入れない場合が考えられます。また、通路を入れられる場合には、2席から5席の間で両側から通路を入れていきます。このとき、左右対称に通路を入れる必要があるため、中央に入れる場合と、それ以外に分けて考えます。

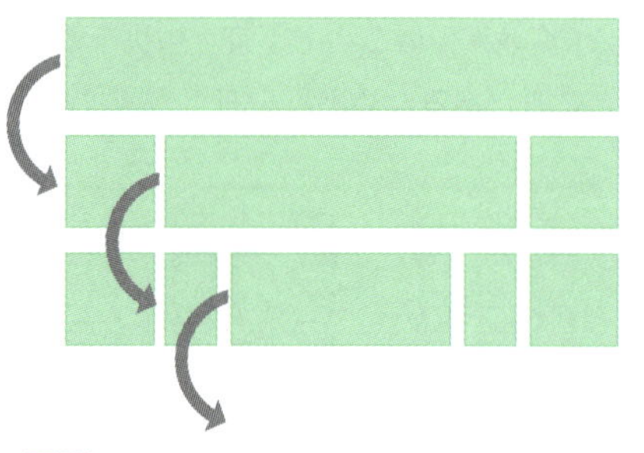

図8 中央以外の場所に通路を入れる場合

中央以外の場所に通路を入れたとき、その通路の間にある座席に対して、同じように通路を入れる場所を考えます（図8）。つまり、再帰的に考えるとシンプルに実装できそうです。

処理を高速化するため、一度探索した座席数をメモ化しておくと、以下のように書けます。

q23.rb

```
N = 100

@memo = {}
def splits(n)
  return @memo[n] if @memo[n]
  result = 0
  result += 1 if n < 6  # 6席未満は通路を入れない
  2.upto(5) do |i|
```

```
    if n - i * 2 > 1
      # 端から通路を入れても中央に残るとき
      result += splits(n - i * 2)
    end
    # ちょうど中央に通路を入れるとき
    result += 1 if n - i * 2 == 0
  end
  @memo[n] = result
end

cnt = 0
(2..(N - 1)).each do |i|
  if N % i == 0  # 縦と横が両方とも整数になるとき
    cnt += splits(i)
  end
end

puts cnt
```

q23.js

```
N = 100;

var memo = [];
function splits(n){
  if (memo[n]) return memo[n];
  var result = 0;
  if (n < 6) result += 1; // 6席未満は通路を入れない
  for (var i = 2; i <= 5; i++){
    if (n - i * 2 > 1){
      // 端から通路を入れても中央に残るとき
      result += splits(n - i * 2);
    }
    // ちょうど中央に通路を入れるとき
    if (n - i * 2 == 0) result++;
  }
  return memo[n] = result;
}

var cnt = 0;
for (var i = 2; i < N; i++){
  if (N % i == 0){ // 縦と横が両方とも整数になるとき
    cnt += splits(i);
  }
}

console.log(cnt);
```

両側から通路を入れて、残りを再帰的に考えるのがポイントですね。

通路を入れるパターンは、2～5席で区切るしかないので、漸化式で考えることもできますね。

なるほど、すでに並べられた座席の外側に通路を用意して、その外側に座席を追加するということですね。

Point

横方向の座席数をnとしたときのパターン数seat(n)は、外側に追加する座席の数を引いたものの和と考えられますので、漸化式を使って以下のように表現できます。

$$\mathrm{seat}(n) = \mathrm{seat}(n-4) + \mathrm{seat}(n-6) + \mathrm{seat}(n-8) + \mathrm{seat}(n-10)$$

最初に$n = 0$～9までのseat(n)の値を初期値として計算しておけば、あとはこの式で計算するだけです。横方向の座席数を決めて、それぞれについてこの漸化式でパターン数を求め、それを合計すれば答えを求められます。

通路の両側に座席をつけていく、という方法もできそう。

いいアイデアです。ぜひ実装してみましょう！

解答 **30,904通り**

Q24 予約でいっぱいの指定席

IQ: 100　目標時間: 30分

新幹線の指定席を予約することを考えます。指定席は単純に端から埋めていけばよい、というわけではありません。新幹線は1列に2人掛けと3人掛けの座席がありますが、旅行を楽しんでもらうため、3人のグループが予約する場合は3人掛けの並び席を確保します。4人のグループであれば、2人掛けの座席を向かい合わせられるように確保しましょう。

ここでは、表4のルールで座席を確保していくことにします。

表4 座席を確保するルール

グループ	確保する座席
6人グループ	3人掛けの座席を向かい合わせ
5人グループ	2人掛けと3人掛けの座席を1列
4人グループ	2人掛けの座席を向かい合わせ
3人グループ	3人掛けの座席
2人グループ	3人掛けの座席で隣り合う、 もしくは2人掛けの座席
1人	任意の座席

たとえば、図9の左側のような配置は可能ですが、右側のような配置にはできません。

配置可能なパターン

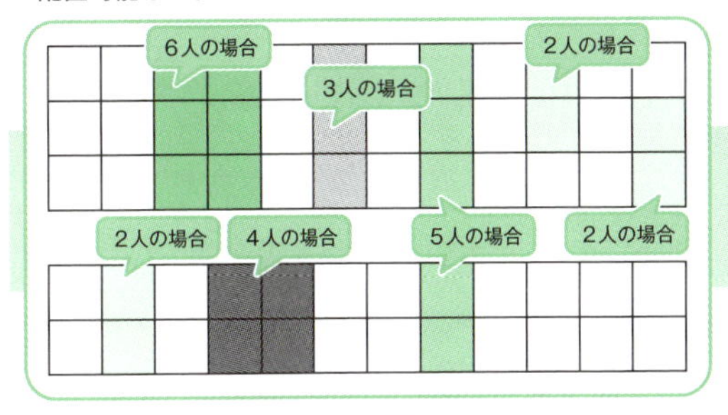

配置できないパターン

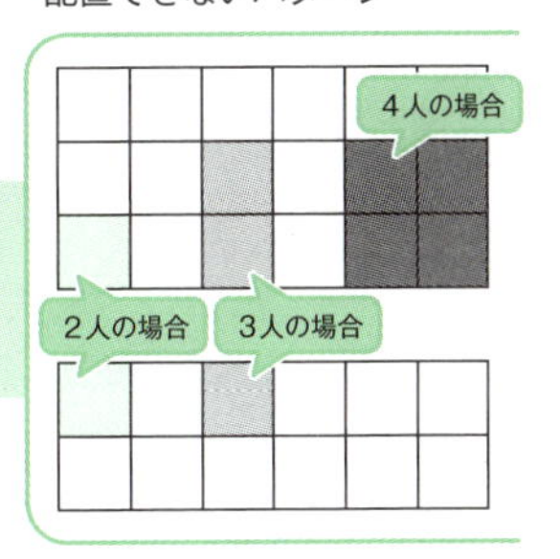

図9 配置できる例とできない例

※7人以上のグループは乗車しないものとします。また、個々の座席に誰が座るかは考慮せず、あくまでもグループをどう配置するかのみを考えます。

問題

座席が12列ある場合、グループを座席に配置するパターンが何通りあるかを求めてください。

考え方

座席が1列だけであれば、グループを座席に配置するパターンは図10の9通りが考えられます（1つの色が1つのグループを表すものとします）。

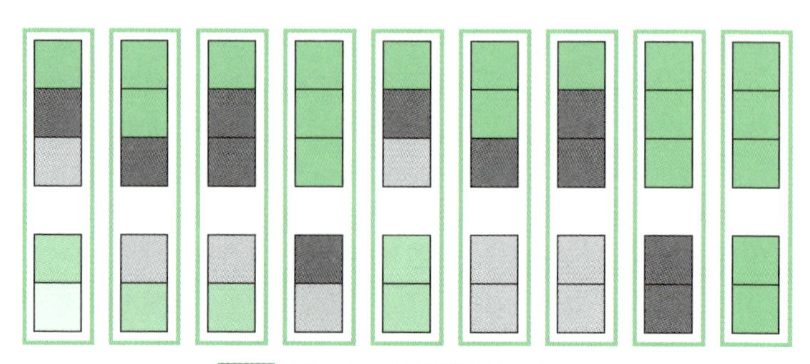

図10 1列の座席に配置するパターン

ただし、4人グループや6人グループのように複数列を使用するパターンも考えられます。個々の座席に対して空いている場所から配置していくこともできますが、2人掛けと3人掛けのそれぞれについて、何人グループを配置できるかを考えるとシンプルに実装できます。

2人掛けに配置できるのは2人グループと4人グループ、3人掛けに配置できるのは3人グループと6人グループですよね。でも、1人と5人グループはどうすればいいんだろう？

5人グループは同じ列のときだけ配置できるけど、問題は1人の扱い方ね。

2人掛けと3人掛けに現れるパターンを考えてみましょう。

2人掛けは片方に1人が座ると、もう片方も1人が座るしかありません。つまり、2人掛けを1列使うのは1人が2カ所に並ぶときと、2人グループのときです。

3人掛けは1人が3カ所を使うとき、1人がどちらかの端に座って残りを2人グループが使うとき、3人グループが並ぶときの4通りです。

これを左の列から右の列に向けて順に交互に埋めていくと、再帰的に処理できます。このとき、4人グループは2人掛けを2列分進め、6人グループは3人掛けを2列分進めます。高速化するためメモ化すると、以下のように実装できます。

q24_1.rb

```
N = 12

@memo = {[N, N] => 1}
def search(duo, trio)
  return @memo[[duo, trio]] if @memo[[duo, trio]]
  return 0 if (duo > N) || (trio > N)
  cnt = 0
  if duo == trio
    cnt += 2 * search(duo + 1, trio) # 2人掛けに1列
    cnt += search(duo + 1, trio + 1) # 5人グループ
    cnt += search(duo + 2, trio)     # 2人掛けに4人グループ
  elsif duo < trio
    cnt += 2 * search(duo + 1, trio) # 2人掛けに1列
    cnt += search(duo + 2, trio)     # 2人掛けに4人グループ
  else
    cnt += 4 * search(duo, trio + 1) # 3人掛けに1列
    cnt += search(duo, trio + 2)     # 3人掛けに6人グループ
  end
  @memo[[duo, trio]] = cnt
end

puts search(0, 0)
```

q24_1.js

```
N = 12;

var memo = {[[N, N]]: 1};

function search(duo, trio){
  if (memo[[duo, trio]]) return memo[[duo, trio]];
  if ((duo > N) || (trio > N)) return 0;
  var cnt = 0;
  if (duo == trio){
    cnt += 2 * search(duo + 1, trio); // 2人掛けに1列
    cnt += search(duo + 1, trio + 1); // 5人グループ
    cnt += search(duo + 2, trio);     // 2人掛けに4人グループ
  } else if (duo < trio){
    cnt += 2 * search(duo + 1, trio); // 2人掛けに1列
    cnt += search(duo + 2, trio);     // 2人掛けに4人グループ
  } else {
    cnt += 4 * search(duo, trio + 1); // 3人掛けに1列
    cnt += search(duo, trio + 2);     // 3人掛けに6人グループ
  }
  return memo[[duo, trio]] = cnt;
}

console.log(search(0, 0));
```

if文で大きく3つ分かれているのは何ですか？

最初の条件は、2人掛けと3人掛けが同じ位置まで埋まっている状態デスネ。残りは2人掛けが少ない状態、3人掛けが少ない状態の処理デス。

同じ位置まで埋まっているときは、2人掛けから埋める場合と、5人グループを埋める場合に分けているんだね。

searchの引数が2人掛けと3人掛けの列番号を表していますので、最後までちょうど埋まった場合にカウントしています。また、一方が上限を超えてしまうような配置にはできませんので、この場合は「0」を返してカウントしないようにしています。

もう1つのやり方として、5人グループに注目する方法もありますよ。

Point

5人グループは一列に並ぶため、その前後で分割して考えることができます。最も左にある5人グループを考えると、それより左に5人グループはありません。つまり、2人掛けの座席と3人掛けの座席を別々に考えられます。

逆に、「この5人グループより右側は残りの列数を同様に埋める」と考えると、再帰的に処理できます。

q24_2.rb

```
N = 12

@duo = {-1 => 0, 0 => 1}
def duo(n)
  return @duo[n] if @duo[n]
  # 2人掛けに1列をセット、もしくは4人グループ
  @duo[n] = duo(n - 1) * 2 + duo(n - 2)
end

@trio = {-1 => 0, 0 => 1}
def trio(n)
  return @trio[n] if @trio[n]
```

```
  # 3人掛けに1列をセット、もしくは6人グループ
  @trio[n] = trio(n - 1) * 4 + trio(n - 2)
end

@memo = {}
def search(n)
  return @memo[n] if @memo[n]
  sum = duo(n) * trio(n)  # 5人グループなし
  n.times do |i|          # 5人グループの位置
    sum += duo(i) * trio(i) * search(n - i - 1)
  end
  @memo[n] = sum
end

puts search(N)
```

q24_2.js

```
N = 12;

var duo_memo = [1];
function duo(n){
  if (duo_memo[n]) return duo_memo[n];
  if (n < 0) return 0;
  // 2人掛けに1列をセット、もしくは4人グループ
  return duo_memo[n] = duo(n - 1) * 2 + duo(n - 2);
}

var trio_memo = [1];
function trio(n){
  if (trio_memo[n]) return trio_memo[n];
  if (n < 0) return 0;
  // 3人掛けに1列をセット、もしくは6人グループ
  return trio_memo[n] = trio(n - 1) * 4 + trio(n - 2);
}

var memo = [];
function search(n){
  if (memo[n]) return memo[n];
  var sum = duo(n) * trio(n);  // 5人グループなし
  for (var i = 0; i < n; i++){ // 5人グループの位置
    sum += duo(i) * trio(i) * search(n - i - 1);
  }
  return memo[n] = sum;
}

console.log(search(N));
```

2人掛けと3人掛けに分けて考えると、個々の処理がシンプルになるね。

どちらの方法でも一瞬で答えが求められました！

解答 2,754,844,344,633通り

先生のコラム

オンラインアルゴリズムとオフラインアルゴリズム

この問題では新幹線の座席予約を考えました。座席予約でどの座席を確保するのか考えるようなアルゴリズムは「オンラインアルゴリズム」に分類されます。オンラインアルゴリズムとは、データの全体像がわかっていない状況で、入ってきたデータを順に処理できるアルゴリズムです。

座席予約のような場合、座席を決める段階でほかの座席がどのように埋まっていくかわかりません。すべての座席が埋まるかどうかもわかりませんので、すべての乗客が決まってから座席を決めるわけにもいきません。

一方、最初からすべてのデータがわかっている状態で処理するアルゴリズムは「オフラインアルゴリズム」と呼ばれます。有名なソートの例では、挿入ソートはオンラインアルゴリズムですが、選択ソートはオフラインアルゴリズムに該当します。

最近はIoTなど、センサーから随時データが与えられるようなシステムが増えています。このようなシステムにおいては、可能であればオンラインアルゴリズムを考慮すべきだといえます。

アルゴリズムを選ぶときには、リアルタイムにデータが増えることを想像する必要があるのか、処理を開始するまでどのくらい待てるのか、といったことも含めて検討しなければなりません。

Q25 左右対称の二分探索木

IQ：80　目標時間：20分

データ構造を学ぶ際に避けては通れない二分木。特に「二分探索木」はソートや検索などのアルゴリズムを学ぶうえでも重要です。二分探索木では、すべての節点について、節点の左側は節点より小さい値、節点の右側は節点より大きい値になります。

入力からnが与えられたとき、1～nまでのn個の節点を持つ二分探索木を作成します。このとき、作成できる二分探索木のうち、左右対称の配置になるものは何通りあるか求めることを考えます。

たとえば、$n=7$のとき、図11のような5通りがあります。

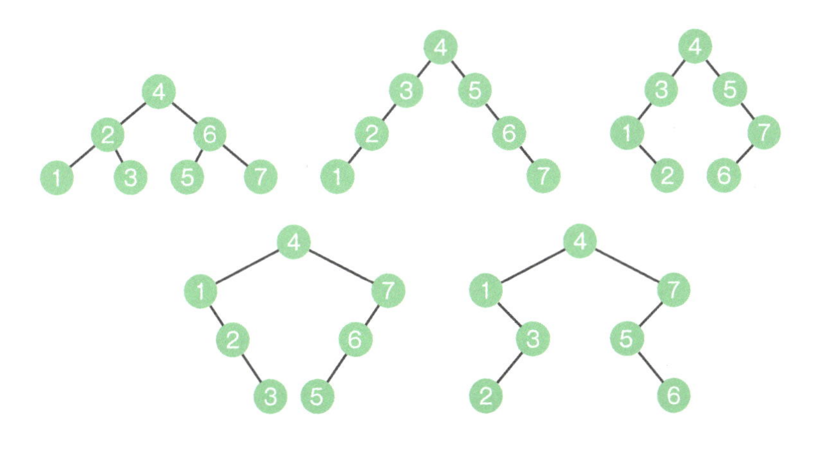

図11 左右対称の二分探索木の例（$n=7$）

問題

$n=39$のとき、左右対称の配置になるものが何通りあるかを求めてください。

Hint!

左右対称ということは、真ん中の数を決めれば両側にある節点の数は同じですね？

問題文のとおりに考えてもよいですが、数学的な計算方法も考えてみてください。

考え方

一番上の節点は必ず必要なため、左右対称の配置になるものはnが奇数のときに限ります。もしnが偶数であれば、左右対称にはならないため0通りです。

次に、左右対称ということは、左側だけもしくは右側だけを考えれば、もう一方も同じ形になります。ここでは左側としてどのような配置があるかを考えることにします。

左側の形だけ考えると、右側の形も自動的に決まるわけですか。

左側にある節点の数は、全体から一番上の節点を抜いたものの半分ね。

つまり、左側の節点について木構造を考えるだけです。

今回は二分木なので、頂点にある節点を選び、その左右につながる木構造を再帰的に探索することで木構造を作成できます。ここでは木構造を作成することが目的ではなく、木構造の数だけがあれば十分なため、再帰的に数だけを求めます。

頂点の番号を順に変えながら、その頂点の下側にある木構造の数を求めると、以下のように実装できます。

q25_1.rb

```
N = 39

@memo = {0 => 1, 1 => 1}
def tree(n)
  return @memo[n] if @memo[n]

  cnt = 0
  (1..n).each do |i| # 頂点の番号
    cnt += tree(i - 1) * tree(n - i)
  end
  @memo[n] = cnt
end

if N % 2 == 0
  puts "0"
else
  puts tree((N - 1) / 2)
end
```

q25_1.js

```
N = 39;

var memo = [1, 1];
function tree(n){
  if (memo[n]) return memo[n];

  var cnt = 0;
  for (var i = 1; i <= n; i++){ // 頂点の番号
    cnt += tree(i - 1) * tree(n - i);
  }
  return memo[n] = cnt;
}

if (N % 2 == 0){
  console.log(0);
} else {
  console.log(tree((N - 1) / 2));
}
```

頂点から見て、左側と右側の数の掛け算で求められるのね。

メモ化しているので一瞬で求められました。

数学的に考えることもできますよ。

$n+1$個の節点でできる二分木の数は、「カタラン数」を使って以下の式で求められることが知られています。

$$\frac{2n!}{(n+1)! \times n!}$$

ただし、この式はnが大きくなると分母・分子ともに階乗の値が大きくなってしまうので、以下の漸化式を使って実装します。

$$C_0 = 1, C_n = \sum_{i=0}^{n-1} C_i \times C_{n-1-i}$$

今回はN個の節点なので、$C(n-1)$を使っています。

q25_2.rb

```ruby
N = 39

# カタラン数
@memo = {0 => 1}
def catalan(n)
  return @memo[n] if @memo[n]
  sum = 0
  n.times do |i|
    sum += catalan(i) * catalan(n - 1 - i)
  end
  @memo[n] = sum
end

if N % 2 == 0
  puts "0"
else
  puts catalan((N - 1) / 2)
end
```

q25_2.js

```javascript
N = 39;

// カタラン数
var memo = {0: 1};
function catalan(n){
  if (memo[n]) return memo[n];
  var sum = 0;
  for (var i = 0; i < n; i++){
    sum += catalan(i) * catalan(n - 1 - i);
  }
  return memo[n] = sum;
}

if (N % 2 == 0){
  console.log("0");
} else {
  console.log(catalan((N - 1) / 2));
}
```

1,767,263,190通り

IQ：90　目標時間：20分

Q26 回数指定のじゃんけん

じゃんけんは誰でも簡単にできますが、一発勝負だと一瞬で決着がついてしまい面白くありません。そこで、じゃんけんの勝ち負けによって、それぞれが持つコインを取り合うゲームをします。

2人がじゃんけんを1回するたびに、負けたほうが勝ったほうにコインを1枚渡すことにします。たとえば、Aさんが3枚、Bさんが2枚のコインを持っていたとき、表5のように枚数が変化します。

表5 コイン枚数の変化の例

対戦回数	勝敗	Aさん	Bさん
0	対戦前	3枚	2枚
1	Bさんの勝ち	2枚	3枚
2	Aさんの勝ち	3枚	2枚
3	Aさんの勝ち	4枚	1枚
4	あいこ	4枚	1枚
5	Aさんの勝ち	5枚	0枚

一方のコインがなくなったら、じゃんけんを終了することにします（上記の場合は5回で終了）。

双方が勝ったり負けたりを繰り返すと永遠に続いてしまうため、上限も指定することにします。

問題

Aさんのコインが10枚、Bさんのコインも10枚、上限回数が24回のとき、上限回数以下で一方のコインがなくなるパターンが全部で何通りあるかを求めてください。

あいこになると対戦回数は増えますが、コインの枚数に変化はありませんね。

対戦が終了することを効率的に判定する方法を考えてみましょう。

考え方

それぞれが出す手を考えると、Aがグー・チョキ・パーの3通り、Bも同じく3通りあります。1回の対戦で9通りになるので、それを24回繰り返してしまうと9^{24}通りとなり、膨大な数になります。

今回は対戦結果だけでよいので、「Aの勝ち」「Bの勝ち」「あいこ」の3通りと考えることもできますが、それでも3^{24}通りになってしまいます。そこで、もう少し考えて、それぞれが持っているコインの枚数と、残っている対戦回数をもとに考えることにします。

コインの枚数のパターンも膨大になるような気がしますけど……

2回対戦して、A→Bの順に勝ったときと、B→Aの順に勝ったときでは、コインの枚数や残っている対戦回数は同じですね。

その考え方で、コインの枚数と残っている対戦回数に対してパターン数を求めればいいなら、再帰的な処理で実装できそう。

同じ状況は何度も現れるので、一度計算した結果はメモしてクダサイネ。

「じゃんけんを行い、コインの枚数を増減させ、対戦回数を減らすという処理」を、決着がつくまで繰り返して求める処理を再帰的に実装してみます。AとBが持っているコインの枚数、上限回数を引数として実装すると、以下のように書けます。

q26_1.rb

```
A, B, LIMIT = 10, 10, 24

@memo = {}
def game(a, b, limit)
  return @memo[[a, b, limit]] if @memo[[a, b, limit]]
  return 1 if (a == 0) || (b == 0)      # 勝者が決定
  return 0 if limit == 0                # 上限に到達
  cnt = 0
  cnt += game(a + 1, b - 1, limit - 1) # Aの勝ち
  cnt += game(a, b, limit - 1)          # あいこ
  cnt += game(a - 1, b + 1, limit - 1) # Bの勝ち
  @memo[[a, b, limit]] = cnt
end
```

```
puts game(A, B, LIMIT)
```

q26_1.js

```
A = 10;
B = 10;
LIMIT = 24;

memo = {};
function game(a, b, limit){
  if (memo[[a, b, limit]]) return memo[[a, b, limit]];
  if ((a == 0) || (b == 0)) return 1;    // 勝者が決定
  if (limit == 0) return 0;              // 上限に到達
  var cnt = 0;
  cnt += game(a + 1, b - 1, limit - 1); // Aの勝ち
  cnt += game(a, b, limit - 1);         // あいこ
  cnt += game(a - 1, b + 1, limit - 1); // Bの勝ち
  return memo[[a, b, limit]] = cnt;
}

console.log(game(A, B, LIMIT));
```

勝ち負けとあいこのパターンでコインの枚数を増減させるだけなので、わかりやすいです。

処理も高速で、対戦回数が増えても問題ないね。

今回の問題を解くだけなら、これで十分です。でも、何か工夫できるところに気づきませんか？

上記ではAさんとBさんのコインを分けて考えましたが、コインの枚数の和を考えると、常に一定になります。つまり、どちらか一方の枚数だけを考えるだけでよいのです。そこで、以下のようなプログラムで実装することもできます。

q26_2.rb

```
A, B, LIMIT = 10, 10, 24

@memo = {}
def game(a, limit)
```

```
  return @memo[[a, limit]] if @memo[[a, limit]]
  return 1 if (a == 0) || (a == A + B) # 勝者が決定
  return 0 if limit == 0               # 上限に到達
  cnt = 0
  cnt += game(a + 1, limit - 1)        # Aの勝ち
  cnt += game(a, limit - 1)            # あいこ
  cnt += game(a - 1, limit - 1)        # Bの勝ち
  @memo[[a, limit]] = cnt
end

puts game(A, LIMIT)
```

q26_2.js

```
A = 10;
B = 10;
LIMIT = 24;

memo = {};
function game(a, limit){
  if (memo[[a, limit]]) return memo[[a, limit]];
  if ((a == 0) || (a == A + B)) return 1; // 勝者が決定
  if (limit == 0) return 0;               // 上限に到達
  var cnt = 0;
  cnt += game(a + 1, limit - 1);          // Aの勝ち
  cnt += game(a, limit - 1);              // あいこ
  cnt += game(a - 1, limit - 1);          // Bの勝ち
  return memo[[a, limit]] = cnt;
}

console.log(game(A, LIMIT));
```

なるほど。一方の枚数が決まるともう一方の枚数も決まるので、パラメータに両方を使う必要はありませんね。

今回の問題程度であればそれほど大きな差はありませんが、問題によっては、変数の数を減らすことでシンプルかつ高速な処理になることもあります。

解答 **1,469,180,016通り**

IQ: 90　目標時間: 20分

Q27 大家族でチョコレートを分けるには

長方形の板チョコレートを兄弟で分けて食べることにしました。このチョコレートは図12のようにマス目上になっており、割りやすいようになっています。このマス目に沿って、縦か横に一直線に分割します。

図12 板チョコレート

一直線に割るため、チョコレートのマスの途中で割ることはできません。長男から末っ子まで順に、好きな位置で割って左上から自分の分を取り、残りを次の弟に渡します。

兄弟の人数が与えられるとき、全員が食べられるような分け方が何通りあるかを考えます。たとえば、縦3マス、横4マスのチョコレートを3人で分けるとき、図13の16通りがあります。

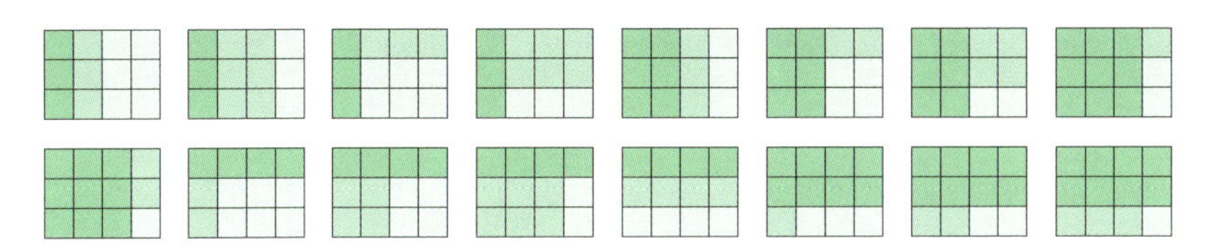

図13 3人で分ける場合

問題

縦と横のマスがそれぞれ20、人数が10人のとき、分け方が何通りあるかを求めてください。

切ったあとの形も長方形なので、同じ形が何度も現れるね。

考え方

縦に割っても横に割っても、残った形が常に長方形になっていることがポイントです。ある人が割ったとき、残りのチョコレートを残りの人数で分けると考えると、再帰的な処理で実装できます。

縦方向の割る位置を考えると、4マスあればその間の3カ所なので、横のマス目の数より1少ない数だね。

横方向も同様に、縦のマス目より1少ない場所で割れます。

最後の1人まで切り分けられた場合をカウントしていきましょう。

縦→横の順に、左から1マス目・上から1マス目の位置で割ったときと、横→縦の順に、上から1マス目・左から1マス目の位置で割ったときでは、残りの形が同じです。そこで、それぞれの割り方を試す処理を再帰的に実装すると、以下のように書けます。処理を高速化するため、メモ化しています。

q27_1.rb

```
H, W, N = 20, 20, 10

@memo = {}
def cut(h, w, n)
  return @memo[[h, w, n]] if @memo[[h, w, n]]

  return 1 if n == 1
  cnt = 0
  1.upto(h - 1) do |i|
    cnt += cut(i, w, n - 1)
  end
  1.upto(w - 1) do |i|
    cnt += cut(h, i, n - 1)
  end
  @memo[[h, w, n]] = cnt
end

puts cut(H, W, N)
```

q27_1.js

```
H = 20;
W = 20;
N = 10;

memo = {};
function cut(h, w, n){
  if (memo[[h, w, n]]) return memo[[h, w, n]];

  if (n == 1) return 1;
  var cnt = 0;
  for (var i = 1; i < h; i++){
    cnt += cut(i, w, n - 1);
  }
  for (var i = 1; i < w; i++){
    cnt += cut(h, i, n - 1);
  }
  return memo[[h, w, n]] = cnt;
}

console.log(cut(H, W, N));
```

縦方向と横方向の割る位置だけを考えればいいから単純だわ。

チョコレートのサイズが大きくなっても処理が一瞬で終わりました。

メモ化の効果が出ています。でも、数学的にもう少し考えてみましょう。

n人に分けるということは、縦か横に$n-1$回割ることを意味します。ここで、縦にx回、横にy回割ると考えると、$x+y=n-1$となります。また、どこで割るのかを考えると、縦方向の割る位置は横のマス目の数より1つ少なく、横方向の割る位置は縦のマス目の数より1つ少ないため、横のマス目の数をW、縦のマス目の数をHとすると、それぞれ${}_{W-1}C_x$通り、${}_{H-1}C_y$通りの割り方があります。

それぞれに対し、縦と横に対する割る順番を考えると、$n-1$回のうちx回が横方向なので、${}_{n-1}C_x$となります。これを、横方向に割る回数を変えながら合計すると、答えが求まります。

たとえば、以下のようなプログラムで実装できます。

q27_2.rb

```
H, W, N = 20, 20, 10

# n個からr個を選ぶ組み合わせ数を求める
@memo = {}
def nCr(n, r)
  return @memo[[n, r]] if @memo[[n, r]]
  return 1 if (r == 0) || (r == n)
  @memo[[n, r]] = nCr(n - 1, r - 1) + nCr(n - 1, r)
end

cnt = 0
N.times do |x|
  y = N - 1 - x
  cnt += nCr(W - 1, x) * nCr(H - 1, y) * nCr(N - 1, x)
end
puts cnt
```

q27_2.js

```
H = 20;
W = 20;
N = 10;

var memo = {};
function nCr(n, r){
  if (memo[[n, r]]) return memo[[n, r]];
  if ((r == 0) || (r == n)) return 1;
  return memo[[n, r]] = nCr(n - 1, r - 1) + nCr(n - 1, r);
}

var cnt = 0;
for (var x = 0; x < N; x++){
  y = N - 1 - x;
  cnt += nCr(W - 1, x) * nCr(H - 1, y) * nCr(N - 1, x);
}
console.log(cnt);
```

こんなところでも組み合わせが使えるとは。

組み合わせを求める処理はよく使われるので、実装に要する時間も短くなりそうデスネ。

解答 16,420,955,656通り

Q28 パターゴルフのコース設計

IQ：90　目標時間：20分

パターゴルフのコースを新しく作ることにしました。そこで、各ホールの標準打数をどのように設定しようか考えています。

通常のゴルフコースでよく見られる、18ホールで合計の標準打数が72になるように、各ホールの標準打数を決めることにしました。ただし、各ホールの標準打数は1以上5以下とします。例として少ない数で考えると、3ホールで合計が12の場合、表6の10通りがあります。

表6 3ホールで標準打数合計が12の場合

パターン	ホール1	ホール2	ホール3
(1)	2打	5打	5打
(2)	3打	4打	5打
(3)	3打	5打	4打
(4)	4打	3打	5打
(5)	4打	4打	4打
(6)	4打	5打	3打
(7)	5打	2打	5打
(8)	5打	3打	4打
(9)	5打	4打	3打
(10)	5打	5打	2打

問題

18ホールで合計の標準打数が72になるような標準打数のパターンが何通り考えられるかを求めてください。

標準打数に上限があるので、順に試すだけでも問題なく求められます。

同じ打数での組み合わせだけでなく、並べ替えも考える必要がある、ということですね。

考え方

18ホールに対して順に打数を決めていき、全ホール決め終わったときに打数の合計が72になるものを探します。そこで、ホールごとに打数を1～5の間で変化させながら、調べていきます。

各ホールに1～5までの打数があって、それが18ホールだと、5^{18}の探索が必要ですよね。全探索で大丈夫ですか？

ホール1で3打、ホール2で4打のときと、ホール1で4打、ホール2で3打のときでは、残りの打数もホール数も同じ。探索結果を再利用できそうね。

そのとおりです。ホール数と打数がわかれば、メモ化して探索が可能です。

ここでは、残りホール数と残り打数を引数として再帰的に探索し、ホール数や打数がなくなれば探索を終了することにします。

q28_1.rb

```ruby
HOLE, PAR = 18, 72

@memo = {}
def golf(hole, par)
  return @memo[[hole, par]] if @memo[[hole, par]]
  return 0 if (hole <= 0) || (par <= 0)
  return 1 if (hole == 1) && (par <= 5)
  cnt = 0
  1.upto(5) do |i|
    cnt += golf(hole - 1, par - i)
  end
  @memo[[hole, par]] = cnt
end

puts golf(HOLE, PAR)
```

q28_1.js

```javascript
HOLE = 18;
PAR = 72;

memo = {};
function golf(hole, par){
  if (memo[[hole, par]]) return memo[[hole, par]];
```

```
  if ((hole <= 0) || (par <= 0)) return 0;
  if ((hole == 1) && (par <= 5)) return 1;
  var cnt = 0;
  for (var i = 1; i <= 5; i++){
    cnt += golf(hole - 1, par - i);
  }
  return memo[[hole, par]] = cnt;
}

console.log(golf(HOLE, PAR));
```

こんなにシンプルなプログラムで十分なんですね！ 終了条件もわかりやすくて、高速です。

この方法でも十分ですが、もう少し工夫できないか考えてみましょう。

打数の「順列」ではなく、「組み合わせ」で考えてみます。問題文の例では、「2打、5打、5打」「3打、4打、5打」「4打、4打、4打」のそれぞれについて並べ替えを考えたパターンだと考えられます。そこで、打数の組み合わせを考えたうえで、並べ替えが何通りあるかを求めます。処理速度が大きく変わらなくても、こういった工夫が有効な場面もあるので、覚えておきたいものです。

q28_2.rb

```
HOLE, PAR = 18, 72

def calc(log)
  return 1 if log.length == 0
  result = (1..log.inject(:+)).inject(1, :*)
  log.each{|i|
    result /= (1..i).inject(1, :*)
  }
  result
end

def golf(hole, par, log)
  return 0 if (hole <= 0) || (par <= 0)
  return calc(log) if (hole == 1) && (par <= 5)
  cnt = 0
  5.downto(1) do |i|
    log[i] += 1
    cnt += golf(hole - 1, par - i, log)
```

```
    log[i] -= 1
    break if log[i] > 0
  end
  cnt
end

puts golf(HOLE, PAR, [0] * 6)
```

q28_2.js

```
HOLE = 18;
PAR = 72;

function calc(log){
  var result = 1;
  var n = 0;
  for (var i = 1; i < log.length; i++){
    n += log[i];
  }
  for (var i = 1; i <= n; i++)
    result *= i;
  for (var i = 1; i < log.length; i++){
    var div = 1;
    for (var j = 1; j <= log[i]; j++)
      div *= j;
    result /= div;
  }
  return result;
}

function golf(hole, par, log){
  if ((hole <= 0) || (par <= 0)) return 0;
  if ((hole == 1) && (par <= 5)) return calc(log);
  var cnt = 0;
  for (var i = 5; i >= 1; i--){
    log[i] += 1;
    cnt += golf(hole - 1, par - i, log);
    log[i] -= 1;
    if (log[i] > 0) break;
  }
  return cnt;
}

console.log(golf(HOLE, PAR, new Array(0, 0, 0, 0, 0, 0)));
```

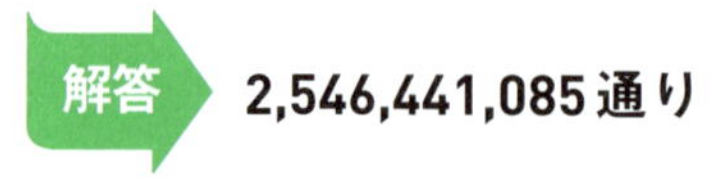

2,546,441,085通り

IQ：90　目標時間：20分

Q29 公平に分けられたケーキ2※

ケーキを公平に分けるとき、太郎と次郎の2人がいる場合は以下の方法が有名です。

> 太郎が自分の価値観で公平であるように、ケーキを2つに分ける。
> 次郎が2つのうち好きなほうを選び、太郎は残りを取る。

今回は、太郎、次郎、三郎、…、m郎のm人で公平に切り分けることを考えます。横幅がnの長方形のケーキを左から順に各自の価値観で垂直に切り、最後の人から逆順に好きな部分を選ぶものとします。

切ったケーキの横幅はいずれも整数になるものとします。このとき、最大のケーキと最小のケーキを比べた横幅の差がw以下となるような切り方が何通りあるかを求めます。

このとき、ケーキを切らない選択も可能とします。また、途中でケーキの幅が狭くなり切れなくなった場合は、そこで切るのをやめます。最後の人から順に選ぶため、前半に切った人はケーキをもらえない場合があり、このときはケーキの幅が0になります（公平ではなくなってしまいますが）。

たとえば、$m = 3$、$n = 5$、$w = 1$のとき、図14の左側にある3通りが考えられます。右側のようなパターンは条件を満たさないため、不適切です。

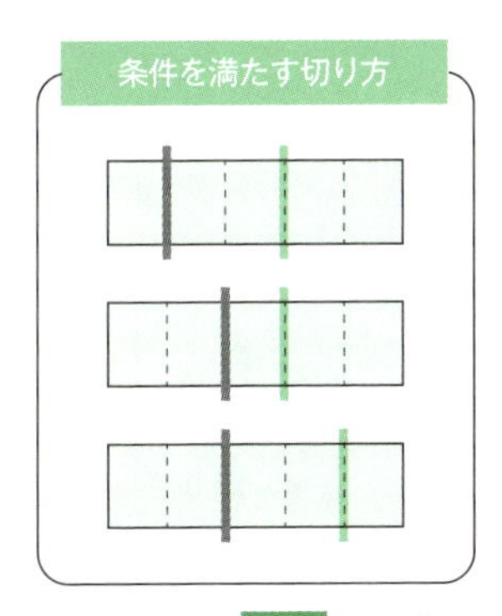

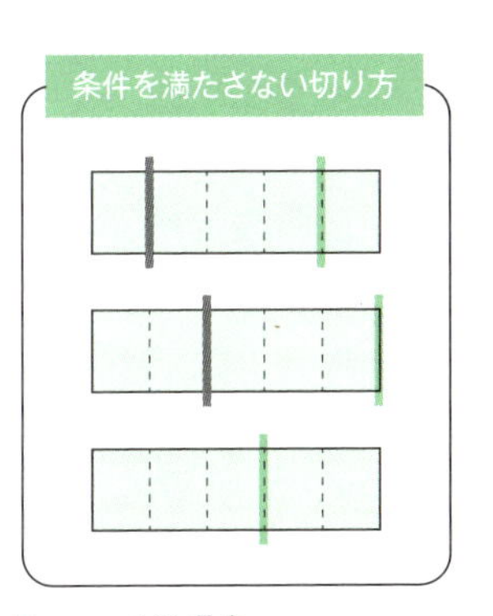

図14 $m = 3$、$n = 5$、$w = 1$の場合

問題

$m = 20$、$n = 40$、$w = 10$のとき、切り方が何通りあるか求めてください。

※「公平に分けられたケーキ」の1作目は、『プログラマ脳を鍛える数学パズル』（前作）に収録されています。

考え方

ケーキを切らない場合は横幅0で切ったと考えると、横幅を0から順に変えて探索すれば、全パターンを求められそうだとわかります。また、一度切ったあとは残りの横幅が短くなり、残った人で分けるため再帰的に探索できます。

ケーキを切る位置を全員分決めてから、ケーキの幅についての差をチェックする方法もありますが、途中でこの差が指定された値を超える場合は、その時点で探索を打ち切ることができます。

そこで、それまでの横幅の最大値と最小値をパラメータとして渡し、この差が指定された値を超えていた場合は、それ以降の探索を行わないようにします。また、何度も同じパラメータで探索しないようにメモ化してみます。

q29_1.rb

```ruby
M, N, W = 20, 40, 10

@memo = {}
def cut(m, n, min, max)
  return @memo[[m, n, min, max]] if @memo[[m, n, min, max]]
  # 最大と最小の差が指定された値を超えると終了
  return 0 if max - min > W
  # 全員が切れば終了
  return (n == 0) ? 1 : 0 if m == 0
  cnt = 0
  0.upto(n) do |w| # 横幅を変えながら再帰的に探索
    cnt += cut(m - 1, n - w, [min, w].min, [max, w].max)
  end
  @memo[[m, n, min, max]] = cnt
end

puts cut(M, N, N, 0)
```

q29_1.js

```
M = 20;
N = 40;
W = 10;

var memo = {};
function cut(m, n, min, max){
  if (memo[[m, n, min, max]]) return memo[[m, n, min, max]];
  // 最大と最小の差が指定された値を超えると終了
  if (max - min > W) return 0;
  // 全員が切れば終了
  if (m == 0) return (n == 0) ? 1 : 0;
  var cnt = 0;
  for (var w = 0; w <= n; w++){ // 横幅を変えながら再帰的に探索
    cnt += cut(m - 1, n - w, Math.min(min, w), Math.max(max, w));
  }
  return memo[[m, n, min, max]] = cnt;
}

console.log(cut(M, N, N, 0));
```

最小値と最大値を毎回チェックするのがムダです。何かいい方法はないですか？

最小値を変えながら、最大と最小の差として指定された範囲内で探索する方法も考えられますね。

長さnのケーキを切ってできる幅の最小値をaとすると、最初から幅aのものをm個取り除いておけます。取り除いた残りの部分について、幅0がp人、幅1がq人、幅2がr人、…のように切ると、その並べ替えは以下の式で求められます。

$$\frac{m!}{p!\,q!\,r!\cdots}$$

この式を使って求めると、以下のように実装できます。

q29_2.rb

```
M, N, W = 20, 40, 10

@memo = [1]
def facorial(n)
  return @memo[n] if @memo[n]
  @memo[n] = n * facorial(n - 1)
```

```
end

def cut(m, n, len, x)
  return x / facorial(m + 1) if len == 0
  cnt = 0
  [0, n - m * (len - 1)].max.upto(n / len) do |i|
    # 長さlenで切る人数を変えながら実行
    cnt += cut(m - i, n - i * len, len - 1, x / facorial(i))
  end
  cnt
end

cnt = 0
0.upto(N / M) do |i| # 幅の最小値
  cnt += cut(M - 1, N - i * M, W, facorial(M))
end
puts cnt
```

q29_2.js

```
M = 20;
N = 40;
W = 10;

var memo = [1];
function facorial(n){
  if (memo[n]) return memo[n];
  return memo[n] = n * facorial(n - 1);
}

function cut(m, n, len, x){
  if (len == 0) return x / facorial(m + 1);
  var cnt = 0;
  for (var i = Math.max(0, n - m * (len - 1)); i <= n / len; i++){
    // 長さlenで切る人数を変えながら実行
    cnt += cut(m - i, n - i * len, len - 1, x / facorial(i));
  }
  return cnt;
}

var cnt = 0;
for (var i = 0; i <= N / M; i++){ // 幅の最小値
  cnt += cut(M - 1, N - i * M, W, facorial(M));
}
console.log(cnt);
```

1,169,801,856,636,575通り

IQ：100　目標時間：20分

Q30 交互に取り合うカードゲーム

カードの山の中から何枚かを取ることを2人が交互に繰り返します。最後にカードを取った人のほうが合計枚数が多い場合、最後に取った人の勝ちとします（最後に取れなかった人は負け、最後に取っても合計枚数が同じか少ないと負けになります）。

一度に取ることができる枚数には上限があり、1枚から上限までの中から任意の枚数を取ります。このとき、先手が勝つような取り方が何通りあるかを求めます。なお、双方とも少なくとも1枚は毎回必ず取るものとします。

たとえば、カードが6枚、一度に取れる上限が1枚のときは、交互に1枚ずつ取るため、先手が勝つことはできません。カードが6枚、一度に取れる上限が2枚のとき先手が勝つのは、図15のような4通りがあります。

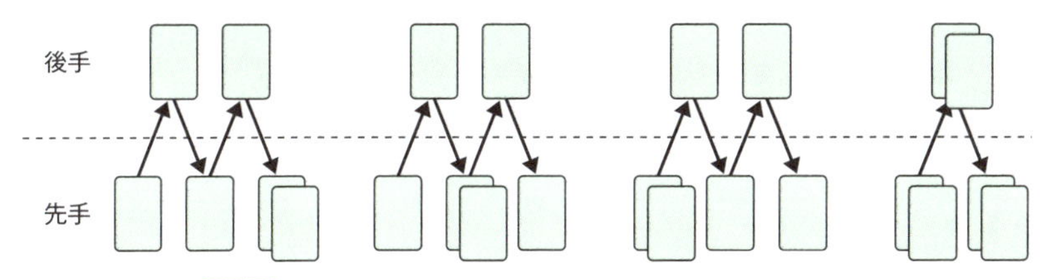

図15 カードが6枚で、一度に取れる上限が2枚の場合

問題

カードの枚数が32枚、一度に取れる上限が10枚のとき、先手が勝つパターンが何通りあるかを求めてください。

最後のカードを取るまで深さ優先探索をするとわかりやすいですね。

うまく工夫しないと処理に時間がかかるので気をつけましょう。

考え方

残っているカードの枚数が順に減っていくため、すべてのカードがなくなるまで再帰的に探索することで、全部のパターンを探索できます。ただし、カードの枚数が増えると、全探索では処理に時間がかかります。

そこで、少し工夫することを考えます。「残った枚数」「先手の取った枚数」「手番」が同じ場面は何度も発生するので、メモ化して探索量を減らします。

交互に取り合う処理を、手番を切り替えながら実行するため、true（先手番）とfalse（後手番）を反転させながら再帰的に探索すると、以下のように実装できます。

q30_1.rb

```ruby
CARDS, LIMIT = 32, 10

@memo = {}
def check(remain, fw, turn)
  return @memo[[remain, fw, turn]] if @memo[[remain, fw, turn]]

  if remain == 0
    # 先手番で半分以上取れば勝ち
    return ((!turn) && (fw > CARDS / 2))?1:0
  end
  cnt = 0
  1.upto(LIMIT) do |i|
    if turn # 先手の番
      cnt += check(remain - i, fw + i, !turn) if remain >= i
    else # 後手の番
      cnt += check(remain - i, fw, !turn) if remain >= i
    end
  end
  @memo[[remain, fw, turn]] = cnt
end

puts check(CARDS, 0, true)
```

```
q30_1.js
```

```
CARDS = 32;
LIMIT = 10;

var memo = {};
function check(remain, fw, turn){
  if (memo[[remain, fw, turn]]) return memo[[remain, fw, turn]];

  if (remain == 0){
    // 先手番で半分以上取れば勝ち
    return ((!turn) && (fw > CARDS / 2))?1:0;
  }
  var cnt = 0;
  for (var i = 1; i <= LIMIT; i++){
    if (turn){ // 先手の番
      if (remain >= i) cnt += check(remain - i, fw + i, !turn);
    } else { // 後手の番
      if (remain >= i) cnt += check(remain - i, fw, !turn);
    }
  }
  return memo[[remain, fw, turn]] = cnt;
}

console.log(check(CARDS, 0, true));
```

先手番がtrueなのに、残りのカードがなくなったときに!turnでチェックしているのはなぜですか？

先手が取ってカードが0枚になっているので、手番としては後手番になっているからですよ。

上記では再帰的に処理しましたが、動的計画法で解くことももちろん可能です。処理時間はあまり変わりませんが、ループで処理することで、スタックの消費量を抑えることにつながります。

```
q30_2.rb
```

```
CARDS, LIMIT = 32, 10

memo = Hash.new(0)
memo[[0, 0, 0]] = 1
1.upto(CARDS) do |i|
  1.upto(i) do |j|
    1.upto([LIMIT, i].min) do |k|
```

```
        memo[[i, j, 0]] += memo[[i - k, i - j, 1]]
        memo[[i, j, 1]] += memo[[i - k, i - j, 0]]
      end
    end
  end

  cnt = 0
  CARDS.downto(CARDS / 2 + 1) do |i|
    cnt += memo[[CARDS, i, 1]]
  end
  puts cnt
```

q30_2.js

```
CARDS = 32;
LIMIT = 10;

var memo = {};
for (var i = 0; i <= CARDS; i++){
  for (var j = 0; j <= CARDS; j++){
    memo[[i, j, 0]] = 0;
    memo[[i, j, 1]] = 0;
  }
}
memo[[0, 0, 0]] = 1;
for (var i = 1; i <= CARDS; i++){
  for (var j = 1; j <= i; j++){
    for (var k = 1; k <= Math.min(LIMIT, i); k++){
      memo[[i, j, 0]] += memo[[i - k, i - j, 1]];
      memo[[i, j, 1]] += memo[[i - k, i - j, 0]];
    }
  }
}

var cnt = 0;
for (i = CARDS; i > CARDS / 2; i--){
  if (memo[[CARDS, i, 1]] !== undefined)
    cnt += memo[[CARDS, i, 1]];
}
console.log(cnt);
```

607,836,582通り

IQ: 100　目標時間: 20分

Q31 ソートされないカード

1～nまでの整数が1つずつ書かれているn枚のカードを横一列に並べます。カードを左から順に1枚ずつ見て、書かれている数字がiなら、左からi番目のカードと交換する、という作業を右端のカードまで繰り返します。

たとえば、3、2、5、4、1の順に並んでいる場合、最初のカードは3なので3番目のカードである5と交換し、5、2、3、4、1となります。次のカードは2なので2番目のカードと交換（交換は発生しない）、その次のカードは3なので3番目のカードと交換（交換は発生しない）、その次のカードは4なので4番目のカードと交換（交換は発生しない）、その次のカードは1なので1番目のカードである5と交換すると、1、2、3、4、5となり、昇順に並べ替えられます（※カードは常に左から順番に見ていきます）。

しかし、右端まで処理しても昇順に並ばない場合があります。ここでは、数字が昇順に並ばない初期配置が何通りあるかを求めます。たとえば、$n = 4$のとき、24通りの並べ方がある中で、以下の3通りは昇順に並びません。

- 2341（3214で終了）
- 3421（2134で終了）
- 4312（2134で終了）

問題

n＝8のとき、昇順に並ばない初期配置が何通りあるかを求めてください。

n＝8のときは問題文どおりに実装しても十分求められますが、ぜひ処理速度の高速化も検討してください。

大きなnについても高速に処理できるためには、個別のカードを意識しないことが大切デスネ。

第2章 初級編★★

考え方

カードの初期配置は、n枚を並べ替えた順列を生成すると全パターンを考えられます。この順列に対して、問題文のとおりに交換を行い、ソートが完了していればカウント対象外と判定できます。

左から順に、書かれている数字を見て交換するだけかな？

昇順に並んでいるかどうかの判定は、ソートされた状態と一致するかを確認すればいいね。

左から順に交換する位置を決め、書かれている数字の位置と入れ替えることを繰り返すだけなので、配列の入れ替えを実装できれば難しくはありません。問題文どおりに実装すると、以下のようにシンプルに書けます。

q31_1.rb

```
N = 8

unsort = 0
(1..N).to_a.permutation(N) do |ary|
  N.times do |i|
    pos = ary[i] - 1
    ary[i], ary[pos] = ary[pos], ary[i]
  end
  unsort += 1 if ary != (1..N).to_a
end

puts unsort
```

q31_1.js

```
N = 8;

// 順列を生成
Array.prototype.permutation = function(n){
  var result = [];
  for (var i = 0; i < this.length; i++){
    if (n > 1){
      var remain = this.slice(0);
      remain.splice(i, 1);
      var permu = remain.permutation(n - 1);
      for (var j = 0; j < permu.length; j++){
        result.push([this[i]].concat(permu[j]));
```

```
      }
    } else {
      result.push([this[i]]);
    }
  }
  return result;
}

var unsort = 0;
var sorted = new Array(N);
for (var i = 0; i < N; i++){
  sorted[i] = i + 1;
}
var permu = sorted.permutation(N);
for (var i = 0; i < permu.length; i++){
  for (var j = 0; j < N; j++){
    var pos = permu[i][j] - 1;
    var temp = permu[i][j];
    permu[i][j] = permu[i][pos];
    permu[i][pos] = temp;
  }
  if (permu[i].toString() != sorted.toString()) unsort++;
}

console.log(unsort);
```

JavaScriptの場合は順列の生成と入れ替えが長くなっているけれど、実装している内容は同じですね。

JavaScriptでの最後の比較部分は、配列の中身で比較するために一度文字列に変換しています。

この方法だと、順列の生成に時間がかかるので$n=8$くらいが限度だわ。

カードの枚数が増えても対応できるように工夫してみます。左から順にカードを見たとき、i番目の値がiより小さい場合はその左側のカードと交換されます。逆に、iより大きい場合は右側のカードと交換されます。

このとき、いずれもi番目のカードに書かれている値の位置が正しい内容になります。ただし、探索する範囲を考えるときは、iより小さい場合と大きい場合で分けて考えるとシンプルになります。

ちょっとイメージするのが難しいです……

具体的な例で考えてみましょう。

Point

たとえば、6枚のカードが左から順に「a、b、c、d、e、f」と並んでいて、3枚目の「c」について処理することを考えてみます。cが3以下のとき、以下のように交換できます。

c	b	a	d	e	f	（$c = 1$のとき）
a	c	b	d	e	f	（$c = 2$のとき）
a	b	c	d	e	f	（$c = 3$のとき）

このとき、いずれについても「c」の位置は正しくなります。つまり、残りの「a、b、d、e、f」について並べ替えを考えればよくなります。そのあとに探索するのは「d、e、f」の3つです。

次にcが4以上のときを考えると、以下のように交換できます。

a	b	d	c	e	f	（$c = 4$のとき）
a	b	e	d	c	f	（$c = 5$のとき）
a	b	f	d	e	c	（$c = 6$のとき）

このときも「c」の位置は正しくなります。つまり、残りの「a、b、d、e、f」について並べ替えを考えればよくなります。ただし、「d、e、f」のうちいずれかは「c」と交換しているので、残りの2カ所を探索します。

つまり、交換する位置を考えると、カードの枚数を少しずつ減らしながら探索できるわけですね。

そのとおりです。カードの枚数と交換する位置が決まれば、再帰的に探索できます。

カードのi番目から始めて、昇順に並べられない並べ方を求める関数を作成することにします。カードの枚数よりも交換する位置が大きくなると、最後まで探索できたことになります。このとき、残ったカードの枚数に対してソートされた状態を除外するため、残りのカードの並べ替えとして順列を求め、ソートされた1件を除くとパターン数を求められます。

これを実装すると、以下のように書けます。

q31_2.rb

```
N = 8

@memo = {}
def search(cards, pos)
  return @memo[[cards, pos]] if @memo[[cards, pos]]
  return 0 if cards == 0
  return (1..cards).to_a.inject(:*) - 1 if cards == pos - 1

  # 交換するカードが左に移動するとき
  cnt = pos * search(cards - 1, pos)
  # 交換するカードが右に移動するとき
  cnt += (cards - pos) * search(cards - 1, pos + 1)
  @memo[[cards, pos]] = cnt
end

puts search(N, 1)
```

q31_2.js

```
N = 8;

// 階乗
function factorial(n){
  var result = 1;
  for (var i = 1; i <= n; i++){
    result *= i;
  }
  return result;
}

var memo = {};
function search(cards, pos){
  if (memo[[cards, pos]]) return memo[[cards, pos]];
  if (cards == 0) return 0;
  if (cards == pos - 1) return factorial(cards) - 1;

  // 交換するカードが左に移動するとき
  var cnt = pos * search(cards - 1, pos);
  // 交換するカードが右に移動するとき
  cnt += (cards - pos) * search(cards - 1, pos + 1);
```

```
  return memo[[cards, pos]] = cnt;
}

console.log(search(N, 1));
```

すごい！ n＝30でも40でも、一瞬で解けるようになりました。

個々のカードに対して処理するのではなく、枚数で考えるのがポイントだね。

小さい数で規則性を考えてから実装することで、効率的な処理が実現できるよい例ですね。

解答 **28,630通り**

数学うんちく

規則性に気づけば簡単なカードマジック

カードマジックなどには必ず「タネ」があるよね。何度でも必ず同じ結果が得られるような仕組みがあるということは、プログラミングと同じだと考えられるわ。

その手順を明確にできれば、定められた手順どおりに実行するだけ。マジックの中でもカードを使ったものはたくさんあるけれど、そのタネを考えるのはプログラミングのよい勉強になるかも。

たとえば、有名なカードマジックに「21カードトリック」があるわ。21枚のカードを使って、3つの山にカードを配る操作を3回行うことで、相手が覚えたカードを当てるというマジックね。

数学的に考えると納得できるマジックだけど、初めて見た人を驚かせるのには十分でしょう。該当のカードを当てられる理由を含めて、ぜひ調べてみて。

Q32 乗客のマナーがよすぎる満員電車

IQ：100　目標時間：20分

進行方向の左右にドアがあり、駅のホームの配置によってどちらかのドアが開く電車を考えます（両側が同時に開くことはない）。

電車が混んでいる場合、乗り込んだドアのそばに立つことになります。そうすると、自分の目的地でなくても、乗った側のドアが開いたときに降りないと、降りたい人の邪魔になります。そこで、ここでは以下の行動を取る乗客について考えます。

- 乗った側のドアが開いた場合は、その駅で降りる
- 反対側のドアが開き続けた場合は、乗った側のドアが開くまで乗り続ける
- 1人目は進行方向の左側のドアから、2人目は右側のドアから乗降する

電車が片道を走行する間に、2人の乗客がそれぞれ、別の駅から乗って別の駅で降りる状況を考えます。この2人はそれぞれ反対側のドアで上記のとおり行動します。

たとえば、駅が4つあり、A駅からD駅に電車が進むとき、表7の6通りの行動があります。しかし、表8のようなホームの配置の場合は、上記の行動ができません。

表7 駅が4つの場合

ホームの配置（開くドア）				乗客の動き	
A駅	B駅	C駅	D駅	1人目	2人目
左	左	右	右	A→B	C→D
左	右	左	右	A→C	B→D
左	右	右	左	A→D	B→C
右	左	左	右	B→C	A→D
右	左	右	左	B→D	A→C
右	右	左	左	C→D	A→B

表8 ホームの配置を変えた例

ホームの配置（開くドア）			
A駅	B駅	C駅	D駅
左	左	右	左

乗客の動き	
1人目	2人目
A→B	C→?
B→D	C→?

なお、路線は環状にはなっておらず、乗客は折り返すことなく一方向で乗降するものとします。降りた駅でそのまま再度乗ることはなく、一度降りてから別の駅で再度乗ることもありません。乗った駅でそのまま降りることもなく、必ず2人とも駅から電車に乗ることとします。

問題

全部で14個の駅があったとき、このような行動ができる「ホームの配置」と、「乗客の行動」の組み合わせが何通りあるかを求めてください。

考え方

まずはホームの配置を考えてみます。いずれのホームも、左右どちらかのドアが開くため、その配置の数は全部で2^{14}通りあります。この配置に対し、乗客がどのように動くのかを考えてみます。

1人目が乗る駅は降りる駅を除いた駅の数だけ考えられるから、左側のドアが開く駅が*A*個あるとすると、*A*−1通りになるわね。

2人目も同じで、右側のドアが開く駅が*B*個あるとすると*B*−1通りです。

ホームの配置は「右を0」「左を1」で表現すると、2進数や配列で表現できますよ。

すべてのホームの配置を列挙し、それぞれについて乗車位置を考えると、以下のようなソースコードで実現できます。

q32_1.rb

```ruby
N = 14

cnt = 0
[0, 1].repeated_permutation(N) do |i|
  a = i.count(1)  # 右のドアが開く駅の数
  b = N - a       # 左のドアが開く駅の数
  if (a > 1) && (b > 1)
    cnt += (a - 1) * (b - 1)
  end
end

puts cnt
```

q32_1.js

```javascript
N = 14;

// 整数に含まれる1が立っているビットを数える
function bit_count(n)
{
  n = (n & 0x55555555) + (n >> 1 & 0x55555555);
  n = (n & 0x33333333) + (n >> 2 & 0x33333333);
  n = (n & 0x0f0f0f0f) + (n >> 4 & 0x0f0f0f0f);
  n = (n & 0x00ff00ff) + (n >> 8 & 0x00ff00ff);
```

```
  return (n & 0x0000ffff) + (n >>16 & 0x0000ffff);
}

var cnt = 0;
for (var i = 0; i < Math.pow(2, N) - 1; i++){
  var a = bit_count(i); // 右のドアが開く駅の数
  var b = N - a;        // 左のドアが開く駅の数
  if ((a > 1) && (b > 1)){
    cnt += (a - 1) * (b - 1);
  }
}
console.log(cnt);
```

Rubyで使われている「repeated_permutation」って何ですか？

これは名前のとおり「重複順列」デスネ。0と1を繰り返した順列を生成できマス。JavaScriptでは整数を使って、ビットを数えていマス。

1が立っているビットを数える方法はたくさん提案されていますが、決まり文句のようになっていますので、このような方法もあることを知っておくといいでしょう。

この解き方でも十分に正解が求められますが、駅の数が増えると探索量が大幅に増加します。駅が24個になると2^{24}回のループが行われますので、処理にも時間がかかります。

そこで、もう少し工夫してみます。左側のドアが開く駅の数を順に調べ、それぞれについてホームの配置と乗客の動きを考えます。駅の数が全部でn個、左側のドアが開く駅の数がr個あるとすると、このときのパターン数は以下の式で表せます。

$${}_nC_r \times (r-1) \times (n-r-1)$$

つまり、左側のドアが開く位置は「n個からr個を選ぶ組み合わせ」、左側からの乗車位置は「$r-1$通り」、右側からの乗車位置は「$n-r-1$通り」です。これを順に加算すると、以下のようなソースコードで実現できます（組み合わせは序章で作成したものを使用しています）。

q32_2.rb

```ruby
N = 14

# n個からr個を選ぶ組み合わせ数を求める
@memo = {}
def nCr(n, r)
  return @memo[[n, r]] if @memo[[n, r]]
  return 1 if (r == 0) || (r == n)
  @memo[[n, r]] = nCr(n - 1, r - 1) + nCr(n - 1, r)
end

cnt = 0
2.upto(N - 2) do |i|
  cnt += nCr(N, i) * (N - i - 1) * (i - 1)
end

puts cnt
```

q32_2.js

```javascript
N = 14;

// n個からr個を選ぶ組み合わせ数を求める
var memo = {};
function nCr(n, r){
  if (memo[[n, r]]) return memo[[n, r]];
  if ((r == 0) || (r == n)) return 1;
  return memo[[n, r]] = nCr(n - 1, r - 1) + nCr(n - 1, r);
}

var cnt = 0;
for (var i = 2; i < N - 1; i++){
  cnt += nCr(N, i) * (N - i - 1) * (i - 1);
}

console.log(cnt);
```

すごい！ 駅が50個でも一瞬ですね。

532,506通り

Q33 ホワイトデーのお返し

IQ：90　目標時間：20分

バレンタインデーにもらったプレゼントにお返しをするホワイトデー。もらったプレゼントの金額はわからないので、もらった個数に対してお返しの個数を変えることにします。

- 義務チョコの場合は、もらった個数と同じ数
- 義理チョコの場合は、もらった個数の2倍の数
- 本命チョコの場合は、もらった個数の3倍の数

※もらった時点で「義務チョコ」か「義理チョコ」か「本命チョコ」か、わかるものとします（「それがわかれば苦労しない」というクレームは、問題と関係がないので受けつけません）。

バレンタインには合計m個のプレゼントをもらいました。お返しに用意した個数がn個のとき、もらったプレゼントの種類について、義務チョコ・義理チョコ・本命チョコの個数の組み合わせを考えます。

たとえば、$m=5$、$n=10$のとき、表9の3通りあります。

表9 $m=5$、$n=10$の場合

パターン	義務チョコ	義理チョコ	本命チョコ
(1)	0個	5個	0個
(2)	1個	3個	1個
(3)	2個	1個	2個

問題

$m=543210$、$n=987654$のとき、義務チョコ・義理チョコ・本命チョコの個数の組み合わせの数を求めてください。

個数が増えても処理時間が長くならないようにするには、数学的に考えることも重要です。

考え方

義務チョコと義理チョコの数を決めると、本命チョコの数は1通りに決まります。そこで、単純に義務チョコと義理チョコを1個から順に増やす処理を、2重ループで実装して求めることもできます。

これは簡単！と思って下のようなプログラムを作ったのですが、処理に時間がかかります……

m、nの値が小さい場合は問題ないけれど、今回のようにm、nの値が大きくなると工夫が必要ですね。

q33_1.rb

```
M, N = 543210, 987654

cnt = 0
0.upto(M) do |i|
  0.upto(M) do |j|
    cnt += 1 if i + j * 2 + (M - i - j) * 3 == N
  end
end
puts cnt
```

q33_1.js

```
M = 543210;
N = 987654;

var cnt = 0;
for (var i = 0; i <= M; i++){
  for (var j = 0; j <= M; j++){
    if (i + j * 2 + (M - i - j) * 3 == N) cnt++;
  }
}
console.log(cnt);
```

そこで、数学的に考えてみます。義務チョコをx個、義理チョコをy個とすると、本命チョコは$m-(x+y)$個です。つまり、以下の式が成り立ちます。

$$x + 2y + 3(m - x - y) = n$$

これを整理すると、以下のようになります。

$$y = -2x + 3m - n \quad \cdots (1)$$

これが$x \geqq 0$、$y \geqq 0$、$m-(x+y) \geqq 0$を満たすことから、座標平面で考えると、上記の直線（1）上でxが整数である点の個数を、図16における網掛け部分の内部から求めることになります。

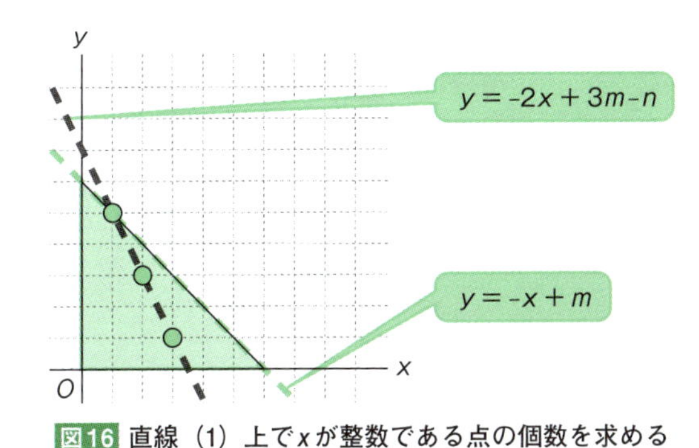

図16 直線（1）上でxが整数である点の個数を求める

ここで、この2本の直線の交点（Aとする）を求めると、

$$-2x + 3m - n = -x + m$$

を解いて、x座標が$2m-n$、y座標は$-m+n$となります。さらに、この交点Aが図の網掛け部分の範囲とどのように重なるかを考えると、交点Aが$x<0$か$x \geqq 0$かによって式が変わります。

なるほど。$y=-x+m$のグラフとどこで交わるかですね。$x>m$で交わるとき、つまり$y<0$で交わることは考えなくていいんですか？

それは$m>n$のときですね。問題文から考えると、それは考えなくてもよいでしょう。

Point

$x<0$の部分で交わると、網掛け部分の内部にある点の個数は「直線（1）がx軸と交わる座標」から求められます。一方、$x \geqq 0$の部分で交わると、網掛け部分の内部にある点の個数は「直線（1）がx軸と交わる座標」から「交点Aのx座標」を引いたもので求められます（図17）。

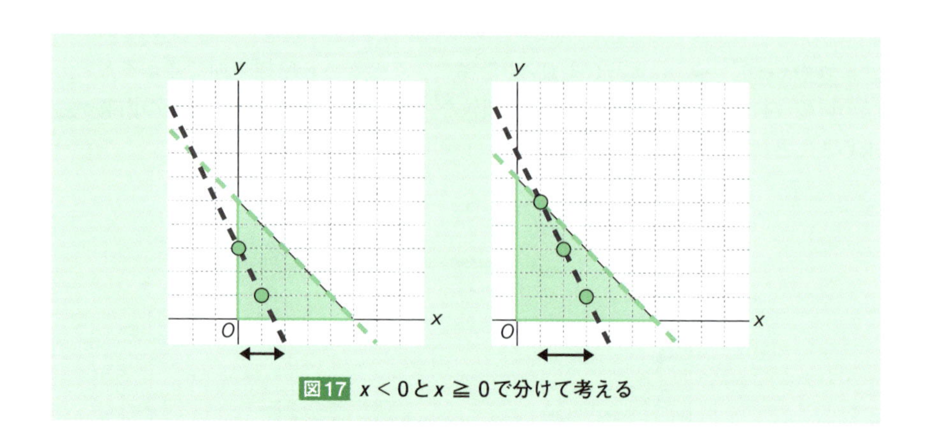

図17 $x < 0$と$x \geqq 0$で分けて考える

上記を整理すると、以下のように実装できます。

q33_2.rb

```
M, N = 543210, 987654

x = 2 * M - N
if x > 0
  puts (3 * M - N) / 2 - x + 1
else
  puts (3 * M - N) / 2 + 1
end
```

q33_2.js

```
M = 543210;
N = 987654;

var x = 2 * M - N;
if (x > 0)
  console.log(Math.floor((3 * M - N) / 2) - x + 1);
else
  console.log(Math.floor((3 * M - N) / 2) + 1);
```

一瞬で答えが求められました!

数学的な知識があるだけで実装が楽になりますよ。処理時間も短縮できますね。

解答 **222,223通り**

Q34 左右に行ったり来たり

IQ：110　目標時間：30分

12個のマスが一列に並んでおり、左から11個のマスには 1～11のいずれかの数字、右端には0が書かれています。これらのマスを、書かれている数字の数だけ左右に移動します。このとき、進む方向は「左」「右」を交互に繰り返します。

最初、左端から右向きにスタートして、右端のマスに到達するような数字の配置を考えます。右端のマスは0のため、右端のマスに到達した時点で処理は終了します。

また、左端のマスより左、右端のマスより右には移動できないため、そのような数字の配置はできないものとします。たとえば、6マスの左側5マスに1～5までの数字が図18の左図のように配置されていると、矢印のように移動します。

このように、右端に到達できる数字の配置のうち、すべてのマスでちょうど一度ずつ止まるものが何通りあるかを求めてください。6マスの場合は、左図のほかに右図のようなパターンがあり、全部で5通りです。

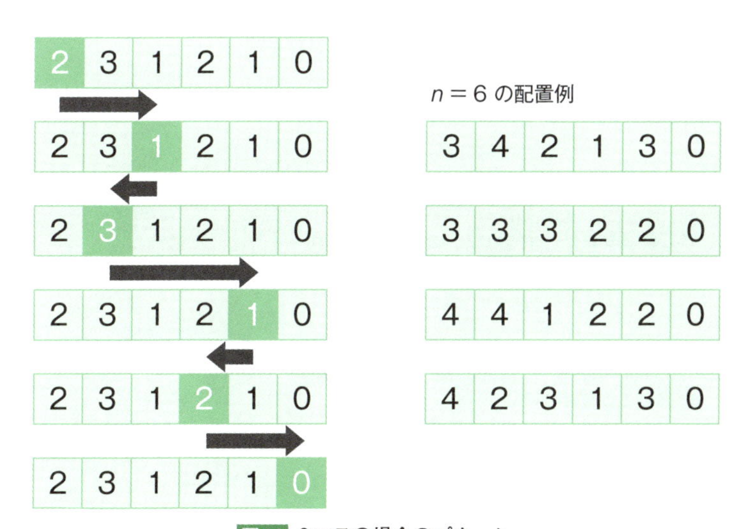

図18 6マスの場合のパターン

問題

12マスの場合、すべてのマスでちょうど一度ずつ止まる配置が何通りあるかを求めてください。

考え方

右向きにスタートして「左」「右」へ交互に移動するので、マスの数が奇数個では、最後に右端に到達することはありません。今回はマスの数が12個なので、ちょうど右端に到達するパターンがありそうです。

マスに数字が入っていれば、すべてのマスで止まったかを判定するのは簡単ね。

移動しながらマスに数字を入れていくのはどうですか？

数字を入れて、その数だけ移動するという方法ですね。作ってみましょう。

すべてのマスに「0」をセットしてスタートし、考えられる数字を順に入れていく方法でプログラムを作ってみます。数字が入っていないマスは減っていくため、探索範囲は少しずつ狭くなっていきます。

たとえば、以下のようなソースコードで実現できます。

q34_1.rb

```
N = 12

def search(cell, pos, dir)
  # 右端に到達すれば、右端のみ「0」のとき成功
  return cell.count(0) == 1?1:0 if pos == N - 1

  cnt = 0
  1.upto(N - 2) do |i| # セルに1から順に配置して試す
    if (pos + dir * i >= 0) && (pos + dir * i < N)
      # 移動先が範囲内であれば試す
      if cell[pos + dir * i] == 0
        cell[pos] = i
        cnt += search(cell, pos + dir * i, -dir)
        cell[pos] = 0
      end
    end
  end
  cnt
end

puts search([0] * N, 0, 1)
```

q34_1.js

```
N = 12

function search(cell, pos, dir){
  // 右端に到達すれば、右端のみ「0」のとき成功
  if (pos == N - 1){
    for (var i = 0; i < N - 1; i++){
      if (cell[i] == 0) return 0;
    }
    return 1;
  }

  var cnt = 0;
  for (var i = 1; i < N - 1; i++){
    // セルに1から順に配置して試す
    if ((pos + dir * i >= 0) && (pos + dir * i < N)){
      // 移動先が範囲内であれば試す
      if (cell[pos + dir * i] == 0){
        cell[pos] = i;
        cnt += search(cell, pos + dir * i, -dir);
        cell[pos] = 0;
      }
    }
  }
  return cnt;
}

var cell = [];
for (var i = 0; i < N; i++) cell[i] = 0;

console.log(search(cell, 0, 1));
```

今回の問題なら1秒もかからずに求められますけど、マスの数が増えると処理時間が急増します。

交互に移動するわけですから、現在位置の左右にある未使用の数の個数を調べる、というのはどうでしょう？

移動するたびに進行方向の前後にある未使用の数を調べて、両方とも0個になると終了できます。途中で進行方向の数が0になっても終了です。これを実装してみると、以下のような再帰処理でメモ化できます。

q34_2.rb

```
N = 12

@memo = {[0, 0] => 1}
def search(bw, fw)
  return @memo[[bw, fw]] if @memo[[bw, fw]]
  return 0 if fw == 0
  cnt = 0
  1.upto(fw) do |i|
    cnt += search(fw - i, bw + i - 1)
  end
  @memo[[bw, fw]] = cnt
end

if N.even?
  puts search(0, N - 2)
else
  puts "0"
end
```

q34_2.js

```
N = 12;

var memo = {[[0, 0]]: 1};
function search(bw, fw){
  if (memo[[bw, fw]]) return memo[[bw, fw]];
  if (fw == 0) return 0;
  var cnt = 0;
  for (var i = 1; i <= fw; i++){
    cnt += search(fw - i, bw + i - 1);
  }
  return memo[[bw, fw]] = cnt;
}

if (N % 2 == 0){
  console.log(search(0, N - 2));
} else {
  console.log("0");
}
```

これならマスの数が20でも30でも一瞬で解けます。問題を見たときに、その特徴に気づくことが大切です。

50,521通り

IQ: 90　目標時間: 20分

Q35 かしこい幹事の集金術

歓送迎会などの飲み会を開催したとき、幹事さんの悩みの種となるのがお釣りの準備です。お釣りが出ないように参加者全員がちょうどの金額を用意してくれると助かるのですが、なかなかうまくいかないものです。

そこで、お釣りが不足しないような順番で会費を集めようと思っています。たとえば、会費が4,000円のとき、千円札で払う人が1人いれば、そのあとに5千円札で払う人が4人いてもお釣りが足ります。

ここでは、会費が3,000円のとき、千円札で払うm人と5千円札で払うn人に対して、お釣りが不足しない順番が何通りあるか求めることを考えます（ただし、出すお札の種類での順番についてのみ考え、どの人が出したかは問わないものとします）。

たとえば、$m = 3$、$n = 2$のとき、以下の5通りがあります。

(1) 千円札 → 千円札 → 千円札 → 5千円札 → 5千円札
(2) 千円札 → 千円札 → 5千円札 → 千円札 → 5千円札
(3) 千円札 → 千円札 → 5千円札 → 5千円札 → 千円札
(4) 千円札 → 5千円札 → 千円札 → 千円札 → 5千円札
(5) 千円札 → 5千円札 → 千円札 → 5千円札 → 千円札

問題

飲み会の参加者が32人のとき、千円札と5千円札を出す人数の各組み合わせについて、お釣りが不足しない順番が何通りあるかを求め、その和を計算してください。

幹事の立場で、手元にある千円札の枚数を数えればいいね。

お釣りの千円札が十分残っているときだけ、5千円札を払う人に対応できるのか！

うまく再帰的な処理を実装すると、シンプルなプログラムにできますよ。

考え方

たとえば参加者が5人のとき、千円札と5千円札を出す人の組み合わせと、お釣りが不足しない順番のパターン数は表10のようになります。

表10 参加者が5人の場合

千円札	5千円札	パターン数
0人	5人	0通り
1人	4人	0通り
2人	3人	2通り
3人	2人	5通り
4人	1人	4通り
5人	0人	1通り
合計		12通り

参加者が千円札と5千円札のどちらを使うかによって、幹事が持っている千円札の枚数が変化します。そこで、千円札を使う人と5千円札を使う人、残りの千円札の枚数を引数とする処理を実装してみます。

千円札を使う人がm人、5千円札を使う人がn人とすると、以下のような再帰的な処理で実装できます。

q35_1.rb

```
N = 32

@memo = {}
def check(m, n, remain)
  return @memo[[m, n, remain]] if @memo[[m, n, remain]]
  # 全員から集金できれば完了
  return 1 if (m == 0) && (n == 0)

  cnt = 0
  # 千円札を集金
  cnt += check(m - 1, n, remain + 3) if m > 0
  if n > 0
    # 5千円札を集金
    cnt += check(m, n - 1, remain - 2) if remain >= 2
  end
  @memo[[m, n, remain]] = cnt
end

cnt = 0
0.upto(N) do |i|
  cnt += check(i, N - i, 0)
```

```
end
puts cnt
```

q35_1.js

```
N = 32;

memo = {};
function check(m, n, remain){
  if (memo[[m, n, remain]]) return memo[[m, n, remain]];
  // 全員から集金できれば完了
  if ((m == 0) && (n == 0)) return 1;

  var cnt = 0;
  // 千円札を集金
  if (m > 0) cnt += check(m - 1, n, remain + 3);
  if (n > 0){
    // 5千円札を集金
    if (remain >= 2) cnt += check(m, n - 1, remain - 2);
  }
  return memo[[m, n, remain]] = cnt;
}

var cnt = 0;
for (var i = 0; i <= N; i++){
  cnt += check(i, N - i, 0);
}
console.log(cnt);
```

千円札を持っている人と、5千円札を持っている人がいる場合のどちらでも、残りの千円札の枚数を増減させながら求めているわけですね。

千円札を使う人の数が決まると、5千円札を使う人の数も決まるんだから、両方を変化させるのはムダなような気がするわ……

千円札の枚数と残りの参加者数によって求めることを考えてみましょう。

千円札の枚数に余裕があれば5千円札も受け取れる、余裕がない場合は千円札のみ受け取る、と考えると、以下のようなプログラムを実装できます。

q35_2.rb

```ruby
N = 32

@memo = {}
def check(bill, remain)
  return @memo[[bill, remain]] if @memo[[bill, remain]]
  return 1 if remain == 0
  cnt = check(bill + 3, remain - 1)
  if bill >= 2
    cnt += check(bill - 2, remain - 1)
  end
  @memo[[bill, remain]] = cnt
end

puts check(0, N)
```

q35_2.js

```javascript
N = 32;

memo = {};
function check(bill, remain){
  if (memo[[bill, remain]]) return memo[[bill, remain]];
  if (remain == 0) return 1;
  var cnt = check(bill + 3, remain - 1);
  if (bill >= 2){
    cnt += check(bill - 2, remain - 1);
  }
  return memo[[bill, remain]] = cnt;
}

console.log(check(0, N));
```

billというのが千円札の枚数、remainが残りの参加者数なのね。とてもシンプルになったわ。

千円札が２枚あればお釣りとして渡せる、ということですね。

メモの量も少なくて済むので、コンピュータの負担が減りマス。

解答　**1,143,455,572通り**

IQ：110　目標時間：30分

Q36 上下左右が反転した数字

図19のような7セグメントディスプレイを使った数字表示器があります。この数字表示器の上下左右を逆さに置いたとき、たとえば「0625」は「5290」と読むことができます。

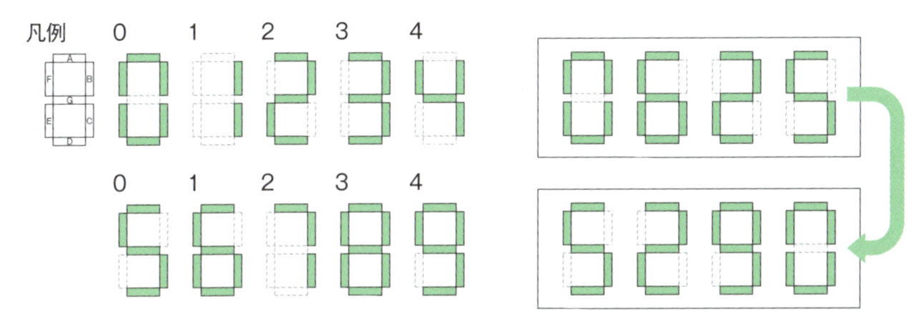

図19 7セグメントディスプレイと上下左右を逆さにした例

逆さに置いたときに対応する数字は以下のようになります。

0 ⟷ 0　1 ⟷ 1　2 ⟷ 2
5 ⟷ 5　6 ⟷ 9　8 ⟷ 8

※「1」は反転すると位置がずれますが、「1」として読み取ることが可能なものとします。

問題

12桁を表示できる数字表示器で、通常の置き方で置いたときよりも、上下左右を逆さに置いた場合のほうが大きな値として読み取ることができるものが何通りあるか求めてください。

たとえば2桁のとき、以下の21通りがありマス。
01、02、05、06、08、09、12、15、16、18、19、25、26、28、29、56、58、59、66、68、86

考え方

上下左右を逆さに置いたとき、数字が読み取れるのは問題文にある0、1、2、5、6、8、9の7つの数字です。この数字を使って、逆さに置いた場合のほうが大きな値になるものを探します。

まず、すでに並んでいる数字列の右端に、上記の7つから1つを選んで追加することを考えます。追加する数が左端の数を反転したものと同じ場合、その数を除いた数（内側にある数）について、同じように反転して大きな値になる必要があります（図20）。

図20 左端の数を反転したものと同じ場合は内側の数を考える

一方、左端の数を反転したものより小さい場合は、右端に追加できないことになります。また、反転して大きくなる数字を追加した場合は、両端を取り除いた数は上記の7つの数のいずれでも問題ありません。右端に追加できる数字は、以下のとおりです。

- 左端の反転が0のとき → 1、2、5、6、8、9
- 左端の反転が1のとき → 2、5、6、8、9

  …

- 左端の反転が8のとき → 9
- 左端の反転が9のとき → なし

上記のいずれのパターンも再帰的に処理できます。そこで、各パターンを加算して以下のように実装できます。

q36_1.rb

```ruby
N = 12

@memo = {0 => 0, 1 => 1}
def check(n)
  return @memo[n] if @memo[n]

  cnt = 0
  7.times do |i|
    cnt += check(n - 2) + i * (7 ** (n - 2))
  end
  @memo[n] = cnt
end

puts check(N)
```

q36_1.js

```javascript
N = 12;

var memo = {0: 0, 1: 1};
function check(n){
  if (memo[n] != undefined) return memo[n];

  var cnt = 0;
  for (var i = 0; i < 7; i++)
    cnt += check(n - 2) + i * Math.pow(7, n - 2);
  return memo[n] = cnt;
}

console.log(check(N));
```

ループの中の加算の左側が「両端が同じ」ときで、右側が異なるときね。

初期値を設定しておけば、シンプルなプログラムで実装できます。

これでも十分ですが、少し考えてみましょう。ループが不要なことに気づきませんか？

似た処理を何度も繰り返している場合、単純な式で表してみると、ループを除外できる場合があります。たとえば、今回の例でcheck($n-2$)の部分をA、7^{n-2}の部分をBとすると、

$$(A+0\times B)+(A+1\times B)+(A+2\times B)+\cdots+(A+6\times B)$$

という式で表現できます。数列の和で考えると$7A+7\times 3B$となり、Bに該当するのが7^{n-2}なので、以下のように実装できます。

q36_2.rb

```ruby
N = 12

def check(n)
  return n if n <= 1
  7 * check(n - 2) + 3 * (7 ** (n - 1))
end

puts check(N)
```

q36_2.js

```javascript
N = 12;

function check(n){
  if (n <= 1) return n;
  return 7 * check(n - 2) + 3 * Math.pow(7, n - 1);
}

console.log(check(N));
```

おおっ！ 一度しか呼び出されないから、メモ化も不要です。

ループを書くときには少し注意したほうがいいね。

コンピュータはループでもひたすら処理しますが、やっぱりやらなくていいことはやらないほうが嬉しいデス。

6,920,584,776通り

IQ：100　目標時間：20分

Q37 ダイヤルロックを解除せよ！

最近は個人情報に対する意識の高まりもあり、郵便ポストにダイヤル式のロックが使われることが珍しくなくなりました。ロックを解除する際にダイヤルを左右交互に回転し、特定の桁数の番号を作る、という方法が一般的に使われています。

ここでは、ダイヤルが最初は「0」にセットされているものとし、左回転から開始します（解除する鍵の番号は「0」以外から始まり、同じ番号が続くことはありません）。

たとえば、「528」という番号が鍵になっている場合、「5」まで左に回し、次に「2」まで右に回し、最後に「8」まで左に回します。このときに動いた目盛りの数を考えます。「528」の場合、図21のように5＋3＋6＝14となります。

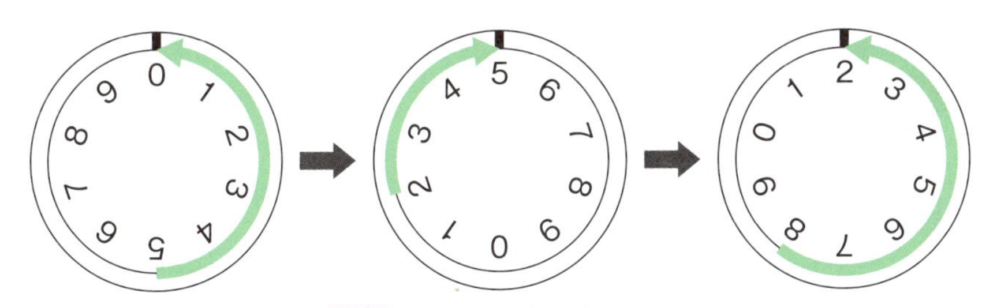

図21 鍵の番号が「528」の場合

さて、このポストを開けるとき、鍵の桁数と動かす目盛りの数は覚えていたのですが、元の番号を忘れてしまいました（おかしな人もいるものです）。そこで、桁数と動かす目盛りの数から番号を推測しようというのが、今回の問題です。

問題

10桁の数が鍵で、動かす目盛りの数が50個のとき、考えられる番号が何通りあるかを求めてください。

3桁の数が鍵で、動かす目盛りの数が6個のときは、10通りあります（「104」「178」「180」「192」「202」「214」「290」「312」「324」「434」）。

第2章 初級編★★

考え方

ダイヤルを回すとき、同じ番号が続かないため、毎回必ず左右どちらかに回します。また、1周回しているうちに次の番号が必ず見つかるため、一度に何周も回すこともありません。このため、一度に回す目盛りの量は1～9の範囲になります。

この範囲内でダイヤルを回すときの手順を考えてみます。鍵を1つ回したとき、回転する方向を反転します。このとき、残っている鍵が1つ減り、残る目盛りの数も回した数だけ減ると考えられます。この作業を繰り返し、使う鍵がなくなって、残る目盛りの数もなくなったときが求める番号です。

回転する向きが反転するだけで、処理内容は右回りも左回りも同じですよね。

使う鍵がなくなったときに、ちょうど目盛りの残りが0になればいいのかな。

そのとおりです。処理が同じでパラメータだけ変わるということは、再帰的に実装できますね。

「0」の位置から左回転で開始し、1～9の範囲で動かす作業を再帰的に行います。使う鍵が残っているのに目盛りの残りがなくなるときはカウントせず、ともに0になったときのみカウントします。同じ状況が発生したときのためにメモ化すると、以下のように実装できます。

q37_1.rb

```ruby
M, N = 10, 50

@memo = {}
def search(m, n, pos, turn)
  return @memo[[m, n, pos, turn]] if @memo[[m, n, pos, turn]]
  return 0 if n < 0
  return (n == 0)?1:0 if m == 0
  cnt = 0
  1.upto(9) do |i|
    # 目盛りの数だけ回転し、向きを反転する
    cnt += search(m - 1, n - i, pos + ((turn)?i:-i), !turn)
  end
  @memo[[m, n, pos, turn]] = cnt
end

puts search(M, N, 0, true)
```

q37_1.js

```
M = 10;
N = 50;

memo = {};
function search(m, n, pos, turn){
  if (memo[[m, n, pos, turn]]) return memo[[m, n, pos, turn]];
  if (n < 0) return 0;
  if (m == 0) return (n == 0)?1:0;
  var cnt = 0;
  for (var i = 1; i <= 9; i++){
    // 目盛りの数だけ回転し、向きを反転する
    cnt += search(m - 1, n - i, pos + ((turn)?i:-i), !turn);
  }
  return memo[[m, n, pos, turn]] = cnt;
}

console.log(search(M, N, 0, true));
```

これまでにも出てきた再帰の処理と同じような感じですね。だいぶ慣れてきたので、僕でも実装できそうです。

ソースコードをよく見ると、あることに気づきませんか？

現在の目盛りの位置を動かすようにしていますが、この部分は使っていないような……

Point

回転する方向を変え、現在指している目盛りの位置を動かしていますが、ソースコードをよく見るとまったく使っていないことに気づきます。実は、鍵の数と動かす目盛りの数がわかると解ける問題なのです。

つまり、以下のようなソースコードでも十分です。

q37_2.rb

```ruby
M, N = 10, 50

@memo = {}
def search(m, n)
  return @memo[[m, n]] if @memo[[m, n]]
  return 0 if n < 0
  return (n == 0)?1:0 if m == 0
  cnt = 0
  1.upto(9) do |i|
    cnt += search(m - 1, n - i)
  end
  @memo[[m, n]] = cnt
end

puts search(M, N)
```

q37_2.js

```javascript
M = 10;
N = 50;

memo = {};
function search(m, n){
  if (memo[[m, n]]) return memo[[m, n]];
  if (n < 0) return 0;
  if (m == 0) return (n == 0)?1:0;
  var cnt = 0;
  for (var i = 1; i <= 9; i++){
    cnt += search(m - 1, n - i);
  }
  return memo[[m, n]] = cnt;
}

console.log(search(M, N));
```

えー！ これだけでいいのか……問題文をそのまま実装するのではなく、やっぱり少し考えないとダメですね。

このサイズなら処理速度はそれほど変わりませんが、メモ化に使用しているメモリの量などを考えると、こっちのほうが圧倒的にいいデス。

167,729,959通り

IQ: 100 目標時間: 20分

Q38 全員が大きく移動する席替え

教室内で席替えをしたときに不満が出やすい例として、前と同じ位置から動かないことが挙げられます。せっかく気分転換ができると思っても、周囲のメンバーが変わっただけで自席の位置が変わらないのは、あまり嬉しくありません。

そこで、全員の座席が前の位置と「同じ行」「同じ列」のいずれにもならないように配置することにします。たとえば、横に2席、縦に3席の6席があった場合、図22の4パターンがあります。

図22 横2席、縦3席の場合

問題

横に4席、縦に4席の16席があった場合、上記のようなパターンが何通りあるか求めてください。

移動前の位置はすでに決まっているので、それぞれの位置が同じ行・同じ列にならないように並べ替えればいいですね。

席替え後の配置が必要なのではなく、何通りの配置があるかだけを求めればよい、というのがポイントです。データ構造を工夫してみましょう。

考え方

左上の座席から順に、前の座席が同じ行・同じ列でない人を埋めていくことで求められそうです。ただし、座席の数が増えると割り当てられる人数が多く、探索時間が長くなることが想像できます。

まず、どのようなデータ構造にするかを考えます。たとえば、座席を1次元の配列で表現し、席替え前の配置に座っている人に対して0から順に番号を付与してみます。問題文にある「横に2席、縦に3席」の場合は［0, 1, 2, 3, 4, 5］のように座っている人を表現できます。

どの行、どの列にいるかは、どうやって判定すればいいですか？

横の座席数で割った商と余りで判断できるかな？

正解です。「5」の人は5÷2＝2…1なので、2行目の1列目です。それぞれ最初の行、列は0番目とするので、実際には3行目の2列目ですね。

新しい配置を考えるとき、最初は配列をすべて未配置の状態にしておきます。そのうえで、割り当てる人の番号を行と列のいずれも席替え前の配置になるように、左上（配列の左端）から順に格納します。

たとえば、問題文にある新しい配置の最初の例なら［5, 4, 1, 0, 3, 2］のように配置できれば完了です。これを再帰的に実装すると、以下のように書けます。

q38_1.rb

```ruby
W, H = 4, 4

def search(n, seat)
  return 1 if n < 0
  cnt = 0
  (W * H).times do |i|
    if (i / W != n / W) && (i % W != n % W)
      if seat[i] == 0
        seat[i] = n
        cnt += search(n - 1, seat)
        seat[i] = 0
      end
    end
  end
```

```
  cnt
end

puts search(W * H - 1, [0] * (W * H))
```

q38_1.js

```
W = 4;
H = 4;

function search(n, seat){
  if (n < 0) return 1;
  var cnt = 0;
  for (var i = 0; i < W * H; i++){
    if ((Math.floor(i / W) != Math.floor(n / W)) &&
        (i % W != n % W)){
      if (seat[i] == 0){
        seat[i] = n;
        cnt += search(n - 1, seat);
        seat[i] = 0;
      }
    }
  }
  return cnt;
}

var seat = new Array(W * H);
for (var i = 0; i < W * H; i++) seat[i] = 0;
console.log(search(W * H - 1, seat));
```

横に3席、縦に4席程度なら求められますが、横4席、縦4席になると一気に処理時間が長くなりますね。

同じパターンが少ないから、メモ化しても効果なさそう。

席に誰が座っているかは関係ありませんので、データ構造を工夫してみましょう。

配置済みかどうかがわかればよいので、座席の配置状況は配列ではなくビット列を使用することにします。配置済みの場合にビットを立てると、同じ位置に配置済みのパターンは何度も登場するので、メモ化による高速化が可能です。

q38_2.rb

```ruby
W, H = 4, 4

@memo = {}
def search(n, seat)
  return @memo[[n, seat]] if @memo[[n, seat]]
  return 1 if n < 0
  cnt = 0
  (W * H).times do |i|
    if (i / W != n / W) && (i % W != n % W)
      if (seat & (1 << i)) == 0
        cnt += search(n - 1, seat | (1 << i))
      end
    end
  end
  @memo[[n, seat]] = cnt
end

puts search(W * H - 1, 0)
```

q38_2.js

```javascript
W = 4;
H = 4;

var memo = {};
function search(n, seat){
  if (memo[n, seat]) return memo[n, seat];
  if (n < 0) return 1;
  var cnt = 0;
  for (var i = 0; i < W * H; i++){
    if ((Math.floor(i / W) != Math.floor(n / W)) &&
        (i % W != n % W)){
      if ((seat & (1 << i)) == 0){
        cnt += search(n - 1, seat | (1 << i))
      }
    }
  }
  return memo[n, seat] = cnt;
}

console.log(search(W * H - 1, 0));
```

3,089,972,673通り

第3章

中級編

★★★

数学的な工夫を考えて処理を高速化しよう

小さなサイズで考え、規則性に注目する

問題の解き方を考えるときには、最初からプログラムの実装を考えないほうがよい場合があります。まずは問題文の例に挙げられているような小さなサイズで解き方を考えてみます。

大きなサイズになるとコンピュータの計算パワーが必要でも、小さなサイズであれば、手作業でも考えられることは珍しくありません。このため、手元にメモ用紙とペンを用意しておくとよいでしょう。

筆者が問題を作成するときにも、必ずメモ用紙とペンを用意しています。実際に小さな問題を解いてみるには、コンピュータを使うよりも手書きすることで思考を止めずに進められます。

小さなサイズで問題を考えることで、その問題が持つルールや特徴を見つけ出すことができます。場合によっては、問題に隠されている裏の顔に気づくこともあります。

もしルールや特徴に気づかない場合は、もう少し大きなサイズでも考えてみるとよいでしょう。いくつかの例を試していると、「似たようなことを繰り返している」と感じるはずです。

このように、問題文のとおりに考えると単純には解けそうになくても、小さなサイズで考えてみると規則性があることに気づき、シンプルに解けるかもしれません。

また、この本では特定の入力に対して答えを求めるように問題を設定しています。しかし、ほかの入力に対しても同じように解けるかを考えることは重要です。プログラムを作成するときも、ほかの入力を意識して作成しておくとよいでしょう。

この本にあるようなパズルを解くだけでなく、実務においても特定の入力にのみ対応するのではなく、できるだけ規則性に注目し、汎用的に使えるアルゴリズムを考えることが大切です。

IQ：90　目標時間：20分

Q39 隣り合うと消えちゃうんです

同じ色が隣り合うとくっついて、消えてしまうパズルゲームがあります。ここではあえて、同じ色が隣り合わないような配置を考えます。

一列に並んだ$2n$個のマスを、n色で2個ずつ塗っていくとします。このとき、隣り合うマスが同じ色になってはいけません。このような塗り分け方が何通りあるかを考えます。

たとえば、$n = 3$のとき、3色の塗り分け方は図1の5通りがあります。

※どの色を使うかは区別せず、同じ色がどこにくるか、その配置のみを考えます。

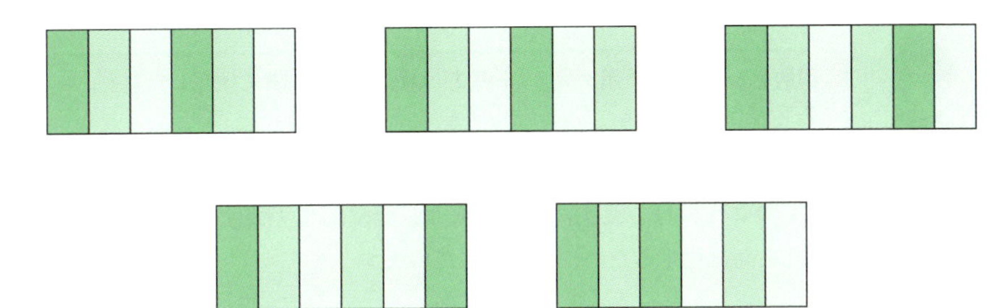

図1 $n = 3$の場合

問題

$n = 11$のとき、塗り分け方が何通りあるかを求めてください。

色の種類が増えると、パターン数が大幅に増加します。今回のように11色になると、答えが32bitで扱える範囲を超えてしまいます。整数型の範囲に注意して実装しましょう。

考え方

まずは、問題文のとおりに実装してみます。左から順に、隣とは異なる色を使って埋めていき、最後まで埋められたら完了です。また、2カ所に塗り終えた色は再度使えないため、それぞれの色をどれだけ使ったか、その状態を記録しておきます。

問題文にある$n = 3$のときの例を考えてみると、左から2カ所は自動的に決まります。そのあと、未使用の色があればそれを使うか、一度だけ使った色が残っていればそれを使うこともできます。

隣の色を記録しておくだけではダメなのかぁ。

うーん……どんなデータ構造にするといいですか？

引数として、「未使用の色」「一度だけ使った色」「隣で使用した色」の数を渡してみましょうか。

引数として上記のように色を渡す関数を作成し、再帰的に実装すると以下のように書けます。処理を高速化するためにメモ化しています。

q39_1.rb

```
N = 11

# unused：未使用の色の数
# onetime : 一度だけ使った色
# neighbor : 隣で使用した色
@memo = {[0, 0, 0] => 1}
def pair(unused, onetime, neighbor)
  if @memo[[unused, onetime, neighbor]]
    # すでに探索済みの場合、探索結果を再利用
    return @memo[[unused, onetime, neighbor]]
  end
  cnt = 0
  if unused > 0   # 未使用の色が残っている場合
    cnt += pair(unused - 1, onetime + neighbor, 1)
  end
  if onetime > 0  # 一度だけ使った色が残っている場合
    cnt += onetime * pair(unused, onetime - 1 + neighbor, 0)
  end
  @memo[[unused, onetime, neighbor]] = cnt
end
```

```
puts pair(N, 0, 0)
```

q39_1.js

```
N = 11;

var memo = {};
memo[[0, 0, 0]] = 1;
function pair(unused, onetime, neighbor){
  if (memo[[unused, onetime, neighbor]])
    return memo[[unused, onetime, neighbor]];
  var cnt = 0;
  if (unused > 0)
    cnt += pair(unused - 1, onetime + neighbor, 1);
  if (onetime > 0)
    cnt += onetime * pair(unused, onetime - 1 + neighbor, 0);
  return memo[[unused, onetime, neighbor]] = cnt;
}

console.log(pair(N, 0, 0));
```

探索済みの結果を再利用すると、高速に処理できますね。

n＝50でも一瞬で求められました。

もう少し数学的に考えられないかな？

$2n$個のマスをn色で塗り分ける方法をpair(n)通りとします。このとき、$2(n-1)$個の塗り分けられたマスに、新たに2個のマスを追加すると考えます。すると、1色少ない$n-1$色で塗り分けられたパターン数であるpair($n-1$)を使った漸化式で、pair(n)を表現できそうです。

追加する2個のマスのうち、1個は必ず左端に追加するものとします。このとき、残りの1個を挿入する位置を考えます。すでに塗り分けられた$2(n-1)$個のマスが題意を満たしているときは、既存のそれぞれのマスの右に追加すればよいので、$2(n-1)$通りあります（図2）。

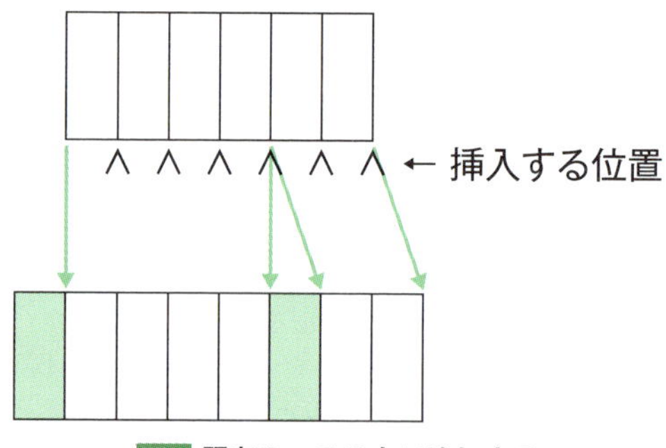

図2 既存のマスの右に追加する

つまり、この場合は$2(n-1) \times \mathrm{pair}(n-1)$と計算できます。

$n-2$色が題意を満たす場合は、同じ色が続いている間に配置します（図3。例：青が2つ続いていて、そこに赤を追加する場合は、青赤青となる）。

この場合は、$(2n-3) \times \mathrm{pair}(n-2)$のように計算できます。

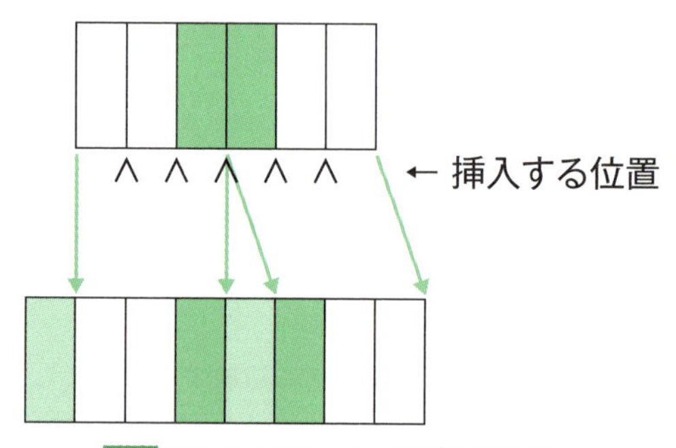

図3 同じ色が続いている間に配置する

同様に、$n-3$色、$n-4$色、…のときも順に考えると、i色が題意を満たす場合、追加するパターン数は$(2i+1) \times \mathrm{pair}(i)$と一般化できます。これらをすべて足して以下のように書くと、$i = n - 1$のときは$2i \times \text{pair}(i)$なので、式が異なります。

$$\text{total}(n) = \sum_{i=0}^{n-1} \left((2i + 1) \times \text{pair}(i)\right)$$

そこで、多く足してしまった$\text{pair}(n - 1)$だけ引いて、以下のように表現できます。

$$\text{pair}(n) = \text{total}(n - 1) - \text{pair}(n - 1)$$

また、$\text{total}(n)$は、以下のような漸化式で表現できます。

$$\text{total}(n) = \text{total}(n - 1) + (2n + 1) \times \text{pair}(n)$$

この2つの漸化式を数学的に解くと、以下のように表現できます。

$$\text{pair}(n) = (2(n - 1) + 1) \times \text{pair}(n - 1) + \text{pair}(n - 2)$$

これを実装すると、以下のようにシンプルにまとめることができます。

q39_2.rb

```
N = 11

@memo = {1 => 0, 2 => 1}
def pair(n)
  return @memo[n] if @memo[n]
  @memo[n] = (2 * (n - 1) + 1) * pair(n - 1) + pair(n - 2)
end

puts pair(N)
```

q39_2.js

```
N = 11;

var memo = [];
function pair(n){
  if (memo[n]) return memo[n];
  if (n == 1) return 0;
  if (n == 2) return 1;
  return memo[n] = (2 * (n - 1) + 1) * pair(n - 1) + pair(n - 2);
}

console.log(pair(N));
```

色が増えると再帰の関数呼び出しが増えてしまうので、配列とループを使って、以下のように書くのも1つの方法です。いずれの方法も、$n = 50$であっても一瞬で解くことができます。

q39_3.rb

```ruby
N = 11

pair = Array.new(N)
pair[1], pair[2] = 0, 1
(3..N).each do |i|
  pair[i] = (2 * (i - 1) + 1) * pair[i - 1] + pair[i - 2]
end

puts pair[N]
```

q39_3.js

```javascript
N = 11;

var pair = [];
pair[1] = 0;
pair[2] = 1;
for (var i = 3; i <= N; i++){
  pair[i] = (2 * (i - 1) + 1) * pair[i - 1] + pair[i - 2];
}

console.log(pair[N]);
```

やっぱり、数学的に考えられるとプログラムもシンプルで、処理も高速になるなぁ。

でも、こんな式をすぐには思いつきません……

規則性がありそうなときは、一度立ち止まって考える習慣をつけましょう。

解答 **4,939,227,215通り**

IQ：110　目標時間：30分

Q40 沈みゆく島で出会う船

海の水位によって現れたり沈んだりする島の両側から、2隻の船が同じ速度で向かい合って進みます。水面は満潮や干潮を繰り返して上下しますが、2隻の船は水に浮かんでいるため、高さは常に同じです。つまり、水面が下りだした場合は、両方とも島の斜面に沿って下ります（前に進めない場合は、逆向きに進むことになります）。

ただし、開始地点よりも水面が下がることはないものとし、船が島から浮き上がるような水位の変化はないものとします。島は45度の傾斜のみで、傾斜が変化する可能性があるのは水平方向で1［m］ごとです。

開始位置が水平距離でn［m］離れている島があります。2隻の船が移動を繰り返し、最短で出会うまでの移動距離が最大になる島の形を求め、2隻の移動距離の合計を水平距離で表すことにします。

たとえば、$n=8$の場合、島の形が図4の左図のようであれば、①～④のように移動するので、それぞれの船の移動距離は5［m］ずつ、合計は10［m］になります。しかし、島の形が右図のようであれば、①～⑥のように移動するので、合計は12［m］です。つまり、$n=8$のとき、出力する解答は12となります。

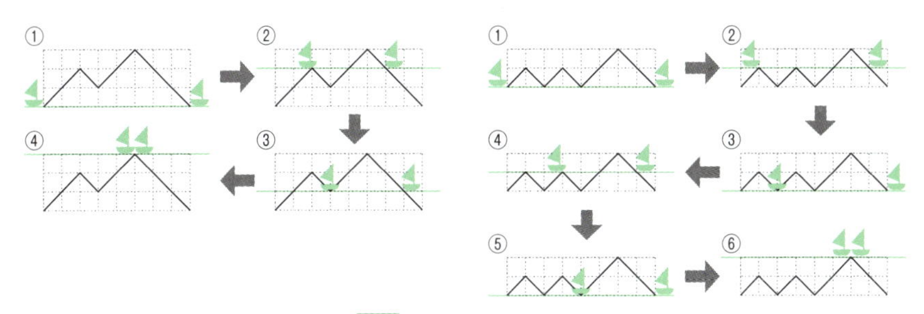

図4 $n=8$の場合の例

問題

$n=12$のとき、最短で出会うまでの移動距離が最大になる島の形を求め、2隻の移動距離の合計を求めてください。

単純な式で求められると思いがちですが、nが増えたときの複雑な島の形も考えてみてくださいね。

第3章 中級編★★★

考え方

船の進み方として、直感的には以下の3通りが考えられます。

- 両方の船が登りながら近づく
- 両方の船が下りながら近づく
- 同じ高さで同じ向きに移動する（船の間の距離は変わらない）

2つの船の距離が「2つ縮む」か「変わらない」ということは、両方が離れていくときは探索する必要がなさそう。

なるほど……じゃあムダだから探索しなくていいですか？

その考え方であれば単純に計算できますが、そう簡単ではないですよ。

どちらかが前に進んでいるとなると、n［m］離れているときの移動回数は最大でもn回です。最後が山の頂点であることを考えると、移動距離は$n-2$になります（$n=2$のときは1回）。

2隻の船が出会うまでの距離が同じため、片方の船の移動距離の2倍を求めて、以下のように考えることができます。

- $n>2$のとき　$2(n-2)$
- $n=2$のとき　2

ここに$n=12$を代入すると、$2\times10=20$となり、正解が求められます。しかし、nが大きくなると、上記の式が成り立たない場合が登場します。たとえば、$n=16$のとき、図5のような島の形が考えられます。

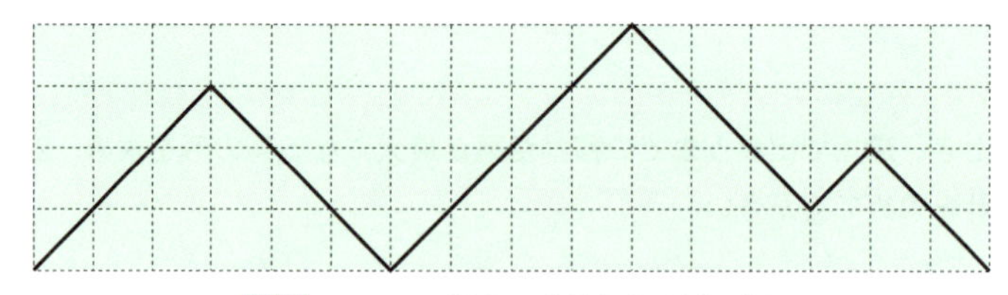

図5 $n=16$の場合に考えられる形の例

この場合、途中で逆方向に動かないと、頂上に到達することはできません。そこで、以下のようにプログラムで解いてみます。島の形（高さ）を配列で表現し、島の左側から島の高さを順にセットします。島の形が決まったら、両側の船が動く距離を調べます。

q40.rb

```
N = 12

# 移動距離をチェック
def check(island)
  pos = [0, N]
  q = [pos]
  log = {pos => 0}
  while q.size > 0 do  # 幅優先探索を実施
    left, right = q.shift
    [-1, 1].product([-1, 1]) do |dl, dr|
      l, r = left + dl, right + dr
      # 両方が同じ位置になれば終了
      return log[[left, right]] + 2 if l == r
      if (l >= 0) && (r <= N) && (island[l] == island[r])
        if (l < r) && !log.has_key?([l, r])
          # AがBより左にあり、未探索であれば次を探索
          q.push([l, r])
          log[[l, r]] = log[[left, right]] + 2
        end
      end
    end
  end
  -1      # 距離を求められなかった場合
end

# 島の形を探索
def search(island, left, level)
  island[left] = level  # 島の高さをセット
  # すべてセットしたら、移動距離をチェック
  return check(island) if left == N

  max = -1
  if level > 0          # 開始地点より上の場合下がる
    max = [max, search(island, left + 1, level - 1)].max
  end
  if left + level < N  # 山を作れる場合、上がる
    max = [max, search(island, left + 1, level + 1)].max
  end
  max
end

puts search([-1] * (N + 1), 0, 0)
```

第3章 中級編★★★

q40.js

```
N = 12;

// 移動距離をチェック
function check(island){
  var pos = [0, N];
  var q = [pos];
  var log = {};
  log[pos] = 0;
  var left, right;
  while (q.length > 0){  // 幅優先探索を実施
    [left, right] = q.shift();
    for (var l = left - 1; l <= left + 1; l += 2){
      for (var r = right - 1; r <= right + 1; r += 2){
        // 両方が同じ位置になれば終了
        if (l == r) return log[[left, right]] + 2;
        if ((l >= 0) && (r <= N) && (island[l] == island[r])){
          if ((l < r) && !log[[l, r]]){
            // AがBより左にあり、未探索であれば次を探索
            q.push([l, r]);
            log[[l, r]] = log[[left, right]] + 2;
          }
        }
      }
    }
  }
  return -1; // 距離を求められなかった場合
}

// 島の形を探索
function search(island, left, level){
  island[left] = level;  // 島の高さをセット
  // すべてセットしたら、移動距離をチェック
  if (left == N) return check(island);

  var max = -1;
  if (level > 0){          // 開始地点より上の場合下がる
    max = Math.max(max, search(island, left + 1, level - 1));
  }
  if (left + level < N){  // 山を作れる場合、上がる
    max = Math.max(max, search(island, left + 1, level + 1));
  }
  return max;
}

console.log(search(new Array(N + 1), 0, 0));
```

20m

IQ: 110　目標時間: 30分

Q41 スタートメニューのタイル

Windows 8以降スタートメニューが新しくなり、タイル型に並んだことでタブレット端末でタッチしやすくなりました。動的に更新されるライブタイルを便利に使っている人もいるでしょう。

ここでは、このようなタイルを並べることを考えます。使えるタイルのサイズは「1×1」「2×2」「4×2」「4×4」の4通りです（Windowsでは小・中・ワイド（横長）・大の4通りで、「縦長」のタイルは使えません）。

たとえば、4×2のエリアに並べる場合、図6のように6通りの並べ方があります。

図6 4×2の場合

問題

10×10の中にタイルを並べるとき、その並べ方が何通りあるかを求めてください。

タイルを配置したことをどのように表現すると効率よく処理できるか、考えてみてください。

ポイントは「空白を作らずに順に埋めていく」ということデスネ。

考え方

用意されたエリアに、左上から順にタイルを並べていくことを考えます。エリアを配列で表現し、すでにタイルを置いたかどうかをフラグで管理するとわかりやすくなります。

使用できるタイルは4種類しかないため、順に配置して右下まですべてのエリアを埋められれば完了です。

配列は2次元配列で用意すればいいですか？

2次元配列で回りに番兵を置く方法もよく使われますが、今回は1次元配列で「行の数」×「列の数」の分だけ用意して実装してみました。

q41_1.rb

```
W, H = 10, 10

@memo = {}
def search(tile, pos)
  # すでに使用済みなら次を探索
  return search(tile, pos + 1) if tile[pos] == 1

  return @memo[[tile, pos]] if @memo[[tile, pos]]
  # 最後まで探索すれば完了
  return 1 if pos == W * H

  cnt = 0
  [[1, 1], [2, 2], [4, 2], [4, 4]].each do |px, py|
    # タイルを置けるかチェック
    check = true
    px.times do |x|
      py.times do |y|
        if (pos % W >= W - x) || (pos / W >= H - y)
          # 配置できないとき
          check = false
        elsif tile[pos + x + y * W] == 1
          # 使用済みの位置があったとき
          check = false
        end
      end
    end
    next if !check # 置けない場合はスキップ

    # タイルを置いて次を探す
    px.times do |x|
```

```
      py.times do |y|
        tile[pos + x + y * W] = 1
      end
    end
    cnt += search(tile, pos + 1)
    # タイルを元に戻す
    px.times do |x|
      py.times do |y|
        tile[pos + x + y * W] = 0
      end
    end
  end
  @memo[[tile.clone, pos]] = cnt
end

puts search([0] * (W * H), 0)
```

q41_1.js

```
W = 10;
H = 10;

var memo = {};
function search(tile, pos){
  // すでに使用済みなら次を探索
  if (tile[pos] == 1) return search(tile, pos + 1);

  if (memo[[tile, pos]]) return memo[[tile, pos]];
  // 最後まで探索すれば完了
  if (pos == W * H) return 1;

  var cnt = 0;
  var tiles = [[1, 1], [2, 2], [4, 2], [4, 4]];
  for (var i = 0; i < tiles.length; i++){
    // タイルを置けるかチェック
    var check = true;
    for (var x = 0; x < tiles[i][0]; x++){
      for (var y = 0; y < tiles[i][1]; y++){
        if ((pos % W >= W - x) || (pos / W >= H - y)){
          // 配置できないとき
          check = false;
        } else if (tile[pos + x + y * W] == 1){
          // 使用済みの位置があったとき
          check = false;
        }
      }
    }
    if (!check) break; // 置けない場合はスキップ

    // タイルを置いて次を探す
```

第3章 中級編★★★

```
    for (var x = 0; x < tiles[i][0]; x++)
      for (var y = 0; y < tiles[i][1]; y++)
        tile[pos + x + y * W] = 1;
    cnt += search(tile, pos + 1);
    // タイルを元に戻す
    for (var x = 0; x < tiles[i][0]; x++)
      for (var y = 0; y < tiles[i][1]; y++)
        tile[pos + x + y * W] = 0;
  }
  return memo[[tile, pos]] = cnt;
}

var tile = new Array(W * H);
for (var i = 0; i < W * H; i++)
  tile[i] = 0;
console.log(search(tile, 0));
```

Point

タイルを上から順に埋めることを考えると、実は1行の配列で十分だということがわかります。つまり、途中に空白がないため、各列にいくつタイルを配置したか、ということを記録すると、図7のように表現できます。

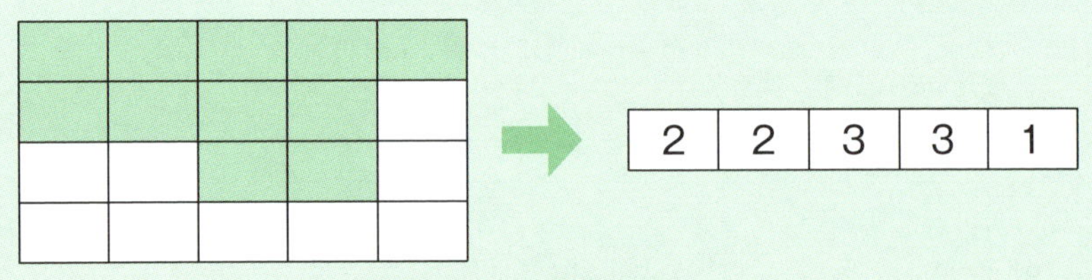

図7 1行の配列で表現する

配列に格納された値が高さを表現していると考えればいいのか！

次に埋める位置は、この数字の中から一番小さい場所を探せばいいですね。同じように再帰的に探索するプログラムで実装してみましょう。

q41_2.rb

```
W, H = 10, 10

@memo = {}
def search(tile)
  return @memo[tile] if @memo[tile]
  # 最後まで探索すれば完了
  return 1 if tile.min == H

  # タイルを置く位置
  pos = tile.index(tile.min)
  cnt = 0
  [[1, 1], [2, 2], [4, 2], [4, 4]].each do |px, py|
    # タイルを置けるかチェック
    check = true
    px.times do |x|
      if (pos + x >= W) || (tile[pos + x] + py > H)
        # 配置できないとき
        check = false
      elsif tile[pos + x] != tile[pos]
        # 使用済みの位置があったとき
        check = false
      end
    end
    next if !check # 置けない場合はスキップ

    # タイルを置いて次を探す
    px.times do |x|
      tile[pos + x] += py
    end
    cnt += search(tile)
    # タイルを元に戻す
    px.times do |x|
      tile[pos + x] -= py
    end
  end
  @memo[tile.clone] = cnt
end

puts search([0] * W)
```

q41_2.js

```
W = 10;
H = 10;

var memo = {};
function search(tile){
  if (memo[tile]) return memo[tile];
  // 最後まで探索すれば完了
```

```
  if (Math.min.apply(null, tile) == H) return 1;

  // タイルを置く位置
  var pos = tile.indexOf(Math.min.apply(null, tile));
  var cnt = 0;
  var tiles = [[1, 1], [2, 2], [4, 2], [4, 4]];
  for (var i = 0; i < tiles.length; i++){
    // タイルを置けるかチェック
    var check = true;
    for (var x = 0; x < tiles[i][0]; x++){
      if ((pos + x >= W) || (tile[pos + x] + tiles[i][1] > H)){
        // 配置できないとき
        check = false;
      } else if (tile[pos + x] != tile[pos]){
        // 使用済みの位置があったとき
        check = false;
      }
    }
    if (!check) break; // 置けない場合はスキップ

    // タイルを置いて次を探す
    for (var x = 0; x < tiles[i][0]; x++)
      tile[pos + x] += tiles[i][1];
    cnt += search(tile);
    // タイルを元に戻す
    for (var x = 0; x < tiles[i][0]; x++)
      tile[pos + x] -= tiles[i][1];
  }
  return memo[tile] = cnt;
}

var tile = new Array(W);
for (var i = 0; i < W; i++)
  tile[i] = 0;
console.log(search(tile));
```

引数が減って、わかりやすくなりました。ループする回数も減って、処理も高速ですね。

データ構造の検討は重要デス。

解答　2,657,272,845,090通り

IQ: 100　目標時間: 20分

Q42 大忙しのサンタクロース

冬になるとこどもたちがソワソワするクリスマス。たくさんの家を回るサンタクロースは大変だと思った人も多いのではないでしょうか？

そこで、サンタクロースにもっと多くの家を回ってもらうルートを考えます。家が格子状に並んでおり、サンタクロースは前後左右に格子状の道路を移動していくものとします。

左上の位置からプレゼントを配り始め、同じ左上の位置に戻って終わります。なお、通った道を交差することはできますが、同じルートは通れないものとします。

ここで、通る経路の長さが最長になるようなルートを考え、通ったマス目の数を求めます。たとえば、横に3マス、縦に3マスの場合、図8の左上のように移動すると4、右上のように移動すると12、左下のように移動すると16、右下のように移動すると20です。このため、3×3のときの最長ルートの長さ（マス目の数）は20です。

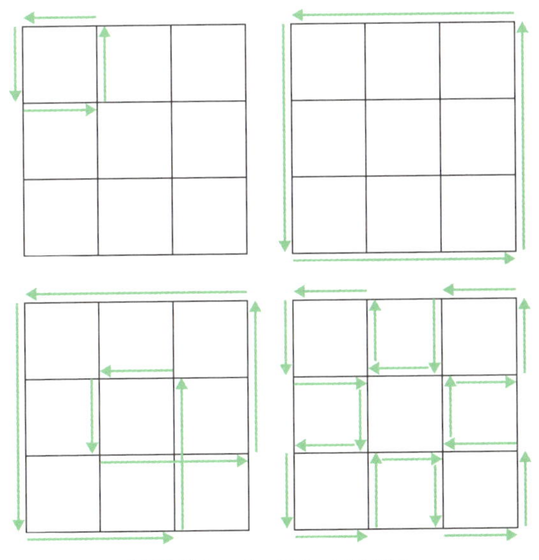

図8 横3マス、縦3マスの場合

問題

横99マス、縦101マスのとき、最長ルートの長さ（マス目の数）を求めてください。

考え方

この問題は一筆書きで最長の長さを求めることと同じだと考えられます。一筆書きを実現するには、Q08と同様に以下のいずれかの条件を満たす必要があります。

(1) すべての頂点の次数が偶数
(2) 次数が奇数の頂点が2つだけ

今回の場合、左上から始まって左上に戻るため、作成した図形は (1) の条件を満たすことになります。また、それぞれのマスの頂点で交差するとき、線の数が奇数本になることはありません。

奇数になる場所があるときは、そこから始めなければいけないんだ。

経路の長さが最長になる場合を考えると、周囲の頂点はつながる線の数が2本、周囲以外の頂点は4本のときだね。

縦か横の長さのいずれかが奇数の場合は、端があるので2減らす必要がありますよ。

q42.rb

```
W, H = 99, 101
inside = (W - 1) * (H - 1) * 2
outside = (W + H) * 2
if (W != 1) && (H != 1) && ((W % 2 == 0) || (H % 2 == 0))
  puts inside + outside - 2
else
  puts inside + outside
end
```

q42.js

```
W = 99;
H = 101;
var inside = (W - 1) * (H - 1) * 2;
var outside = (W + H) * 2;
if ((W != 1) && (H != 1) && ((W % 2 == 0) || (H % 2 == 0)))
  console.log(inside + outside - 2);
else
  console.log(inside + outside);
```

解答 **20,000**

IQ：100　目標時間：20分

Q43 隣り合えないカップル

中華料理を食べるときなど、円形のテーブルに座ることがあります。ここではn組のカップルがいて、全員を円形に並べるとき、各カップルが隣同士にならないようにします。ただし、男女は交互に並ぶようにしたいと思います。

たとえば、$n=3$のとき、図9のような2通りの並べ方があります（同じ数字がカップル、色は性別をイメージしています）。

※円形なので回転した位置は1つとカウントしますが、逆順は別々にカウントします。

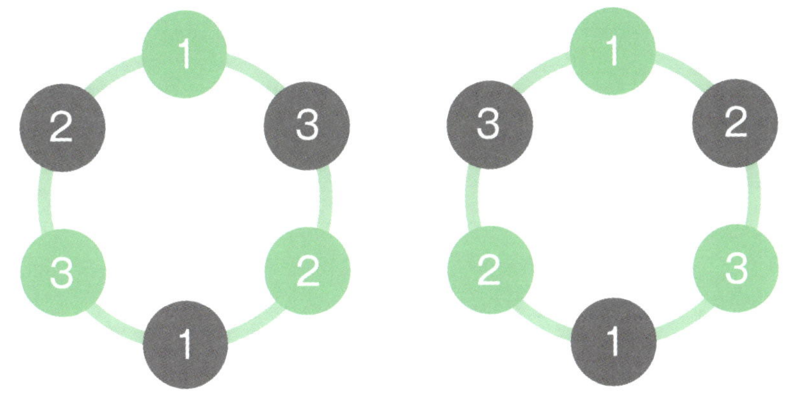

図9 $n=3$の場合

問題

$n=7$のとき、並べ方が何通りあるかを求めてください。

順列を生成していると、人数が増えたときにパターン数が一気に増えて処理に時間がかかりそうです。

メモ化するためのデータ構造を考えてみましょう。

第3章 中級編★★★

考え方

回転した位置は1つとカウントするため、男性の1人を固定して考えます。まず、男性が1～nまで順番に、1つおきに座っているものとします。そして、同じ番号の男性が隣にならないように、女性を配置していきます。

男性を固定すれば、円というよりも一直線に並んでいる感じになるね。

男性を固定したら、女性の配置を順列で生成して、条件を満たすものを探せばいいのかな？

男性の並び順も変える必要がありますが、固定した1人以外の配置を考えればいいですね。

女性の配置を順列で生成し、その隣に同じ番号の男性がいない場合を探索すると、以下のように実装できます。固定した1人以外の男性の配置は$n-1$人の並べ替えなので、階乗で求められます。

q43_1.rb

```
N = 7

cnt = 0
(1..N).to_a.permutation do |seat|
  flag = true
  seat.size.times do |i|
    if (seat[i] - 1 == i) || (seat[i] - 1 == (i + 1) % N)
      flag = false
      break
    end
  end
  cnt += 1 if flag
end

puts cnt * (1..(N - 1)).to_a.inject(:*)
```

q43_1.js

```
N = 7;
women = new Array(N);
factorial = 1;
for (var i = 0; i < N; i++){
  women[i] = i + 1;
  factorial *= (i + 1);
```

```
}

// 順列を生成
Array.prototype.permutation = function(n){
  var result = [];
  for (var i = 0; i < this.length; i++){
    if (n > 1){
      var remain = this.slice(0);
      remain.splice(i, 1);
      var permu = remain.permutation(n - 1);
      for (var j = 0; j < permu.length; j++){
        result.push([this[i]].concat(permu[j]));
      }
    } else {
      result.push([this[i]]);
    }
  }
  return result;
}

var cnt = 0;
var seat = women.permutation(N);
for (var i = 0; i < seat.length; i++){
  var flag = true;
  for (var j = 0; j < N; j++){
    if ((seat[i][j] - 1 == j) ||
        (seat[i][j] - 1 == (j + 1) % N)){
      flag = false;
      break;
    }
  }
  if (flag) cnt++;
}

console.log(cnt * factorial / N);
```

判定で余りを求めているのはなぜだろう？

隣を求めるとき、1周回ったことを考慮しているのよ。

この方法では$n=10$あたりから時間がかかります。もう少し工夫してみましょう。

女性の配置を2進数で表現し、すべての座席を埋める方法が何通りあるかを求めてみます。

q43_2.rb

```ruby
N = 7

@memo = {0 => 1}
def seat(n)
  return @memo[n] if @memo[n]
  pre = n.to_s(2).count("1") - 1
  post = n.to_s(2).count("1") % N
  cnt = 0
  N.times do |i|
    mask = 1 << i
    if (n & mask > 0) && (i != pre) && (i != post)
      cnt += seat(n - mask)
    end
  end
  @memo[n] = cnt
end

puts seat((1 << N) - 1) * (1..(N - 1)).to_a.inject(:*)
```

q43_2.js

```javascript
N = 7;

var memo = {0: 1};
function seat(n){
  if (memo[n]) return memo[n];
  var count1 = n.toString(2).split("1").length - 1;
  var pre = count1 - 1;
  var post = count1 % N;
  var cnt = 0;
  for (var i = 0; i < N; i++){
    var mask = (1 << i);
    if (((n & mask) > 0) && (i != pre) && (i != post)){
      cnt += seat(n - mask);
    }
  }
  return memo[n] = cnt;
}

function factorial(n){
  var result = 1;
  for (var i = 1; i <= n; i++)
    result *= i;
  return result;
}
console.log(seat((1 << N) - 1) * factorial(N - 1));
```

416,880通り

IQ: 100　目標時間: 20分

Q44 3進法だとどうなる?

コンピュータで数字を取り扱うとき、データの最小単位として「bit」が使われ、0か1で表現します。このとき、以下の式で10進数を2進数に変換します。

例）19（10進数）$= 1 \times 2^4 + 0 \times 2^3 + 0 \times 2^2 + 1 \times 2^1 + 1 \times 2^0 =$ 10011（2進数）

一方、3進数で考えると、データの最小単位は「trit」と呼ばれます。10進数を3進数に変換する方法として、以下のような2通りの表現が知られており、10進数で0〜20の数は表1のように表現できます。

【0、1、2の3つの数字を使う表現】
例）19（10進数）$= 2 \times 3^2 + 0 \times 3^1 + 1 \times 3^0 =$ 201（3進数）

【−1、0、1の3つの数字を使う表現】
例）19（10進数）$= 1 \times 3^3 + (-1) \times 3^2 + 0 \times 3^1 + 1 \times 3^0 =$ 1T01（3進数）

※−1をTで表現しています。

問題

10進数で0以上12345以下の数のうち、3進法でのいずれの表現を使ってもすべての桁が同じになるような数がいくつあるかを求めてください。

表1 10進数、2進数、3進数の対応表

10進数	2進数	3進数（0、1、2）	3進数（−1、0、1）
0	00000	0000	0000
1	00001	0001	0001
2	00010	0002	001T
3	00011	0010	0010
4	00100	0011	0011
5	00101	0012	01TT
6	00110	0020	01T0
7	00111	0021	01T1
8	01000	0022	010T
9	01001	0100	0100
10	01010	0101	0101
11	01011	0102	011T
12	01100	0110	0110
13	01101	0111	0111
14	01110	0112	1TTT
15	01111	0120	1TT0
16	10000	0121	1TT1
17	10001	0122	1T0T
18	10010	0200	1T00
19	10011	0201	1T01
20	10110	0202	1T1T

第3章 中級編★★★

考え方

2つの3進法の書き方を見比べたとき、どのような条件のときに同じになっているかを考えます。1つの方法として、「0、1、2」を使うときの「2」に注目してみます。

「2」が使われているものを見ると、「−1、0、1」を使うときは必ず「T」が登場していることに気づきます。そこで、10進数の値を3進数に変換し、「2」が含まれていないものをカウントすると、以下のように実装できます。

q44_1.rb

```
N = 12345

cnt = 0
0.upto(N) do |i|
  cnt += 1 if !i.to_s(3).include?("2")
end

puts cnt
```

q44_1.js

```
N = 12345;

var cnt = 0;
for (i = 0; i <= N; i++){
  if (i.toString(3).indexOf("2") == -1)
    cnt++;
}

console.log(cnt);
```

なるほど！ 規則性に気づくと簡単ですね。

3進法への変換も多くの言語で実装されているので、シンプルに実装できマスネ。

これでも十分ですが、もう少し工夫できないか考えてみましょう。

規則性を数学的に考えてみます。「0、1、2」の3進数でa桁までにすべての桁が同じものが含まれる個数は、a桁のうちに各桁が0または1のときなので、2^a個あります。さらに、a桁を超えた部分については、$n-3^a$と3^a-1の小さいほうであることがわかります。

そこで、10進数でnまでに含まれる個数を数えるには、3進数で何桁になっているかを考えることで求められます。

これを実装すると、以下のように書けます。

q44_2.rb

```
N = 12345

def trit(n)
  return 1 if n == 0
  a = 0
  while 3 ** (a + 1) <= n do
    a += 1
  end
  2 ** a + trit([n - 3 ** a, 3 ** a - 1].min)
end

puts trit(N)
```

q44_2.js

```
N = 12345;

function trit(n){
  if (n == 0) return 1;
  var a = 0;
  while (Math.pow(3, a + 1) <= n){
    a++;
  }
  return Math.pow(2, a) +
    trit(Math.min(n - Math.pow(3, a), Math.pow(3, a) - 1))
}

console.log(trit(N));
```

式は複雑だけれど、ループ回数が少なくなるから、範囲が広くなっても安心ね。

512個

先生のコラム

3進法で動くコンピュータ「Setun」

データを符号化するときの「コスト」という観点で考えたとき、使われる文字の種類と長さ（桁数）によって表現の複雑さを計算できます。一般にN進数でMまでを表現するコストは、$N \times \log_N(M)$で表されます。

たとえば、10進数の9999は、1つの桁に10種類の数字を使い、4桁で表現できます。一方、2進数では「10011100001111」となり、1つの桁に2種類の数字を使い、14桁で表現できます。同様に3進数では「111201100」となり、1つの桁に3種類の数字を使い、9桁で表現できます。

これを文字の種類と長さ（桁数）を使ってコストをざっくり計算すると、10進数では$4 \times 10 = 40$、2進数では$14 \times 2 = 28$、3進数では$9 \times 3 = 27$となります。このコストを最小化することを考えると、理論的にはe進数（eはネイピア数、$e = 2.718\cdots$）が最適です。3進数はこの値に最も近い整数だといえるでしょう。

なお、この問題で表現したように、3進数の表現として「0、1、2」を使う方法と「－1、0、1」を使う方法があります。後者は「Balanced ternary」と呼ばれ、この方法でマイナスの値を表現するには「＋」と「－」の数字を反転するだけです。

つまり、負の数の表現方法においても3進数にはメリットがあります。2進数の場合は2の補数などを使って負の数を表現しますが、3進数ではその必要がありません。このため、2進数よりも効率よく表現できる場合もあります。

これを実現したのが1958年にロシアで開発された、「3進法」で動くコンピュータ「Setun」です。これは「Ternary Computer」と呼ばれ、私たちが一般に使う2進数で動くコンピュータを拡張したものと考えられます。ただ、実際には研究レベルで作られただけで、普及には至りませんでした。

Q45 一筆書きの交点

IQ：110　目標時間：30分

1つの円周上で等間隔に並んだ点があります。任意の点からスタートして、すべての点を通るように直線で一筆書きします（すべての点に到達したら、最初の点まで結びます）。

一筆書きのすべての手順を考えたとき、その手順の中で交差する点がいくつあるかを求めます。たとえば、3点の場合は交差することはありません。しかし、4点の場合は図10の6通りの手順があり、丸をつけた4点で交差します。

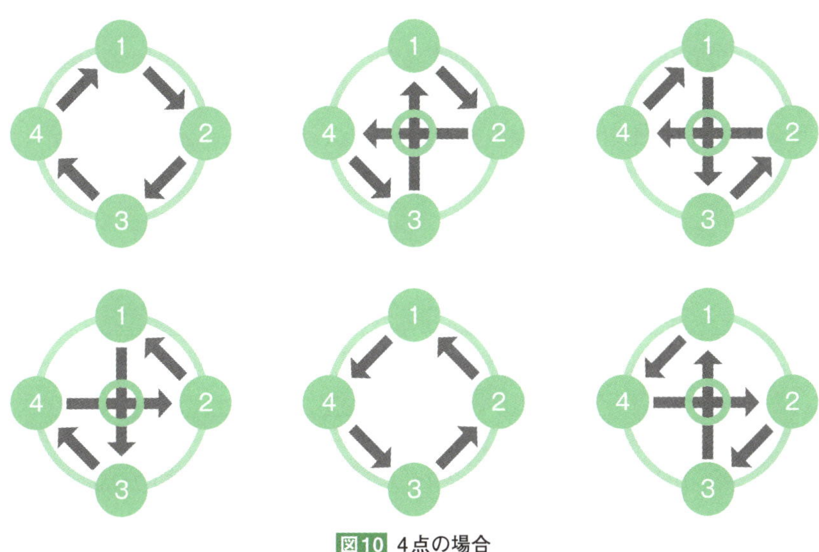

図10 4点の場合

問題

9点を等間隔に並べたもの（図11）に対し、直線で一筆書きするとき、交差する点の数の合計を求めてください。

なお、直線が同じ点で重なる場合も、交差した回数は別々にカウントします。

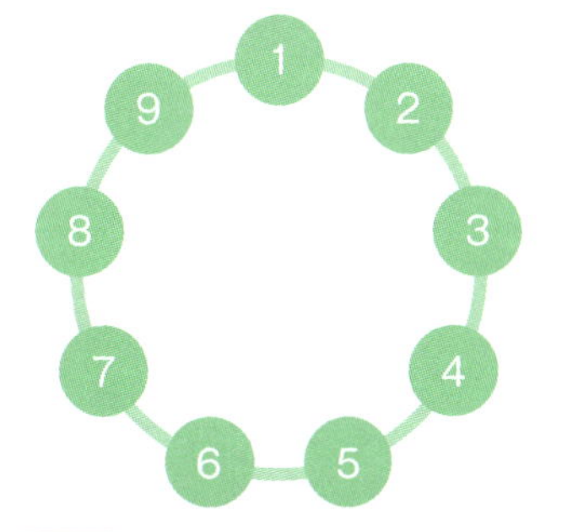

図11 9点を等間隔に並べたもの

第3章 中級編★★★

考え方

円周上の点の数をnとすると、$n \leqq 3$のときは明らかに0です。また、$n \geqq 4$のとき、円周上の4点を決めると交差する直線が決まり、交点が1つに定まります（図12。交差しないように直線を選ぶこともできますが、この問題では交点をカウントすることが目的なので、このような選び方を考える必要はありません）。

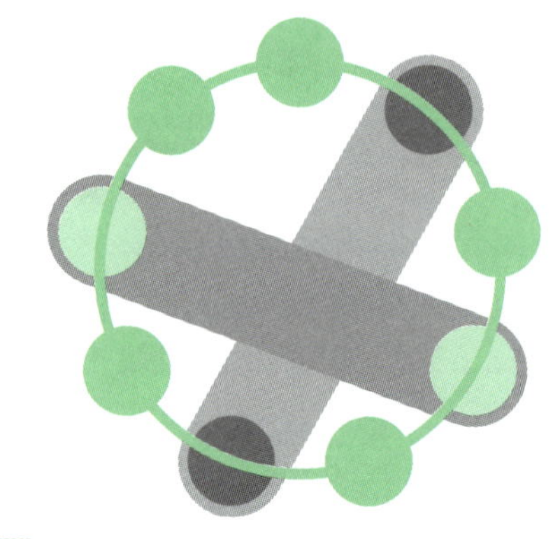

図12 円周上の4点を決めると交差する直線が決まる

円周上の4点を1つ決めたとき、直線を構成するペア2組とそれ以外の点の並びは、位置を変えた円順列で考えられます。まず4点の選び方は${}_nC_4$通りあり、ペアを1つとして考えると、円順列は$n-2$個の並べ替えなので、総数は$(n-2-1)!$で計算できます。

円順列……学校で勉強したような……

回転した位置を同じものとして考える方法ね。1つを固定するとわかりやすいよ。

n個を円に並べたときのパターンは$(n-1)!$で計算できましたね。

さらに、ペアの中での交換を考えます。それぞれ、ペアの位置を入れ替えた2通りがあるので、以下のような式で表現できます。

$$ {}_nC_4 \times (n-2-1)! \times 2! \times 2! $$

整理すると、次のようになります。

$$ \frac{n \times (n-1) \times (n-2) \times (n-3)}{4 \times 3 \times 2 \times 1} \times (n-3)! \times 2 \times 2 $$
$$ = \frac{n! \times (n-3)}{6} $$

これを実装すると、以下のように書くことができます。

q45.rb

```
N = 9

if N <= 3
  puts "0"
else
  puts (1..N).inject(:*) * (N - 3) / 6
end
```

q45.js

```
N = 9;

if (N <= 3){
  console.log("0");
} else {
  var factorial = 1;
  for (var i = 1; i <= N; i++)
    factorial *= i;
  console.log(factorial * (N - 3) / 6);
}
```

階乗の計算もシンプルで、数式が求められれば一瞬で処理できますね。

もちろん、点の数が9個程度であれば、問題文のとおりに全パターンを調べることも可能です。

nが3以上であれば、n!は必ず6の倍数になるので、この式が小数になることもありマセン。

点の数が増えたときを考えると、全探索は時間がかかりそうです。

解答 **362,880個**

先生のコラム

意外と面倒な交差判定

シューティングゲームで弾が敵に当たったか、ブロック崩しでボールがブロックに当たったかなど、衝突判定は多くの場面で使われます。ゲームを作成する場合はそのアルゴリズムの良し悪しがユーザー体験に大きな影響を与えます。

ただ、上記のような弾と敵、ボールとブロックの衝突判定は単純ではありません。それぞれの形状によって考えることは変わりますし、2次元と3次元の違いもあります。

単純な矩形の場合はそれぞれの幅と高さがわかれば、それらが重なっていないかを調べられます。また、円の場合はそれぞれの中心と半径がわかれば、中心間の距離とそれぞれの半径の和を使って判定できます。

問題なのは、それぞれが動いていることです。止まった状態であれば単純に計算できても、動いているとその判定タイミングによっては通り抜けてしまうことがあるためです。ゲームのようにスピードが重要な場合、これは大きな問題になります。

このときに使われるのが「線分」を使った交差判定です（図13）。「直線」の交差判定は簡単なのですが、線分の交差判定は少しややこしくなります。ベクトルなどについての知識がないと、実装に長い時間がかかってしまいます。

図13 交差判定の例

今回の問題では円周上の点であったため、線分であっても交差しているかの判定は簡単でした。線分の交差判定はアルゴリズムの練習でもよく登場しますので、ぜひ一度考えてみてください。

IQ：100　目標時間：30分

Q46 一筆書きでクルクル

図14のような横に4本、縦に5本の道路が並んだ格子状の地図があります。

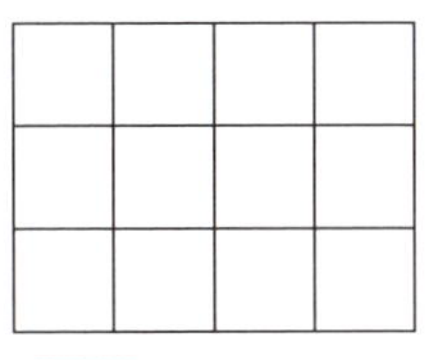

図14 格子状の地図

この地図上で、左上の地点から右下の地点まで移動します。ただし、一度通った道は通れないものとします（交差することや、同じ点を通ることは問題ありません）。

直角に2回だけ曲がって右下の地点にたどり着くような道順を考えると、図15の5通りがあります。一方、21回曲がって右下の地点にたどり着くような道順は、図16の6通りがあります。

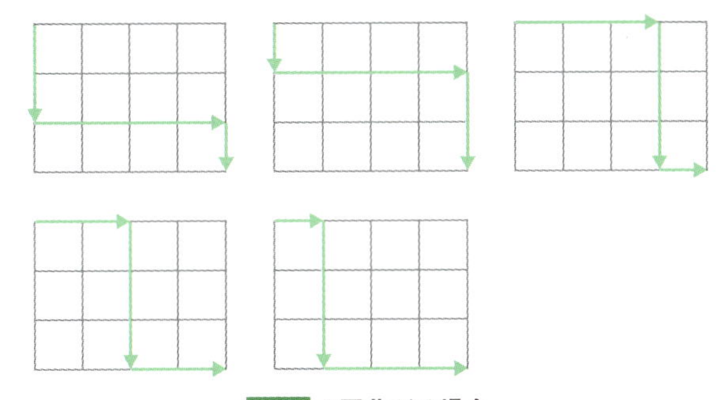

図15 2回曲がる場合

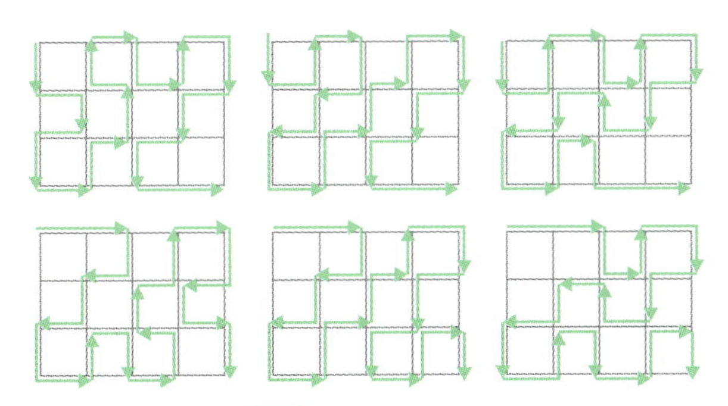

図16 21回曲がる場合

問題

直角に22回曲がるとき、道順が何通りあるか求めてください。

考え方

規則性はなさそうなので、シンプルに深さ優先探索を行います。このとき、すでに使用した経路を記録しておかなければなりません。たとえば、各格子点に対して右方向と下方向に移動したかどうかを保存する方法があります。この方法では、左方向や上方向への移動は、移動先の格子点に保存されている値を使用できます。

もう1つの方法として、すべての格子点について上下左右を使用したかを保存することを考えます。格子点に対して4ビットを「上下左右」にそれぞれ割り当てた変数を1つ用意し、使用済みかどうかを格納します（図17。例：「0110」のとき、下と左が使用済み）。

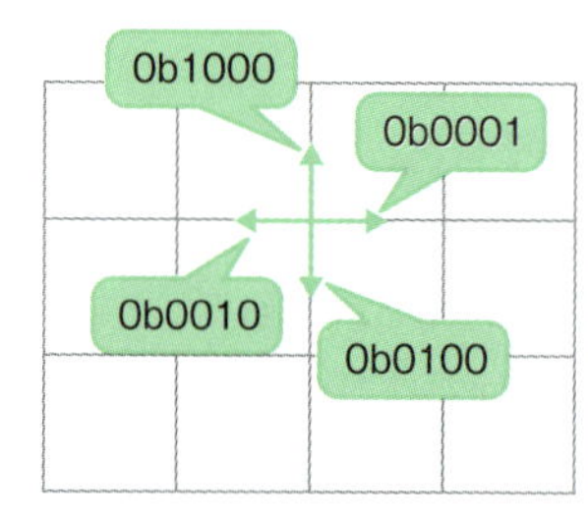

図17 格子点に対して4ビットを割り当てる

この方法なら、使用状況を保存する領域は格子点の数だけ配列で用意すればいいですね。

端の格子点については、進めない方向を初期値で設定しておけば、番兵として使えるメリットもあるわ。

ただし辺はつながっているため、たとえば右に移動するときは、移動前の右側と移動先の左側を更新する必要があることに注意しましょう。

深さ優先探索で再帰的に左上からスタートし、指定された回数だけ曲がることを繰り返して、右下に到達すればカウントします。ここでは、格子点を1次元の配列で表現してみます。

q46.rb

```
W, H, N = 5, 4, 22
@dir = {1 => 0b1, W => 0b100, -1 => 0b10, -W => 0b1000}

def search(pos, dir, used, n)
  return 0 if n < 0
  return (n == 0)?1:0 if pos + dir == W * H - 1

  used[pos] |= @dir[dir]  # 移動元のフラグをセット
```

```
  pos += dir
  used[pos] |= @dir[-dir] # 移動先のフラグをセット
  cnt = 0
  @dir.each do |d, bit|
    m = n - ((dir == d)?0:1) # 回転すると曲がる回数を減らす
    cnt += search(pos, d, used, m) if (used[pos] & bit) == 0
  end
  used[pos] ^= @dir[-dir] # 移動先のフラグを戻す
  pos -= dir
  used[pos] ^= @dir[dir]  # 移動元のフラグを戻す
  cnt
end

used = [0] * (W * H)
W.times do |w|
  used[w] |= @dir[-W]                 # 上端の上方向は移動済み
  used[w + (H - 1) * W] |= @dir[W] # 下端の下方向は移動済み
end
H.times do |h|
  used[h * W] |= @dir[-1]             # 左端の左方向は移動済み
  used[(h + 1) * W - 1] |= @dir[1] # 右端の右方向は移動済み
end

cnt = 0
cnt += search(0, 1, used, N) # 最初に右方向へ
cnt += search(0, W, used, N) # 最初に下方向へ
puts cnt
```

q46.js

```
W = 5;
H = 4;
N = 22;

var dirs = {};
[dirs[1], dirs[-1], dirs[W], dirs[-W]] = [0b1, 0b10, 0b100, 0b1000];

function search(pos, dir, used, n){
  if (n < 0) return 0;
  if (pos + dir == W * H - 1) return (n == 0)?1:0;

  used[pos] |= dirs[dir];  // 移動元のフラグをセット
  pos += dir;
  used[pos] |= dirs[-dir]; // 移動先のフラグをセット
  var cnt = 0;
  for (var d in dirs){
    var m = n - ((dir == d)?0:1); // 回転すると曲がる回数を減らす
    if ((used[pos] & dirs[d]) == 0)
      cnt += search(pos, parseInt(d), used, m);
```

```
  }
  used[pos] ^= dirs[-dir]; // 移動先のフラグを戻す
  pos -= dir;
  used[pos] ^= dirs[dir];  // 移動元のフラグを戻す
  return cnt;
}

var used = new Array(W * H);
for (var i = 0; i < W * H; i++)
  used[i] = 0;
for (var w = 0; w < W; w++){
  used[w] |= dirs[-W];                 // 上端の上方向は移動済み
  used[w + (H - 1) * W] |= dirs[W]; // 下端の下方向は移動済み
}
for (var h = 0; h < H; h++){
  used[h * W] |= dirs[-1];             // 左端の左方向は移動済み
  used[(h + 1) * W - 1] |= dirs[1]; // 右端の右方向は移動済み
}

var cnt = 0;
cnt += search(0, 1, used, N); // 最初に右方向へ
cnt += search(0, W, used, N); // 最初に下方向へ
console.log(cnt);
```

フラグをセットしたり戻したりするビット演算は、何をしているんですか?

セットするときは、該当のビットをOR演算で行います。逆に、戻すときはXOR演算を使っています。

移動可能かどうかの判定はAND演算デス。

解答 **40通り**

IQ: 100　目標時間: 30分

Q47 圧縮できるパターンは何通り?

一列に並んだアルファベットの文字列があります。同じ文字が連続するとき、「その文字」と「連続する文字数」に変換することにします。

たとえば、「AABBBCEEEE」の場合は「A2B3C1E4」のように変換します。この場合、元の文字列は10文字でしたが、8文字に変換できました。

2種類のアルファベットを使った5文字の文字列のうち、元の文字列よりも短くなるパターンは、以下の10通りがあります。

AAAAA → A5	BAAAA → B1A4
AAAAB → A4B1	BBAAA → B2A3
AAABB → A3B2	BBBAA → B3A2
AABBB → A2B3	BBBBA → B4A1
ABBBB → A1B4	BBBBB → B5

第3章 中級編★★★

問題

6種類のアルファベットを使った6文字の文字列のうち、元の文字列よりも短くなるパターンが何通りあるか求めてください。

最大で6文字の文字列なので、連続する文字数の部分が2桁になることは考えなくてもいいですね。

文字種類が増えても処理できるような工夫も、あわせて考えてみてください。

このような圧縮方法は「ランレングス圧縮」と呼ばれることもありマス。データ圧縮の基本的なアルゴリズムなので、覚えておきまショウ。

同じ文字が連続しない場合は、元の文字列より長くなるのか～。

考え方

問題文のパターン数は6種類で6文字なので、$6^6 = 46{,}656$ 通りです。この程度であれば全探索でも可能なので、単純に圧縮する処理を考えてみます。同じ文字が連続するときに、「その文字」と「連続する文字数」に変換するため、アルファベット1文字に文字数1桁を考えます。

「与えられた文字列を1文字ずつ取り出し、直前の文字と異なる文字であれば、長さを2文字増やす」という処理を行うと、以下のように実装できます。これを文字列のすべてのパターンに対して処理し、長さが短くなるパターン数を求めます。

q47_1.rb

```
M, N = 6, 6

# 圧縮処理
def compress(str)
  len = 2
  pre = str[0]
  str.each do |c|
    if c != pre  # 直前の文字と違えば切り替える
      pre = c
      len += 2
    end
  end
  len
end

cnt = 0
(1..M).to_a.repeated_permutation(N).each do |str|
  # すべてのパターンに対して長さを比較する
  cnt += 1 if str.length > compress(str)
end
puts cnt
```

q47_1.js

```
M = 6;
N = 6;

// 圧縮処理
function compress(str){
  var len = 2;
  var pre = str[0];
  for (var i = 0; i < str.length; i++){
    if (str[i] != pre){  // 直前の文字と違えば切り替える
      pre = str[i];
      len += 2;
```

```
    }
  }
  return len;
}

// すべてのパターンを生成
function make_str(str){
  if (str.length == N)
    return (str.length > compress(str))?1:0;
  var cnt = 0;
  for (var i = 0; i < M; i++){
    cnt += make_str(str + i);
  }
  return cnt;
}

console.log(make_str(""));
```

全パターンの生成は、Rubyではrepeated_permutationを使っていますが、JavaScriptのほうは何をしているんだろう？

再帰的に1文字ずつ追加して、欲しい長さになったら圧縮処理を実行しているね。

圧縮処理で行っているように、直前のデータが異なる場合に処理内容を切り替える、という考え方は実務の場面でもよくありますね。

この方法でも十分ですが、文字種や長さが増えると一気に処理時間が増加します。そこで、高速化する方法を考えます。

連続する文字列を1つの塊とみなすと、その塊は必ずアルファベットと数字の2文字になります。つまり、aaabbbのような文字列はaとbの2つの塊に分けられます。同様に、aabbaaのような文字列はa, b, aの3つの塊に分けられます。このとき、元の文字列がn文字であれば、塊が$(n-1)/2$個以下なら圧縮すると短くなります。

塊がi個あるとき、そのパターン数は先頭の文字がm通り、残りは直前の文字以外を選ぶそれぞれ$m-1$通りです。n文字のうち切り替わる位置を考えると、以下の式で求められます。

$$m \times (m-1)^{i-1} \times {}_{n-1}\mathrm{C}_{i-1}$$

このiを1～$(n-1)/2$まで変化させた合計が、求めるパターン数になります。

切り替わる位置が $_{n-1}C_{i-1}$ なのはなぜですか？

たとえば、5文字で塊が2つだと、aとbの塊で以下のパターンがありますね。

aaaab、aaabb、aabbb、abbbb

つまり、文字列の内側にあたる $n-1$ 個の中から、$i-1$ 個の切り替わる位置を選ぶ、ということです。

5文字で塊が2つだと、間にある4カ所のうちどこか1カ所を選ぶ、ということか！

これを実装すると、以下のように書けます。

q47_2.rb

```
M, N = 6, 6

@memo = {}
def nCr(n, r)
  return @memo[[n, r]] if @memo[[n, r]]
  return 1 if (r == 0) || (r == n)
  @memo[[n, r]] = nCr(n - 1, r - 1) + nCr(n - 1, r)
end

cnt = 0
1.upto((N - 1) / 2) do |i|
  cnt += M * (M - 1) ** (i - 1) * nCr(N - 1, i - 1)
end
puts cnt
```

q47_2.js

```
M = 6;
N = 6;

var memo = {};
function nCr(n, r){
  if (memo[[n, r]]) return memo[[n, r]];
  if ((r == 0) || (r == n)) return 1;
```

```
  return memo[[n, r]] = nCr(n - 1, r - 1) + nCr(n - 1, r);
}

var cnt = 0;
for (var i = 1; i <= (N - 1) / 2; i++){
  cnt += M * (M - 1) ** (i - 1) * nCr(N - 1, i - 1);
}
console.log(cnt);
```

式がわかってしまえば、ソースコードにするのは簡単ね。

処理も高速で、文字種や長さが増えても一瞬で処理できます。

さらに、違った視点から考えてみましょう。

既存の文字列に新たに1文字追加することを考えると、その追加する文字によって圧縮後の文字列の長さが変わります。たとえば、aaabbbという文字列にbを追加すると、a3b3からa3b4になるだけで、圧縮後の長さは変わりません。このように元の長さが圧縮して短くなっているのであれば、追加しても圧縮して短くなります。

一方、aaabbという文字列にaを追加すると、a3b2からa3b2a1となり、追加すると圧縮しても短くなりません。

なるほど。再帰的に考えるわけですね。

そのとおりです。直前の状態がわかると、文字を追加したときにどう変わるか考えるだけで解けます。

長さn文字の文字列を圧縮してc文字未満になるのは、以下の2つの場合に文字を追加するパターンの合計で求められます。

- $n-1$文字の文字列を圧縮してc文字未満の場合
- $n-1$文字の文字列を圧縮して$c-2$文字未満で、末尾の文字以外を追加する場合つまり、n文字の文字列を圧縮してc文字未満となる組み合わせを$f(n, c)$とすると、以下の漸化式で表現できます。

$$f(n,c) = f(n-1,c) + (m-1) \times f(n-1,c-2)$$

ただし、$c \leqq 2$となることはないため、$f(n, c) = 0$となり、$n = 1$のときは文字種の数がm通りあります。この式で$f(n, n)$を求めると、該当のパターンを求められます。

q47_3.rb

```
M, N = 6, 6

def search(n, c)
  return 0 if c <= 2
  return M if n == 1
  search(n - 1, c) + (M - 1) * search(n - 1, c - 2)
end

puts search(N, N)
```

q47_3.js

```
M = 6;
N = 6;

function search(n, c){
  if (c <= 2) return 0;
  if (n == 1) return M;
  return search(n - 1, c) + (M - 1) * search(n - 1, c - 2);
}

console.log(search(N, N));
```

これはシンプルですね！

メモ化もできそうだけれど、nもcも大きくならないから、これで十分ね。

解答 **156通り**

IQ: 110　目標時間: 30分

Q48 均等に分配されるカード

m枚のカードがあり、それぞれに1～mまでの数字が1つずつ書かれています。これらのカードをn人に配りたいと考えています（もちろん$m > n$です）。このとき、それぞれが持つカードの和が、全員同じになるような分け方が何通りあるかを求めてください。

たとえば、$m = 3$、$n = 2$のとき、1、2、3の3枚のカードを「1、2」と「3」に分ければ、それぞれのカードの和は「3」で一致します。$m = 3$、$n = 2$のときは、上記の1通りしかありません。

同様に、$m = 7$、$n = 2$のときは以下の4通りがあります。

- 1 2 4 7と3 5 6に分ける
- 1 2 5 6と3 4 7に分ける
- 1 3 4 6と2 5 7に分ける
- 1 6 7と2 3 4 5に分ける

※すべてのカードを必ず配るものとし、一部のカードを残すことはないものとします。

問題

m＝16、n＝4のとき、全員のカードの和が同じになるような分け方のパターンが何通りあるかを求めてください。

Hint!

各カードが1枚ずつしかなくて、すべてのカードを使うということは、順番に割り当てていけばいいのかな？

順番に割り当てるとき、その順番を工夫すると処理時間の短縮につながりますよ。

どんな配り方をしても、カードの和は必ず同じ値になりますね！

考え方

前提条件として、すべてのカードの和が配る人数で割り切れる必要があります。そのうえで、全員が持つカードの合計が等しくなるように分配します。各カードは1枚ずつしかないため、一度配ると再度使うことはできません。

そこで、各カードを使用したかどうかのフラグを保持し、合計が目標に一致するまで順に割り当てていき、すべてのカードを割り当てられれば探索完了とします。

割り当てられるカードを順に試せばいいから、深さ優先探索で解けそうですね。

ポイントになるのは、持っているカードをほかの人とそのまま入れ替えた場合を、同じとして扱う必要があることかな。

問題の例であれば「1、2、4、7」「3、5、6」と「3、5、6」「1、2、4、7」のように入れ替えたものは、同じとして考える必要があります。そこで、最初の1枚を必ず「残りのカードの最大値」として割り当てることにします。この例であれば、1人目に「7」のカードを割り当ててから探索を開始すれば、2人目に「7」のカードが割り当てられることはありません。

最大値を割り当てる理由は何ですか？ 最小値でもいいような……

大きな数から割り当てることで選択肢が少なくなるので、処理が高速になります。

Point

たとえば、「1、2、3、4、5、6、7」の7枚から合計14を作るとき、最初に「1」を選ぶと、次の選択肢は「2、3、4、5、6、7」の6通りがあります。ここから「2」を選ぶと、残り11なので、まだ「3、4、5、6、7」を選べます。

では、最初に「7」を選んだ場合を考えてみましょう。次の選択肢は「1、2、3、4、5、6」の6通りで同じです。しかし、ここで「6」を選ぶと「1」しか選べません。「5」を選んでも「1、2」の2通りです。このように、選択肢を減らすことは高速化を考えるときによく使う手段です。

カードの使用状況を配列に保存し、最大値から順に探索するように深さ優先探索で実装すると、以下のように書けます。

q48.rb

```
M, N = 16, 4

sum = M * (M + 1) / 2
@goal = sum / N

def search(n, used, sum, card)
  return 1 if n == 1 # 残りが1人になれば終了

  cnt = 0
  used[card] = true  # カードを使用済みに変更
  sum += card
  if sum == @goal
    # 合計が目標に到達すれば、次の人に割り当てていく
    # （最初に使うカードは未割当のうち最大のもの）
    cnt += search(n - 1, used, 0, used.rindex(false))
  else
    # 目標に達していないときは、未使用のカードを使用
    ([card - 1, @goal - sum].min).downto(1) do |i|
      cnt += search(n, used, sum, i) if !used[i]
    end
  end
  used[card] = false # カードを使用前に戻す
  cnt
end

if sum % N == 0
  puts search(N, [false] * (M + 1), 0, M)
else
  puts "0"
end
```

q48.js

```
M = 16;
N = 4;

var sum = M * (M + 1) / 2;
var goal = sum / N;

function search(n, used, sum, card){
  if (n == 1) return 1; // 残りが1人になれば終了

  var cnt = 0;
  used[card] = true;     // カードを使用済みに変更
```

第3章 中級編★★★

```
    sum += card;
    if (sum == goal){
      // 合計が目標に到達すれば、次の人に割り当てていく
      // (最初に使うカードは未割当のうち最大のもの)
      cnt += search(n - 1, used, 0, used.lastIndexOf(false));
    } else {
      // 目標に達していないときは、未使用のカードを使用
      for (var i = Math.min(card - 1, goal - sum); i > 0; i--){
        if (!used[i]) cnt += search(n, used, sum, i);
      }
    }
    used[card] = false;    // カードを使用前に戻す
    return cnt;
  }

  if (sum % N == 0){
    var used = new Array(M + 1);
    for (var i = 0; i < M + 1; i++) used[i] = false;
    console.log(search(N, used, 0, M));
  } else {
    console.log("0");
  }
```

目標に達していないときに、上限を定めているところがポイントということね。

目標に到達したとき、次の人の最初のカードはどうやって決めているんですか？

各カードの使用状況を配列に入れているので、未使用のカードのうち最大のものは、配列の右側から探して最初に見つかった未使用のカードを選べばいいですね。

Point

$m = 16$、$n = 4$程度であれば、探索する方向が最小値からでも最大値からでも、処理時間はあまり変わりません。しかし、$m = 20$、$n = 5$程度になると、処理時間が大きく変わります。どのように工夫できるか、考えてみましょう。

2,650通り

IQ: 110　目標時間: 30分

Q49 番号の対応表で作るグループ

あるイベントで、各参加者に対し、申し込んだ順番に申込番号を付与することにしました。ただし、座席は申し込んだ順番ではなく、会場に到着した順番に着席してもらいます。

このとき、「着席する座席番号」と「申込番号」によってグループを作ることを考えます。座席番号と申込番号が同じ場合、その人は単独でグループになります。

異なる番号の場合、申込番号に対応する座席番号に座る人を順にたどり、たどれる人でグループを作ることにします。たとえば、6人が表2のような座席番号と申込番号だったとします。このとき、「1、2、4」「3」「5、6」の3つのグループに分けられます。

表2 座席番号と申込番号

座席番号	申込番号
1	2
2	4
3	3
4	1
5	6
6	5

3人の場合、座席番号に対する申込番号は、表3の6通りが考えられます。このとき、作られるグループ数の期待値は(3 + 2 + 2 + 1 + 1 + 2)/6 = 1.8333…です。

表3 座席番号に対する申込番号とグループ数

座席番号	申込番号	申込番号	申込番号	申込番号	申込番号	申込番号
1	1	1	2	2	3	3
2	2	3	1	3	1	2
3	3	2	3	1	2	1
グループ	3個	2個	2個	1個	1個	2個

なお、申し込みのキャンセルは考えず、座席番号と申込番号はともに1から始まり、人数分が1つずつ付与されるものとします。

問題

作られるグループの数の期待値が10を超えるような、最小の参加人数を求めてください。

考え方

最後に申し込んだ人の座席番号で場合分けして考えてみます。すでにm人が申し込んでいる状態で、$m+1$人目が申し込んだとすると、申込番号は$m+1$になります。

ここで、この人が最後に到着したとき、座席番号は$m+1$になり、m人ですでにできているグループには影響を与えません。つまり、m人でのグループ数を1つ増やすことになります。

一方、この人が最後以外に到着した場合、座席番号は$m+1$以外です。このときは、いずれかのグループに所属することになります。つまり、m人でのグループ数から変わりません。

グループ数がどう決まるかはわかりました。でも、期待値はどうやって求めればいいだろう。

m人での期待値を$\mathrm{E}(m)$とすると、グループ数の合計は$m!\times\mathrm{E}(m)$ですよね。この数に対して、増えるグループ数を考えるといいのではないですか？

そのとおりです。1つ増やすグループは、ほかのm人の並べ替えがあるので$m!$通り。グループ数が変わらないのは$m!\times\mathrm{E}(m)$が$m+1$通りです。

これは、以下の式で表現できます。

$$\mathrm{E}(m+1)=\frac{m!+(m+1)\times m!\times\mathrm{E}(m)}{(m+1)!}$$

さらに以下のように整理できます。

$$\mathrm{E}(m+1)=\frac{1}{m+1}+\mathrm{E}(m)$$

$m=1$のとき1通りなのは明らかなので、メモ化して再帰的に処理すると、以下のように実装できます。

q49_1.rb

```
EXP = 10

@memo = {1 => 1}
def group_count(n)
  return @memo[n] if @memo[n]
```

```
  @memo[n] = Rational(1, n) + group_count(n - 1)
end

# 人数を1から順に増やす
m = 1
while group_count(m) <= EXP do
  # グループ数の期待値を超えるまで繰り返す
  m += 1
end
puts m
```

q49_1.js

```
EXP = 10;

var memo = {1: 1};
function group_count(n){
  if (memo[n]) return memo[n];
  return memo[n] = 1 / n + group_count(n - 1);
}

// 人数を1から順に増やす
var m = 1;
while (group_count(m) <= EXP){
  // グループ数の期待値を超えるまで繰り返す
  m++;
}
console.log(m);
```

式を整理すると、簡単に書けるね。

Rubyで「Rational」を使っているのはなぜですか？

そのまま整数で割り算すると、Rubyでは整数での演算になります。浮動小数点数に変換する方法もありますが、Rationalのほうが正確ですね。

JavaScriptでは、整数同士の割り算も浮動小数点数になりマスネ。

この漸化式を見たとき、単純な調和級数だと気づきます。つまり、以下の式で表現できます。

$$1+\frac{1}{2}+\frac{1}{3}+\cdots\frac{1}{n}=\sum_{k=1}^{n}\frac{1}{k}$$

これを実装すると、再帰を使わなくてもループで単純に処理できます。

q49_2.rb

```ruby
EXP = 10

m = 0
sum = 0
while sum <= EXP do
  # グループ数の期待値を超えるまで繰り返す
  m += 1
  sum += Rational(1, m)
end
puts m
```

q49_2.js

```javascript
EXP = 10;

var m = 0;
var sum = 0.0;
while (sum <= EXP){
  // グループ数の期待値を超えるまで繰り返す
  m++;
  sum += 1 / m;
}
console.log(m);
```

すごい！ 問題の内容もシンプルですが、工夫するとプログラムもシンプルになりますね。

問題文を読んだ段階ではすぐには思いつかなかったけれど、整理していくと実は単純な計算なんだね。

12,367 人

IQ: 110　目標時間: 30分

Q50 戦闘力で考えるモンスターの組み合わせ

街に出てモンスターを捕まえるスマートフォンのゲームが流行しましたね。ゲームの中では、集めたモンスターの一部を「ハカセ」に送ることで、集められるモンスターの上限がいっぱいになることを防げます。これを参考に、以下のような問題を考えます。

あなたは集めたモンスターを複数のグループに分けたとき、どう分けてもモンスターの戦闘力の合計が同じにならないならば、集めたモンスターをすべてハカセに送ることにしました。

たとえば、戦闘力の値が以下のようなモンスターであれば、どのようにグループ分けしても、合計が同じになることはありません。

[10、20、35、40]

しかし、戦闘力の値が以下のようなモンスターの場合、グループの中での合計が同じになります。

[15、18、24、33]（※グループ1…15、18／グループ2…33）

問題

登場するモンスターの戦闘力として考えられる値の最大値が50、モンスターの数が4のとき、すべてのモンスターをハカセに送ることになるパターンの数を求めてください。
たとえば、最大値が8、モンスターの数が4とき、以下の10通りが考えられます。

[1、2、4、8]、[1、4、6、8]、[2、3、4、8]、[2、4、5、8]、[2、4、7、8]
[3、4、6、8]、[3、5、6、7]、[3、6、7、8]、[4、5、6、8]、[4、6、7、8]

合計が同じになる、というのをどのように表現するのかがポイントですね。

全探索すると処理に時間がかかるので、効率よく合計を計算できる方法を考えてみてクダサイ。

考え方

小さい戦闘力を持つモンスターから順に調べてグループを作り、グループの合計が同じにならなければ、該当のモンスターを選ぶことにします。ここで問題になるのは、グループの合計が同じになるかを調べる方法です。

戦闘力の最大値が50の場合は、モンスター４つを選んで、各モンスターをどのグループに入れるかを考えると、グループは4^4＝256通りあるから……$_{50}C_4$×256＝58,956,800通り！ 全探索はできないね。

モンスターを４つ選ぶだけでも、$_{50}C_4$＝230,300通りですよね……これも減らさないと大変そうです。

少しヒントをあげましょう。たとえば３つ選んだ段階でグループの合計が同じになると、４つ目は選ぶ必要がありませんよね。

モンスターを追加するときに和をチェックすると、探索量を減らすことができます。また、和をチェックするときに、合計として使用した値を考えると、ビット列で表現できそうだと気づきます。

たとえば、問題文にある「1、4、6、8」の場合、図18のようにビットを割り当てると、いずれの和も重複しないことがわかります。

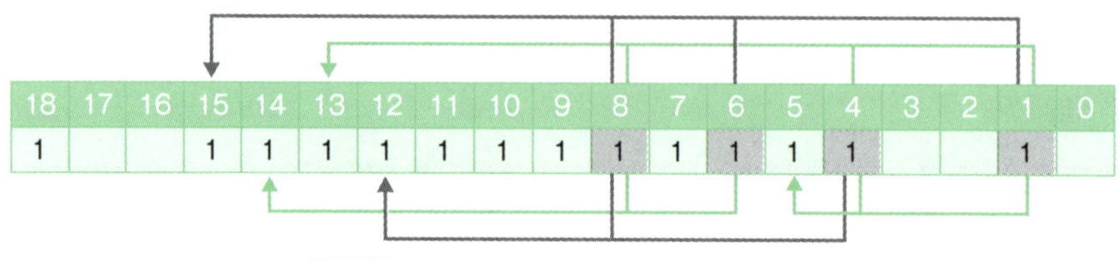

図18 ビットを割り当てて和をチェック

q50_1.rb

```
M, N = 50, 4

def search(n, prev, used)
  return 1 if n == 0
  cnt = 0
  prev.upto(M) do |i|
    if (used & (used << i)) == 0
      cnt += search(n - 1, i + 1, used | (used << i))
    end
  end
```

```
  cnt
end

puts search(N, 1, 1)
```

q50_1.js

```
M = 50;
N = 4;

function search(n, prev, used){
  if (n == 0) return 1;
  var cnt = 0;
  for (var i = prev; i <= M; i++)
    if ((used & (used << i)) == 0)
      cnt += search(n - 1, i + 1, used | (used << i));
  return cnt;
}

console.log(search(N, 1, 1));
```

この方法だとRubyでは正しい答えを得られますが、戦闘力が大きくなるとJavaScriptでは正しい答えが得られませんね。

そうですね。JavaScriptでは、32bitを超える整数のビット演算は正しく処理できないので注意が必要です。

ほかの言語でも容易に拡張できるように、ビット列ではなく配列で表現してみましょう。使用済みの戦闘力を配列に加えていき、存在チェックすると、以下のように実装できます。

q50_2.rb

```
M, N = 50, 4

def search(n, prev, used)
  return 1 if n == 0
  cnt = 0
  prev.upto(M) do |i|
    u = ([0] + used).map{|u| u + i}
    if (used & u).length == 0
      cnt += search(n - 1, i + 1, used + u)
    end
```

```
  end
  cnt
end

puts search(N, 1, [])
```

q50_2.js

```
M = 50;
N = 4;

function check(used, x){
  var result = [];
  var temp = used.concat([0]);
  for (var i = 0; i < temp.length; i++){
    if (temp.indexOf(temp[i] + x) < 0)
      result.push(temp[i] + x);
    else
      return null;
    result.push(temp[i]);
  }
  return result;
}

function search(n, prev, used){
  if (n == 0) return 1;
  var cnt = 0;
  for (var i = prev; i <= M; i++){
    var next_used = check(used, i);
    if (next_used){
      cnt += search(n - 1, i + 1, next_used);
    }
  }
  return cnt;
}

console.log(search(N, 1, []));
```

ここでもやっぱり、Rubyだと配列のAND演算などができるからシンプルに実装できますね。

JavaScriptのような書き方をすれば、ほかの言語でも簡単に実装できそう。

解答　**191,228通り**

IQ: 110　目標時間: 30分

Q51 連続する桁の数字で作る平方数

クレジットカード番号のような16桁の数字を考えます。この中から連続する何桁かの数字をうまく取り出すと、それらの数字の積を平方数にできることが知られています。

たとえば、4があればその桁だけを取り出せば、それだけで平方数になります。28があれば「$2 \times 8 = 16$」なので平方数、2323のように並んでいれば、「$2 \times 3 \times 2 \times 3 = 36$」なので平方数です（図19）。

2477 6537 2835 2323

図19 16桁の数字と平方数の例

平方数nが指定されたとき、上記のように連続する何桁かの数字を取り出して、それらの数字の積がnになるような取り出し方のうち、取り出した桁をすべて使わないと平方数を作れないものが何通りあるかを求めてみます。

例として、$n = 16$のとき、「44」はいずれか1桁だけ取り出しても平方数になります。「2222」はいずれか2桁を取り出すと平方数になるので、「28」と「82」の2通りが残ります。

問題

$n = 1587600$のとき、取り出した数字の積が1587600になるような取り出し方のうち、取り出した桁をすべて使わないと平方数を作れないものが何通りあるかを求めてください。

1、4、9が含まれると1桁で平方数が作れてしまうので、そのようなものは考えなくてもいいですか？

そうですね。残りの数の積で考えてみてください。

考え方

ヒントにもあるように、「1」「4」「9」は1桁の平方数です。つまり、取り出した桁が1桁の場合以外は、題意を満たしません。そこで、これらの数を除き、与えられた平方数nに対して、1桁の数の積でnを作ることを考えます。

同じ数が続くと必ず平方数になるため、問題文の$n = 16$で登場した「2222」などをカウントしない方法が考えられます。ただし、連続しなくても一部だけで平方数が完成してしまう場合があります。

連続しなくても平方数ができるんですか？

問題文にあった$n = 16$の「28」もその1つね。ほかにも、$n = 144$のとき「3283」を考えると、内側の「28」の部分に平方数があるよ。

取り出した桁を並べたものに対して、平方数ができているかチェックしてみましょう。

「1、4、9」を除いた「2、3、5、6、7、8」で割り切れるかチェックして、割り切れた場合にその数を取り出すことを繰り返してみます。最後までこれらの数で割り切れれば、平方数が完成します。取り出してつなげる処理は、割った商に対して再帰的に処理すれば実現できます。

さらに、途中まで取り出した桁に平方数が存在しないかを、1桁ずつ取り出した時点でチェックしてみます。

q51_1.rb

```
N = 1587600

# 途中で平方数ができていないかチェック
def has_square(used)
  result = false
  value = 1
  used.each do |i|
    value *= i
    sqr = Math.sqrt(value).floor
    if value == sqr * sqr
      result = true
      break
    end
  end
  result
```

```
end

# 1桁ずつ取り出してつなげる
def seq(remain, used)
  return 1 if remain <= 1
  cnt = 0
  [2, 3, 5, 6, 7, 8].each do |i|
    if remain % i == 0
      # 割り切れた数を取り出して、途中に平方数がなければ追加
      cnt += seq(remain / i, [i] + used) if !has_square(used)
    end
  end
  cnt
end

puts seq(N, [])
```

q51_1.js

```
N = 1587600;

// 途中で平方数ができていないかチェック
function has_square(used){
  var result = false;
  var value = 1;
  for (var i = 0; i < used.length; i++){
    value *= used[i];
    var sqr = Math.floor(Math.sqrt(value));
    if (value == sqr * sqr){
      result = true;
      break;
    }
  }
  return result;
}

// 1桁ずつ取り出してつなげる
function seq(remain, used){
  if (remain <= 1) return 1;
  var cnt = 0;
  var keta = [2, 3, 5, 6, 7, 8];
  for (var i = 0; i < keta.length; i++){
    if (remain % keta[i] == 0){
      // 割り切れた数を取り出して、途中に平方数がなければ追加
      if (!has_square(used)){
        cnt += seq(remain / keta[i], [keta[i]].concat(used));
      }
    }
  }
  return cnt;
```

```
}

console.log(seq(N, []));
```

ここで、もう少し工夫してみましょう。平方数になっているかを判定するには、素因数分解が有効です。つまり、素因数分解してその指数部分が偶数になっていないと、平方数になることはありません。たとえば、$36 = 2^2 \times 3^2$と素因数分解でき、その指数部分はいずれも偶数です。

今回の場合、素因数分解したときに基数となり得るのは、2、3、5、7の4種類しかありません。そこで、この4種類をビットで表現し、掛け算によってビットを反転することで偶奇を判断できます。この作業を繰り返し、すべてのビットが0になれば平方数と判定できます。

ここで、2の倍数を最下位ビット、3の倍数を下から2つ目のビット、5の倍数を下から3つ目のビット、7の倍数を最上位ビットに割り当てると、先ほどの例における$n = 144$のときの「3283」は以下のようにビットが反転します。

「0000」→「0010」→「0011」→「0010」→「0000」

もし途中ですべてのビットが0になったら、取り出した桁をすべて使わずに平方数ができたことを意味します。これを実装してみます。

q51_2.rb

```
N = 1587600

@bit = {2 => 0b0001, 3 => 0b0010, 5 => 0b0100,
        6 => 0b0011, 7 => 0b1000, 8 => 0b0001}
```

```
# 1桁ずつ取り出してつなげる
def seq(remain, used)
  return 1 if remain <= 1
  cnt = 0
  @bit.each do |i, v|
    if (remain % i == 0) && (used.index(0) == nil)
      # 割り切れた数を取り出して、途中に平方数がなければ追加
      cnt += seq(remain / i, [v] + used.map{|j| j ^ v})
    end
  end
  cnt
end

puts seq(N, [])
```

q51_2.js

```
N = 1587600;

var bit = {2: 0b0001, 3: 0b0010, 5: 0b0100,
           6: 0b0011, 7: 0b1000, 8: 0b0001};

// 1桁ずつ取り出してつなげる
function seq(remain, used){
  if (remain <= 1) return 1;
  var cnt = 0;
  for (var i in bit){
    if ((remain % i == 0) && (used.indexOf(0) < 0)){
      // 割り切れた数を取り出して、途中に平方数がなければ追加
      var used_map = used.map(function(j){ return j ^ bit[i]});
      cnt += seq(remain / i, [bit[i]].concat(used_map));
    }
  }
  return cnt;
}

console.log(seq(N, []));
```

うわっ! ソースコードが一気に短くなりました。

チェック処理でのループも不要になって、処理速度も向上しているね。

求めたい内容の特徴に合わせてデータ構造を工夫できると、アルゴリズムもシンプルになりマス。

解答 16,892通り

先生のコラム

手書きでソースコード、書いていますか？

最近は、プログラミング言語の予約語に色をつけられるテキストエディタが多く使われています。色を変えるだけでも人間は読みやすくなりますが、書籍だとなかなか色をつけられないのが、筆者としてはもどかしいところです。

プログラマや数学が好きな人は、フォントにもこだわることが少なくありません。ソースコードは必ず等幅フォントを使わないと読みにくいですし、「0」と「O」（ゼロとオー）、「1」「l」「I」（数字の一、小文字のL、大文字のi）などの違いがわかりやすいフォントを使います。

手書きでソースコードを書くときも、「0」と「O」を区別するために、図20のような書き方を使うことがあります。

数字の「0」　0

アルファベットの「O」　Ō

図20 手書きでゼロとオーを区別する

ただ、このような書き方に世代間の差を感じることがあります。最近は手書きでソースコードを書くことがほとんどありません。大学の授業でもノートパソコンを持ち込むことが当たり前になっていますし、ノートなどに書く習慣がない人もいるでしょう。

一方、昔は「コーディングシート」と呼ばれる紙を使っていた頃もありました。手書きでコードを書き、オペレータが入力するような場面では、間違いを防ぐことはとても重要でした。

最近はエディタの自動補完に慣れており、細かなメソッド名などを覚えていない人もいますが、手書きでソースコードを書いてみると新たな発見があるかもしれません。

IQ: 110　目標時間: 30分

Q52 一列に並べたマトリョーシカ

サイズが1～nまですべて異なるn個のマトリョーシカ人形があります。マトリョーシカ人形では、大きなサイズの人形の中に、小さなサイズの人形を入れられます。このマトリョーシカ人形を一列に並べることにします。

たとえば、$n=4$のときの並べ方を、最も外側にある人形のサイズで表すと、以下の8通りがあります。

4　←　残りの人形がすべて中に入っている
4 3
4 2
4 1
4 3 2
4 3 1
4 2 1
4 3 2 1　←　すべての人形がバラバラになっている

それぞれについて、内側にある人形の配置パターンが何通りあるかを考えます。たとえば$n=4$の場合、「4 3」のときに1と2の人形の配置は図21の4通りあり、これが最大です。

図21 $n=4$で「4 3」が外側にあるパターン

問題

$n=16$のときの人形の配置を考え、その内側にある人形のパターン数の最大値を求めてください。

考え方

問題文どおりに考えると、大きく以下の2つのステップに分けられます。

(1) 外側にある人形のサイズとしてどれだけのパターンがあるか
(2) それぞれの内側にある人形の配置が何通りあるか

まず (1) については、$n = 4$のときを考えると、外側にある人形が1個のとき1通り、2個のとき3通り、3個のとき3通り、4個のとき1通りになっており、二項係数の和であることは簡単にわかります。つまり、そのパターン数は全部で2^{n-1}通りです。

内側の各人形に対して、入れられる外側の人形が何通りあるかを考えると、掛け算で求められます。これを実装すると、以下のように書けます。

q52_1.rb

```ruby
N = 16

def search(used, remain)
  max = 0
  if remain.length > 0
    inside = remain.map{|i| used.select{|j| i < j}.count}
    max = inside.inject(:*)
  end
  remain.each do |i|
    if used[-1] > i
      max = [max, search(used + [i], remain - [i])].max
    end
  end
  max
end

puts search([N], (1..(N - 1)).to_a)
```

q52_1.js

```
N = 16;

function search(used, remain){
  var max = 0;
  if (remain.length > 0){
    max = 1;
    for (var i = 0; i < remain.length; i++){
      var cnt = 0;
      for (var j = 0; j < used.length; j++){
        if (remain[i] < used[j]) cnt++;
      }
      max *= cnt;
    }
  }
  for (var i = 0; i < remain.length; i++){
    if (used[used.length - 1] > remain[i]){
      used.push(remain[i]);
      remain.splice(i, 1);
      max = Math.max(max, search(used, remain));
      remain.splice(i, 0, used[used.length - 1]);
      used.pop();
    }
  }
  return max;
}

var remain = new Array();
for (var i = 1; i < N; i++){
  remain.push(i);
}
console.log(search([N], remain));
```

内側の人形のパターン数を掛け算で求められるのは面白いですね。

でも、*n*が大きくなると処理に時間がかかるなぁ。

マトリョーシカの内部には小さなマトリョーシカしか入りませんので、内側にある人形のパターン数を増やすには、外側のマトリョーシカをできる限り多くしておくほうがよいといえます。

つまり、問題文の例であれば、3を4の中に入れると、2と1はその3の中にしか入りませんが、3を4の外に出しておけば、2と1は4と3のマトリョーシカのいずれにも入れられます。

なるほど。でも、全部バラバラにすると内側に入る人形がなくなってしまうので、そのバランスが重要ということですね。

外側に来るマトリョーシカが大きいものだけであれば、その内部に入るマトリョーシカは重複順列で計算できそう。

そのとおりです。残りはそのいずれにも入れられますからね。

最も外側にある人形を大きいほうからk個選ぶと、残りの$n-k$個が内側に入ります。つまり、$n-k$個をk個のマトリョーシカの内部に入れるパターンを考えればよく、そのパターン数はk^{n-k}個になります。

これを実装すると、以下のように書けます。

q52_2.rb

```
N = 16

max = 0
1.upto(N) do |i|
  max = [max, i ** (N - i)].max
end

puts max
```

q52_2.js

```
N = 16;

var max = 0;
for (var i = 1; i <= N; i++){
  max = Math.max(max, Math.pow(i, N - i));
}

console.log(max);
```

60,466,176通り

Q53 重さが素数の荷物を運ぶエレベーター

IQ：110　目標時間：30分

マンションなどにおける引っ越しで面倒なのが、エレベーターを待つことです。大量の荷物を運ぶためには、できるだけ効率よく荷物を載せる必要があります。一度にたくさんの荷物をエレベーターに入れれば、往復回数を減らせます。

しかし、エレベーターには重量制限があり、一度に入れられる荷物の重さには上限があります。この引っ越し業者では、各荷物の重さがすべて素数になるように梱包しており、小さいほうから順に搬出しています。しかも、n以下の素数がすべて1つずつになるように工夫（？）しています。

たとえば、$n=20$のとき、2、3、5、7、11、13、17、19という8個の荷物を作ります。この荷物を運ぶためには、エレベーターの重量制限が30であれば、表4のようにちょうど3回で完了します。

表4 $n=20$の場合

	1回目	2回目	3回目
積む荷物	2、3、5、7、11	13、17	19
合計	28	30	19

問題

$n=10000$のとき、ちょうど500回で運び出すには、エレベーターの重量制限が最低いくつである必要があるかを求めてください。

まずは素数をどうやって生成するか考えないと。

最大でも10,000なので、単純な方法でも調べ上げられるね。

どのようにすれば高速に重量制限の最小値を求められるかを考えてみてください。

考え方

まず、素数の生成が必要です。n以下の素数を求める場合、Rubyのような言語では標準で、素数を順に抽出する処理が用意されています。一方、JavaScriptのような言語では、素数を生成する処理を実装しなければなりません。

素数は「1とその数以外に約数を持たない自然数」です。また、1は含みません。これを抽出するには「エラトステネスの篩（ふるい）」など様々な方法が考えられますが、シンプルな方法として2から順に割り算を行い、割り切れる数がなければ素数と判定できます。

たとえば13の場合、2、3、4、…と割っていって、割り切れる数がないから素数ということですね。

そうだね。18の場合は2や3で割り切れるから、素数ではないね。

調べるのは元の数の平方根までで十分ですよ。18の場合、6や9は調べる必要がありません。

荷物は小さいほうから順に搬出されるので、エレベーターの重量制限に達しない限り、そのまま荷物を積んでいきます。重量制限に達したら、次のエレベーターに積むことにします。

そこで、重量制限の値を順に変えながら、エレベーターに積み込む回数がちょうど500回になる場合を探します。最低のサイズを求めることを考えると、小さいほうから順に探すこともできますが、探す範囲が広くなると処理に時間がかかります。

10,000までの素数ということは、その和を考えると少なくとも数百万までは探す必要がありそう。

重量制限を増やすと、運び出す回数は単調に減っていきますね。

単調に変化する場合、二分探索が使えマス。

最初に、探索する範囲として「0」～「すべての素数の和」を考えます。二分探索するため、中央の値を計算し、目標の回数で運び出せるか調べます。

もし荷物の搬出に目標の回数より多くかかっていた場合、重量制限を増やす必要があるため、範囲の左端を変更します。逆に目標の回数以下の場合、重量制限を減らすことが可能なため、範囲の右側を変更します。

この作業を重量制限の範囲が決まるまで繰り返す処理を実装すると、以下のように書けます。

q53.rb

```
require 'prime'

W, N = 500, 10000

primes = Prime.each(N).to_a

left, right = 0, primes.inject(:+)

while left + 1 < right do
  mid = (left + right) / 2
  cnt = 1
  weight = 0
  primes.each do |i|
    if weight + i < mid
      weight += i
    else
      weight = i
      cnt += 1
    end
  end
  if W >= cnt
    right = mid
  else
    left = mid
  end
end
puts left
```

q53.js

```
W = 500;
N = 10000;

primes = [];
for (var i = 2; i < N; i++){
  var flag = true;
  for (var j = 2; j * j <= i; j++){
    if (i % j == 0){
      flag = false;
      break;
```

```
    }
  }
  if (flag) primes.push(i);
}

var left = 0;
var right = 0;
for (var i = 0; i < primes.length; i++){
  right += primes[i];
}

while (left + 1 < right){
  var mid = Math.floor((left + right) / 2);
  var cnt = 1;
  var weight = 0;
  for (var i = 0; i < primes.length; i++){
    if (weight + primes[i] < mid){
      weight += primes[i];
    } else {
      weight = primes[i];
      cnt++;
    }
  }
  if (W >= cnt){
    right = mid;
  } else {
    left = mid;
  }
}
console.log(left);
```

10,000以下の素数の和が500万を超えたのに、たった23回のループで答えが求められたわ！

二分探索はこんな使い方もできるんですね！

二分探索は配列の中から値を検索する場合だけでなく、条件を満たす最大値や最小値を探すときにもよく使われマスヨ。

15,784

IQ：110　目標時間：30分

Q54 素数で作る天秤ばかり

天秤ばかりを使って、おもりの重さを量りたいと考えています。ただし、使えるおもりは、なんと重さが素数のものしかありませんでした。

m、nをともに正の整数とし、m以下の素数すべてがおもりの重さとして1つずつ用意されているとき、nグラムの計り方が何通りあるかを求めます。

たとえば、$m = 10$、$n = 2$のとき、2、3、5、7のおもりが1つずつあるので、左右に置くおもりのパターンは表5の4通りがあります（量るものを左側に置いたとします）。

表5 $m = 10$、$n = 2$の場合

左側	右側
なし	「2」
「3」	「5」
「5」	「7」
「2」、「3」	「7」

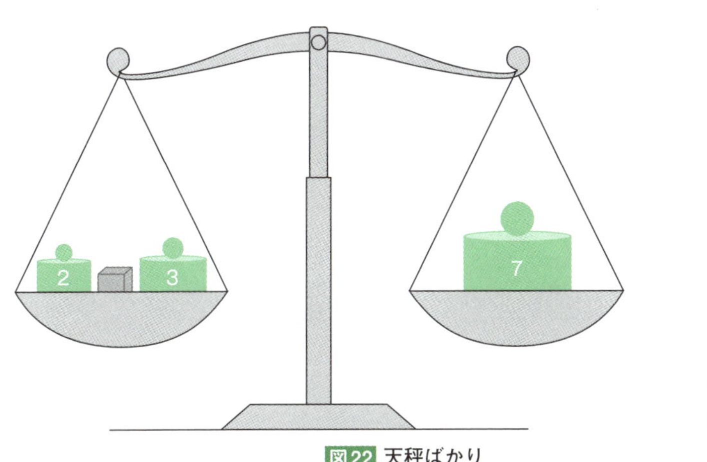

図22 天秤ばかり

問題

$m = 50$、$n = 5$のとき、量り方が何通りあるかを求めてください。

考え方

天秤ばかりは、皿に載せたおもりの重さの合計が左右で等しくなったときにバランスが取れます。このとき、すべてのおもりを使う必要はありませんので、それぞれのおもりについて、以下の3通りの使い方が考えられます。

(1) 左の皿に載せる　(2) 右の皿に載せる　(3) どちらの皿にも載せない

左右の皿に載せるおもりを1つずつ試し、最後まで載せた左右の重さが等しくなるものを数えてみます。再帰的に処理し、メモ化すると以下のように実装できます。

q54_1.rb

```ruby
require 'prime'

M, N = 50, 5
# M以下の素数リストを作成
@primes = Prime.each(M).to_a

@memo = {}
def search(remain, l, r)
  return @memo[[remain, l, r]] if @memo[[remain, l, r]]
  return (l == r)?1:0 if remain == 0

  cnt = 0
  use = @primes[remain - 1]
  cnt += search(remain - 1, l + use, r) # 左の皿
  cnt += search(remain - 1, l, r + use) # 右の皿
  cnt += search(remain - 1, l, r)       # 置かない
  @memo[[remain, l, r]] = cnt
end

puts search(@primes.size, N, 0)
```

q54_1.js

```javascript
M = 50;
N = 5;

```

```
// M以下の素数リストを作成
var primes = [];
for (var i = 2; i < M; i++){
  var is_prime = true;
  for (var j = 2; j <= Math.sqrt(i); j++)
    if (i % j == 0){ is_prime = false; break;}
  if (is_prime) primes.push(i);
}

var memo = {};
function search(remain, l, r){
  if (memo[[remain, l, r]]) return memo[[remain, l, r]];
  if (remain == 0) return (l == r)?1:0;

  var cnt = 0;
  var use = primes[remain - 1];
  cnt += search(remain - 1, l + use, r); // 左の皿
  cnt += search(remain - 1, l, r + use); // 右の皿
  cnt += search(remain - 1, l, r);       // 置かない
  return memo[[remain, l, r]] = cnt;
}

console.log(search(primes.length, N, 0));
```

おもりの数が15個程度なら、なんとか解けますね。でもきっと、もう少し工夫できるんですよね？

これだと、おもりの数が増えたときに探索時間が急激に増加します。考えてみてください、左右の皿の状況を保持する必要はあるでしょうか？

2つの皿の「差」に注目すると、差が0になるように載せると考えられます。そこで、「左右の差」と「使ったおもり」を引数として実装してみます。

q54_2.rb

```
require 'prime'

M, N = 50, 5
# M以下の素数リストを作成
@primes = Prime.each(M).to_a

@memo = {}
def search(n, i)
  return @memo[[n, i]] if @memo[[n, i]]
  return (n == 0)?1:0 if i == @primes.size
```

```
  use = @primes[i]
  cnt = 0
  cnt += search(n + use, i + 1)       # 左の皿
  cnt += search((n - use).abs, i + 1) # 右の皿
  cnt += search(n, i + 1)             # 置かない
  @memo[[n, i]] = cnt
end

puts search(N, 0)
```

q54_2.js

```
M = 50;
N = 5;

// M以下の素数リストを作成
var primes = [];
for (var i = 2; i < M; i++){
  var is_prime = true;
  for (var j = 2; j <= Math.sqrt(i); j++)
    if (i % j == 0){ is_prime = false; break;}
  if (is_prime) primes.push(i);
}

var memo = {};
function search(n, i){
  if (memo[[n, i]]) return memo[[n, i]];
  if (i == primes.length) return (n == 0)?1:0;
  var use = primes[i];
  var cnt = 0;
  cnt += search(n + use, i + 1);           // 左の皿
  cnt += search(Math.abs(n - use), i + 1); // 右の皿
  cnt += search(n, i + 1);                 // 置かない
  return memo[[n, i]] = cnt;
}

console.log(search(N, 0));
```

そうか！「Q26 回数指定のじゃんけん」の問題と同じ考え方ですね！

これなら100以下の素数でも一瞬デス。

66,588通り

Q55 十文字に反転して色を揃えろ

IQ: 110　目標時間: 30分

横にwマス、縦にhマスの正方形が並んでおり、それぞれのマスが白か黒で塗りつぶされています。任意のマスを選ぶと、その位置と上下左右のマスの色を反転させることができるものとします。

すべての色が同じになるまで、この反転を繰り返すことを考えます。たとえば、$w = 4$、$h = 4$のとき、図23の左図のような初期配置であれば、図のようにマスを選んでいくと3回ですべてを白にできます。

しかし、右図のような初期配置の場合、どのマスを選んで何度繰り返しても、すべてを同じ色にはできません。

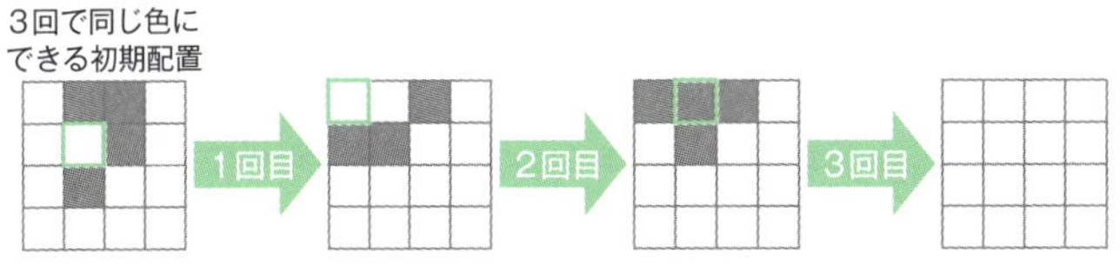

図23 $w = 4$、$h = 4$の場合の例

ここでは同じ色に揃えられる初期配置に対して、すべての色が同じになるまで最短手順で反転させます。たとえば、$w = 4$、$h = 4$のときは最大6回の反転で同じ色にできます。

問題

$w = 6$、$h = 3$の盤面におけるすべての初期配置を考え、それぞれ最短手順で反転するとき、その回数の最大値を求めてください。

上下左右の反転処理をループで行うと、処理に時間がかかりそうですね。

マスの個数が少ないので、ビット演算をうまく使うことがポイントです。

考え方

すべての初期配置を考え、適当にマスを反転させる回数を求めることもできますが、すべての色を揃えるまでの手順が最短になるものを調べるのは大変です。そこで逆に考え、すべてのマスが同じ色になっている状態からスタートしてみます。

このとき、新しい配置が出てくるまで反転回数を増やすように幅優先探索を行うことで、「すべての色を同じにできるまでの最短手順」を求められます。

逆から考えるということは、「すべて白」か「すべて黒」から調べればいいんですね。

同じ位置を2回反転すると、元の配置に戻りますよね？

そうですね。同じマスは何度も反転する必要はありませんし、マスを反転する順番は関係ありません。

左上から順に反転していけば、反転する順番を意識する必要はありません。また、すでにチェックした配置が登場した場合は、ほかの手順ですべての色を同じにできることを意味します。

Point

この問題では、$w \times h$が小さいため、マスをビット列で表現してみます。これにより、反転処理をビット演算で実施できます。たとえば、問題文にある図のような配置において、左上から右下に向けて白を0、黒を1としてビット列で並べて表現すると、「0110001001000000」となります（図24）。

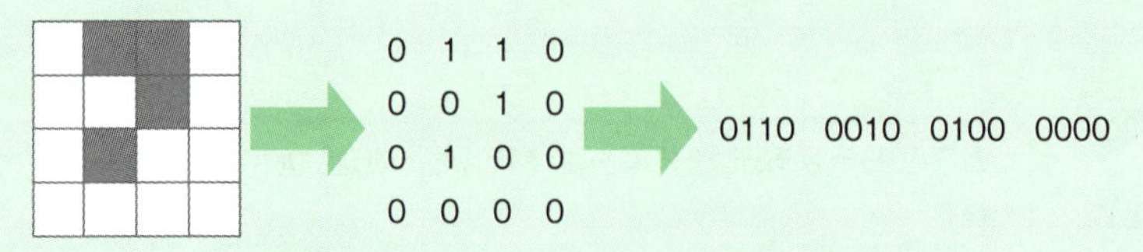

図24 左上から右下に向けてビット列で並べる

すべてのマスについて反転するマスクを用意し、探索する配置がなくなるまで順に幅優先探索する処理を実装すると、次のように書けます。

q55.rb

```
W, H = 6, 3

# 反転するマスクの作成
mask = []
H.times do |h|
  W.times do |w|
    # 中心と上下左右を反転対象とする
    pos = 1 << (w + h * W)
    pos |= 1 << (w - 1 + h * W) if w > 0
    pos |= 1 << (w + 1 + h * W) if w < W - 1
    pos |= 1 << (w + (h - 1) * W) if h > 0
    pos |= 1 << (w + (h + 1) * W) if h < H - 1
    mask.push(pos)
  end
end

# チェック済みの配置と反転回数
checked = {0 => 0, (1 << (W * H)) - 1 => 0}
# 全部白か全部黒からスタート
queue = [0, (1 << (W * H)) - 1]
n = 0
while !queue.empty? do
  temp = []
  queue.each do |i|
    mask.each do |j| # すべての位置について探索
      if !checked[i ^ j]
        # 未チェックの場合、次のチェック対象に追加
        temp.push(i ^ j)
        checked[i ^ j] = n
      end
    end
  end
  queue = temp
  n += 1
end
puts n - 1
```

q55.js

```
W = 6;
H = 3;

// 反転するマスクの作成
var mask = [];
for (var h = 0; h < H; h++){
  for (var w = 0; w < W; w++){
    // 中心と上下左右を反転対象とする
    var pos = 1 << (w + h * W);
```

```
    if (w > 0) pos |= 1 << (w - 1 + h * W);
    if (w < W - 1) pos |= 1 << (w + 1 + h * W);
    if (h > 0) pos |= 1 << (w + (h - 1) * W);
    if (h < H - 1) pos |= 1 << (w + (h + 1) * W);
    mask.push(pos);
  }
}

// チェック済みの配置と反転回数
var checked = {};
[checked[0], checked[(1 << (W * H)) - 1]] = [0, 0];
// 全部白か全部黒からスタート
var queue = [0, (1 << (W * H)) - 1];
var n = 0;
while (queue.length > 0){
  var temp = [];
  for (var i = 0; i < queue.length; i++){
    for (var j = 0; j < mask.length; j++){
      // すべての位置について探索
      if (!checked[queue[i] ^ mask[j]]){
        // 未チェックの場合、次のチェック対象に追加
        temp.push(queue[i] ^ mask[j]);
        checked[queue[i] ^ mask[j]] = n;
      }
    }
  }
  queue = temp;
  n++;
}
console.log(n - 1);
```

最初にマスクを用意してあるから、反転はマスクとの排他的論理和を計算するだけなのね。

出力するときにnから1を引いているのはなぜですか？

幅優先探索が探索する配置のキューがなくなったときに終了するので、なくなったときもループの最後でnに1を加算しているからですね。

13回

Q56 回数指定のじゃんけん2

IQ: 110　目標時間: 30分

m人が「じゃんけん」をします。1回対戦するたびに、勝った人だけが残り、負けた人は次から参加しないものとします。ちょうどn回のじゃんけんをしたときに、1人だけが残るような出し方の組み合わせが何通りあるかを求めます。なお、「あいこ」も1回とカウントします。

このとき、個人は識別しないものとし、その場に出ている手の組み合わせが何通りあるかをカウントします。つまり、$m = 3$のとき、

- Aさんがパー、BさんとCさんがグーを出した場合
- Bさんがパー、AさんとCさんがグーを出した場合
- Cさんがパー、AさんとBさんがグーを出した場合

は3つ合わせて1通りとカウントします。

$m = 3$、$n = 2$のときは、表6のように、

- 1回目があいこで2回目に1人だけが勝つ　…　4通り×3通り＝12通り
- 1回目で2人が勝ち、2回目に1人が勝つ　…　3通り×3通り＝9通り

になるので、全部で21通りがあります。

表6 $m=3$、$n=2$の場合

1回目があいこのパターン	グー・グー・グー チョキ・チョキ・チョキ パー・パー・パー グー・チョキ・パー
そのあと、2回目に1人だけが勝つパターン	グー・チョキ・チョキ チョキ・パー・パー パー・グー・グー
1回目で2人が勝つパターン	グー・グー・チョキ チョキ・チョキ・パー パー・パー・グー
そのあと、2回目に1人が勝つパターン	グー・チョキ チョキ・パー パー・グー

問題

$m=10$、$n=6$のとき、出し方の組み合わせが何通りあるかを求めてください。

考え方

1人だけが残る出し方を考えると、わかりやすいのは1回で決まるパターンです。「誰か1人だけがパーを出して、残りの人がグーを出す」「誰か1人だけがチョキを出して、残りの人がパーを出す」「誰か1人だけがグーを出して、残りの人がチョキを出す」、という3つのパターンがあります。

それ以外の場合は、残った人で同じようにじゃんけんを繰り返します。つまり、人数と回数を変えながら再帰的に求められそうだとわかります。たとえば、何人かが勝った場合は、人数と回数を減らして調べます。

よくわからないのは、あいこになったときです。

あいこにもいろいろなパターンがありますね。全員が同じものを出すときは簡単ですが、グー・チョキ・パーが全部出たときも発生します。

グー・チョキ・パーが全部出るのは、3人以上が残っていた場合だけです。このとき、それぞれの手が最低1人ずつ必要で、残りはどの手でも構いません。これは、「Q01　一発で決まる多数決」で登場した重複組み合わせが使えます。n種類のものから重複を許してr個選ぶ場合の数は、以下の式で表現できます。

$$ {}_{n}\mathrm{H}_{r} = {}_{n+r-1}\mathrm{C}_{r} $$

これを使うと、以下のように実装できます。

q56_1.rb

```
M, N = 10, 6

@memo = {}
def nCr(n, r)
  return @memo[[n, r]] if @memo[[n, r]]
  return 1 if (r == 0) || (r == n)
  @memo[[n, r]] = nCr(n - 1, r - 1) + nCr(n - 1, r)
end

# 重複組み合わせ
def nHr(n, r)
  nCr(n + r - 1, r)
end

def aiko(n)
  cnt = 3 # 全員が同じもの（グーだけ、パーだけ、チョキだけ）
  # グー、チョキ、パーが1人ずつと、残りを加える
```

```
  cnt += nHr(3, n - 3) if n >= 3
  cnt
end

def check(m, n)
  # 1回で勝つのはグーで勝つ、チョキで勝つ、パーで勝つ、の3通り
  return 3 if n == 1
  cnt = aiko(m) * check(m, n - 1)
  2.upto(m - 1) do |i| # 勝った人数
    cnt += 3 * check(i, n - 1)
  end
  cnt
end

puts check(M, N)
```

q56_1.js

```
M = 10;
N = 6;

var memo = {};
function nCr(n, r){
  if (memo[[n, r]]) return memo[[n, r]];
  if ((r == 0) || (r == n)) return 1;
  return memo[[n, r]] = nCr(n - 1, r - 1) + nCr(n - 1, r);
}

// 重複組み合わせ
function nHr(n, r){
  return nCr(n + r - 1, r);
}

function aiko(n){
  var cnt = 3; // 全員が同じもの（グーだけ、パーだけ、チョキだけ）
  // グー、チョキ、パーが1人ずつと、残りを加える
  if (n >= 3) cnt += nHr(3, n - 3);
  return cnt;
}

function check(m, n){
  // 1回で勝つのはグーで勝つ、チョキで勝つ、パーで勝つ、の3通り
  if (n == 1) return 3;
  var cnt = aiko(m) * check(m, n - 1);
  for (var i = 2; i < m; i++){ // 勝った人数
    cnt += 3 * check(i, n - 1);
  }
  return cnt;
}

console.log(check(M, N));
```

条件を1つずつシンプルにすると、わかりやすいですね。これでも十分ではありますが、もう少し整理してみましょう。

上記で登場した式を整理すると、以下のようにシンプルになります。

$$ {}_3H_{n-3} = {}_{3+(n-3)-1}C_{n-3} = {}_{n-1}C_{n-3} = {}_{n-1}C_2 $$

${}_{n-1}C_2$は$(n-1)\times(n-2)/2$と計算できるので、以下のように実装できます。

q56_2.rb

```
M, N = 10, 6

def check(m, n)
  return 3 if n == 1
  # あいこのときは全員が同じときとm-1C2通り
  cnt = (3 + (m - 1) * (m - 2) / 2) * check(m, n - 1)
  2.upto(m - 1) do |i| # 勝った人数
    cnt += 3 * check(i, n - 1)
  end
  cnt
end

puts check(M, N)
```

q56_2.js

```
M = 10;
N = 6;

function check(m, n){
  if (n == 1) return 3;
  // あいこのときは全員が同じときとm-1C2通り
  var cnt = (3 + (m - 1) * (m - 2) / 2) * check(m, n - 1);
  for (var i = 2; i < m; i++){ // 勝った人数
    cnt += 3 * check(i, n - 1);
  }
  return cnt;
}

console.log(check(M, N));
```

689,149,485通り

Q57 急行停車駅と特急停車駅のパターン

IQ：110　目標時間：20分

電車で移動するとき、距離が長くなると各駅停車よりも急行や特急を利用したくなります。今回は急行と特急の停車駅をどのように配置するかを考えます。

簡単にするため、1つの路線だけを考えます。駅が環状につながっていることはなく、始発駅と終着駅には急行と特急のいずれも停車します。また、特急の停車駅には必ず急行も停車するものとします。

全部でn個の駅があり、そのうち急行の停車駅がa個、特急の停車駅がb個です。このn、a、bには$n>a>b>1$の関係があるものとします。このような路線において、停車駅の配置が何通りあるかを求めることを考えます。

たとえば、$n=4$、$a=3$、$b=2$のとき、表7の2通りがあります。

表7 $n=4$、$a=3$、$b=2$の場合

駅	急行停車駅	特急停車駅
A	○	○
B	○	×
C	×	×
D	○	○

駅	急行停車駅	特急停車駅
A	○	○
B	×	×
C	○	×
D	○	○

問題

$n=32$、$a=12$、$b=4$のとき、停車駅の配置が何通りあるか求めてください。

考え方

それぞれの駅で急行が停車するか、特急も停車するか、いずれも停車しないか、と考えると、3通りが駅の数だけあります。始発駅と終着駅は特急も停車するので、32個の駅があると全部で3^{30}通りのパターンがあります。

でも、ほとんどのパターンは条件を満たさないんですよね。

条件を満たすものだけ探索するようにすると、高速化できそうです。

1つの考え方として、停車する駅の数に着目してみましょう。

全探索は現実的でないため、探索方法を工夫します。残りの駅の数、残りの急行停車駅の数、残りの特急停車駅の数がわかると、パターン数が決まります。つまり、最初の駅で急行と特急が停車したあと、通過するか停車するかを1駅ずつ考えていきます。

この3つの値を引数として再帰的に探索するとき、調べるのは「特急が停車するとき」「急行が停車するとき」「いずれも停車しないとき」の3通りです。それぞれ、残りの駅の数を減らして探索すると、メモ化を使って以下のように実装できます。

q57_1.rb

```ruby
STATION, EXPRESS, LIMITED = 32, 12, 4

@memo = {}
def search(s, e, l)
  return @memo[[s, e, l]] if @memo[[s, e, l]]

  # 最後の駅で急行、特急停車駅が残っていないときカウント
  return 1 if (s == 0) && (e == 0) && (l == 0)
  # 最後の駅で、急行、特急停車駅が残っているとカウントしない
  return 0 if (s == 0) && ((e > 0) || (l > 0))
  # 最後の駅以外で急行、特急停車駅が残っていないとカウントしない
  return 0 if (e == 0) || (l == 0)

  cnt = 0
  cnt += search(s - 1, e - 1, l - 1) # 特急停車駅
  cnt += search(s - 1, e - 1, l)     # 急行停車駅
  cnt += search(s - 1, e, l)         # 通過駅
  @memo[[s, e, l]] = cnt
end
```

```
puts search(STATION - 1, EXPRESS - 1, LIMITED - 1)
```

q57_1.js

```
STATION = 32;
EXPRESS = 12;
LIMITED = 4;

memo = {};
function search(s, e, l){
  if (memo[[s, e, l]]) return memo[[s, e, l]];

  // 最後の駅で急行、特急停車駅が残っていないときカウント
  if ((s == 0) && (e == 0) && (l == 0)) return 1;
  // 最後の駅で、急行、特急停車駅が残っているとカウントしない
  if ((s == 0) && ((e > 0) || (l > 0))) return 0;
  // 最後の駅以外で急行、特急停車駅が残っていないとカウントしない
  if ((e == 0) || (l == 0)) return 0;

  var cnt = 0;
  cnt += search(s - 1, e - 1, l - 1); // 特急停車駅
  cnt += search(s - 1, e - 1, l);     // 急行停車駅
  cnt += search(s - 1, e, l);         // 通過駅
  return memo[[s, e, l]] = cnt;
}

console.log(search(STATION - 1, EXPRESS - 1, LIMITED - 1));
```

再帰の終了条件が少し複雑ですが、処理はシンプルですね。

典型的なメモ化の例なので、わかりやすいと思います。

でも、もう少し工夫できる方法がありそう。

急行と特急について、停車駅の数が決まっているため、組み合わせで考えることもできます。たとえば、急行停車駅は32個のうち12個、始発駅と終着駅を除くと30個のうち10個なので、${}_{30}C_{10}$通りです。さらに、特急停車駅は12個のうち4個、始発駅と終着駅を除くと10個のうち2個なので、${}_{10}C_{2}$通りです。

つまり、すべての駅から急行停車駅を選び、さらにその中から特急停車駅を選ぶことになります。これを一般的な数に対応できるように実装すると、以下のように組み合わせの処理を使って簡単に書けます。

q57_2.rb

```
STATION, EXPRESS, LIMITED = 32, 12, 4

@memo = {}
def nCr(n, r)
  return @memo[[n, r]] if @memo[[n, r]]
  return 1 if (r == 0) || (r == n)
  @memo[[n, r]] = nCr(n - 1, r - 1) + nCr(n - 1, r)
end

# すべての駅から急行停車駅を選び、さらに特急停車駅を選ぶ
puts nCr(STATION - 2, EXPRESS - 2) *
     nCr(EXPRESS - 2, LIMITED - 2)
```

q57_2.js

```
STATION = 32;
EXPRESS = 12;
LIMITED = 4;

var memo = {};
function nCr(n, r){
  if (memo[[n, r]]) return memo[[n, r]];
  if ((r == 0) || (r == n)) return 1;
  return memo[[n, r]] = nCr(n - 1, r - 1) + nCr(n - 1, r);
}

// すべての駅から急行停車駅を選び、さらに特急停車駅を選ぶ
console.log(nCr(STATION - 2, EXPRESS - 2) *
            nCr(EXPRESS - 2, LIMITED - 2));
```

このような場面でも、組み合わせが有効です。1つの考え方に縛られず、視点を変えることが大切ですね。

1,352,025,675通り

Q58 ポーランド記法と不要なカッコ

IQ: 120　目標時間: 30分

ポーランド記法や逆ポーランド記法を使うと、カッコを使わなくても演算を一意に表記できます。たとえば、通常の式（中置記法）における、

$$(1 + 3) \times (4 + 2)$$

という式は、カッコを省略すると演算順序が変わってしまいます。しかし、ポーランド記法で、

$$\times + 1 3 + 4 2$$

のように記述すると、カッコは不要です。

そこで、数字として1種類のみ、演算子として「+」「×」の2種類だけを考えます。これらの数字と演算子で構成される、数字が入る場所がnカ所あるポーランド記法の式をすべて考え、それらを通常の式（中置記法）に変換したうえで、不要な（演算順序に影響がない）カッコを除去します（「+」よりも「×」のほうが、演算の優先度が高いことが前提です）。

この作業を行ったとき、カッコのペアがいくつ残るかを求めます。例として、$n = 3$のときは以下の8パターンがあり、必要なカッコは全部で2ペアです（数字は何でも構いませんが、たとえば「5」を使うと以下のようになります）。

+ + 5 5 5 → 5 + 5 + 5
+ × 5 5 5 → 5 × 5 + 5
× + 5 5 5 → (5 + 5) × 5　… ペアが1つ
× × 5 5 5 → 5 × 5 × 5
+ 5 + 5 5 → 5 + 5 + 5
+ 5 × 5 5 → 5 + 5 × 5
× 5 + 5 5 → 5 × (5 + 5)　… ペアが1つ
× 5 × 5 5 → 5 × 5 × 5

問題

n＝15のとき、必要なカッコのペアの総数を求めてください。

第3章 中級編★★★

考え方

ポーランド記法で表現するにあたって、演算子を分岐に使った木構造で表現してみます。例として、問題文にある× ＋１３＋４２は図25のように表現できます。

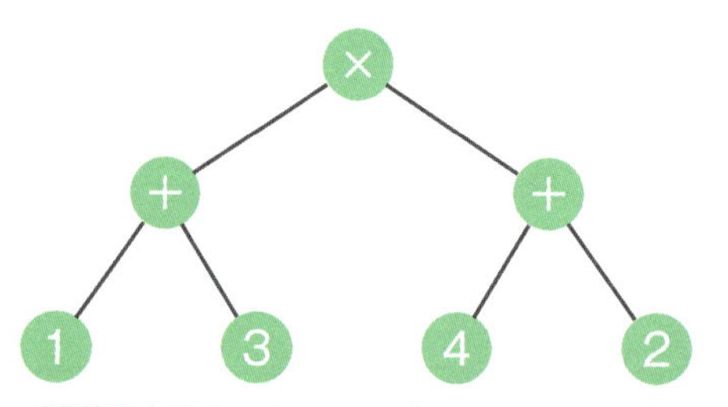

図25 木構造で表現した「× ＋１３＋４２」

ここで、各分岐に注目すると、再帰的に処理できます。つまり、分岐の左下と右下にある「+」と「×」の数を調べて、その上の分岐におけるカッコの数を求めます。このとき、左下と右下にぶら下がる数字の数を1つずつ変えながら試し、その和を求めます。

たとえば、分岐の左下は5パターンで2つのカッコ、右下は8パターンで3つのカッコがあったとします。この分岐に「+」を置くとき、全体のパターン数は5×8通りが考えられます。また、分岐に「×」を置くときも同様に5×8通りが考えられますので、合わせて5×8×2通りがあります。

カッコの数を考えると、分岐が「+」のときはカッコを追加する必要はありませんが、分岐が「×」のときは追加する場合も考える必要があります。これは、以下の和で求められます。

- 分岐が「+」のとき：5×3＋8×2通り
- 分岐が「×」のとき：5×3＋8×2に加えてカッコを追加した5×4＋8×2通り

全体のパターン数が掛け算なのはわかります。でもカッコの数はどんな計算になりますか？

分岐が「＋」のときは、(左のパターン数) × (右のカッコの数) ＋ (右のパターン数) × (左のカッコの数) ですね？

そのとおりです。分岐が「×」のときは、それに加えて (左のパターン数) × (右のカッコの数) /2＋ (右のパターン数) × (左のカッコの数) /2です。

この追加する部分は、分岐先が「+」であればカッコが必要ですし、「×」であればカッコは不要なので、半分にしています。これを左右の分岐の数を変えながら合計した処理を実装すると、以下のように書けます。なお、$n = 0$、$n = 1$のときは、式を作れないのでカッコの数は0個になります。

q58_1.rb

```
N = 15

@memo = [[0, 0], [1, 0]]
def tree_count(n)
  return @memo[n] if @memo[n]
  all, pair = 0, 0
  1.upto(n - 1) do |i|
    la, lp = tree_count(i)
    ra, rp = tree_count(n - i)
    # +と×のそれぞれで掛け算
    all += la * ra * 2
    pair += la * (2 * rp + ra / 2) + ra * (2 * lp + la / 2)
  end
  @memo[n] = [all, pair]
end

all, pair = tree_count(N)
puts pair
```

q58_1.js

```
N = 15;

var memo = [[0, 0], [1, 0]];
function tree_count(n){
  if (memo[n]) return memo[n];
  var all = 0, pair = 0;
  var la, lp, ra, rp;
  for (var i = 1; i < n; i++){
    [la, lp] = tree_count(i);
    [ra, rp] = tree_count(n - i);
    // +と×のそれぞれで掛け算
    all += la * ra * 2;
    pair += la * (2 * rp + Math.floor(ra / 2))
          + ra * (2 * lp + Math.floor(la / 2));
  }
  return memo[n] = [all, pair];
}

var all = 0, pair = 0;
[all, pair] = tree_count(N);
console.log(pair);
```

RubyでもJavaScriptでも、関数の返り値として配列を返して、その値を分割して代入できるんですね！

C言語のような言語では、配列の要素に1つずつアクセスすればいいね。

ほかの解き方も考えてみましょう。

「Q25 左右対称の二分探索木」の問題でも登場したように、$N+1$個の節点でできる二分木の数は「カタラン数（C(N)）」を使って求められます。今回は数字をn個使うとすると、二分木の数はC(n-1)で求められます。

さらに、数字がn個あるとき、演算子が入るのは$n-1$カ所で、それぞれに「+」と「×」の2種類の演算子を入れます。「+」と「×」を$n-1$個並べたとき、「+」の前に「×」が存在すればカッコが必要なため、このパターン数を求めると、$(n-2) \times 2^{n-3}$通りあります。

そこで、これを実装すると以下のように書けます。

q58_2.rb

```
N = 15

# カタラン数
@memo = {0 => 1}
def catalan(n)
  return @memo[n] if @memo[n]
  sum = 0
  n.times do |i|
    sum += catalan(i) * catalan(n - 1 - i)
  end
  @memo[n] = sum
end

if N > 2
  puts catalan(N - 1) * (N - 2) * 2 ** (N - 3)
else
  puts "0"
end
```

q58_2.js

```
N = 15;

// カタラン数
var memo = {};
function catalan(n){
  if (memo[n]) return memo[n];
  if (n == 0) return 1;
  var sum = 0;
  for (var i = 0; i < n; i++){
    sum += catalan(i) * catalan(n - 1 - i);
  }
  return memo[n] = sum;
}

if (N > 2){
  console.log(catalan(N - 1) * (N - 2) * Math.pow(2, N - 3));
} else {
  console.log(0);
}
```

このような木構造ではカタラン数がよく登場しますね。

場合の数を扱う問題では必須の知識なので、覚えておきましょう。

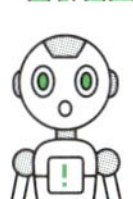

ポーランド記法や逆ポーランド記法も、式の評価によく使われマス。

142,408,581,120ペア

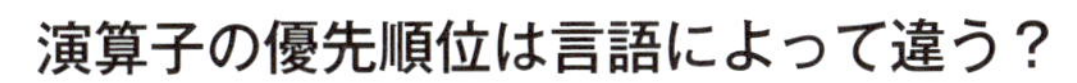

この問題ではポーランド記法による計算を考えたけれど、プログラムを使って計算するとき、演算の順序を決めるのが「演算子の優先順

位」。たとえば、「2＋3×4」を計算すると、掛け算を先に行うため「2＋12」となって、結果は14よね。

小学生で習うような単純な優先順位もあるけど、プログラミングにおいては単純な四則演算だけでなく、ビット演算なども登場するわ。

たとえば、「3 | 4 << 1」（「ビットOR」と「1ビットの左シフト」）のような演算を行う場合、どちらを優先するか知らないと、直感的に判断するのは難しいでしょう（この場合、シフト演算のほうがビットORより高い優先順位を持つため、「3 | 8」となって、結果は11）。

複数のプログラミング言語を学んだときに注意が必要なのが、言語による違い。たとえば、RubyとJavaScriptでは、ビットANDやビットORなどに対する比較演算子の優先順位が逆になっているね。

以下のような例を考えてみましょう。それぞれ実行すると、Rubyでは「NG」が出力されて、JavaScriptでは「OK」が出力されてしまう。

q58_3.rb

```
a, b, c = 1, 2, 3
if a | b < c
  puts "OK"
else
  puts "NG"
end
```

q58_3.js

```
a = 1;
b = 2;
c = 3;
if (a | b < c){
  console.log("OK");
} else {
  console.log("NG");
}
```

これを防ぐためには、うまくカッコを使う必要があるの。これは、特定の言語を使う場合も同じで、省略できてもカッコを入れておくと、あとから人が読み返す場合にも、スムーズに読める効果があるわ。本書でもわかりやすくするために、多くにカッコを追加しているよ。

Q59 IQ：110 目標時間：30分

取られたら取り返す！

卓球では11点先取、バレーボールでは25点先取で1セットを取るようなルールがあります。ただし、この得点よりも1点少ない得点以上で同点となると「デュース」と呼ばれることがあり、そのあとは2点差をつけるまで続けられます（卓球やバドミントンにはデュースという言葉はありませんが、同様に進められます）。

AとBが試合を行ったとき、それぞれの点数の推移を考えます。たとえば、3点先取でAが4点、Bが2点で終わるとき、点数の推移は以下の6通りがあります（下記の記号は点数を取った側を表すものとします）。

(1) A → A → B → B → A → A
(2) A → B → A → B → A → A
(3) A → B → B → A → A → A
(4) B → A → A → B → A → A
(5) B → A → B → A → A → A
(6) B → B → A → A → A → A

このとき、以下のように点数が推移することはありません（途中で3点を先取してしまい、セットが終了するため）。

A → A → B → A → B → A

問題

11点先取でAが25点、Bが24点の状態になるまでの点数の推移が何通りあるかを求めてください。

ゲームが終了してしまう条件を整理すると、実装も簡単ですね。

数学的に計算する方法も考えてみてください。

第3章 中級編★★★

考え方

先取する点数に達するまでは、どちらが連続しても構いません。ただ、先取する点数に達したあとは、それぞれの点差が重要になります。そこで、それぞれの条件分岐を考えます。

それぞれが得点を積み重ねたとき、チェックする内容は点数にかかわらず同じなので、再帰的に探索することにします。AとBのそれぞれの点数を引数として、そこから設定された点数に達するまでの推移をカウントします。

終了条件としてわかりやすいのは、ゴールの点数に達したときですね。

デュースの判定はなかなか面倒なので、逆にデュースにならない条件を考えてみましょう。

どちらか一方でも先取する点数に達して、2点差がつくとデュースにはなりません。つまり、「デュースにならない間、探索を繰り返す」と考えるとわかりやすくなります。そのうえで、一方でもゴールの点数を超えると条件を満たすことがないので、探索を終了できます。

これを実装すると、以下のように書けます。

q59_1.rb

```
N, A, B = 11, 25, 24

@memo = {}
def search(a, b)
  return @memo[[a, b]] if @memo[[a, b]]

  # 両方がゴールの点数に到達すれば終了
  return 1 if (a == A) && (b == B)
  #先取する点数に一方でも達して、2点差つくと終了
  return 0 if ((a >= N) || (b >= N)) && ((a - b).abs > 1)
  # 一方でもゴールの点数を超えると終了
  return 0 if (a > A) || (b > B)
  # いずれかが点数を取った場合を再帰的に探索
  @memo[[a, b]] = search(a + 1, b) + search(a, b + 1)
end

puts search(0, 0)
```

```
q59_1.js
```

```
N = 11;
A = 25;
B = 24;

var memo = {};
function search(a, b){
  if (memo[[a, b]]) return memo[[a, b]];

  // 両方がゴールの点数に到達すれば終了
  if ((a == A) && (b == B)) return 1;
  // 先取する点数に一方でも達して、2点差つくと終了
  if (((a >= N) || (b >= N)) && (Math.abs(a - b) > 1)) return 0;
  // 一方でもゴールの点数を超えると終了
  if ((a > A) || (b > B)) return 0;
  // いずれかが点数を取った場合を再帰的に探索
  return memo[[a, b]] = search(a + 1, b) + search(a, b + 1);
}

console.log(search(0, 0));
```

終了する条件を1つずつ考えれば、処理はシンプルですね。処理も高速でわかりやすい!

ほかに、組み合わせを使う方法もありますね。

AとBが点数を取り合ったとき、その取る順番（AとBの並べ替え）の組み合わせ数を求める問題だと考えることもできます。これを、それぞれの条件において計算すると、数学的な計算で求められます。

```
q59_2.rb
```

```
N, A, B = 11, 25, 24

@memo = {}
def nCr(n, r)
  return @memo[[n, r]] if @memo[[n, r]]
  return 1 if (r == 0) || (r == n)
  @memo[[n, r]] = nCr(n - 1, r - 1) + nCr(n - 1, r)
end
```

```
if [A, B].max > N # デュースになっているとき
  if (A - B).abs > 2
    puts 0
  else
    puts nCr(2 * N - 2, N - 1) * (2 ** ([A, B].min - N + 1))
  end
elsif [A, B].max == N # 先取する点に達したとき
  if (A - B).abs == 1
    puts nCr(2 * N - 2, N - 1)
  else
    puts nCr(A + B - 1, [A, B].min)
  end
else # 先取する点に達していないとき
  puts nCr(A + B, A)
end
```

q59_2.js

```
N = 11;
A = 25;
B = 24;

var memo = {};
function nCr(n, r){
  if (memo[[n, r]]) return memo[[n, r]];
  if ((r == 0) || (r == n)) return 1;
  return memo[[n, r]] = nCr(n - 1, r - 1) + nCr(n - 1, r);
}

if (Math.max(A, B) > N){ // デュースになっているとき
  if (Math.abs(A - B) > 2)
    console.log(0);
  else
    console.log(nCr(2 * N - 2, N - 1)
                * (2 ** (Math.min(A, B) - N + 1)));
} else if (Math.max(A, B) == N){ // 先取する点に達したとき
  if (Math.abs(A - B) == 1)
    console.log(nCr(2 * N - 2, N - 1));
  else
    console.log(nCr(A + B - 1, Math.min(A, B)));
} else { // 先取する点に達していないとき
  console.log(nCr(A + B, A));
}
```

3,027,042,304通り

IQ：110　目標時間：30分

Q60 ○×ゲームの結果画面は何通り？

「三目並べ」ともいわれる○×ゲーム。3×3のマス目に、2人が交互に「○」と「×」を書き込んで、先に3つ並べたほうが勝ちになります。ノートや黒板などを使って身近な場面で遊べることから、こどもの頃に遊んだ人も多いのではないでしょうか？

ここでは、「○」から始めて、決着がつくまで交互に書き込んでいきます。この○×ゲームで決着がつくまでの手順と、結果画面が何通りあるかを考えます。

たとえば図26の左図の場合は、すべてのマスが埋まっており、斜めに○が3マス並んでいるため○の勝ちです。中央の図の場合は、いずれも3マス並んでいないため引き分けになります。右図の場合はすべてのマスは埋まっていませんが、×が3マス並んでいるため×の勝ちです。

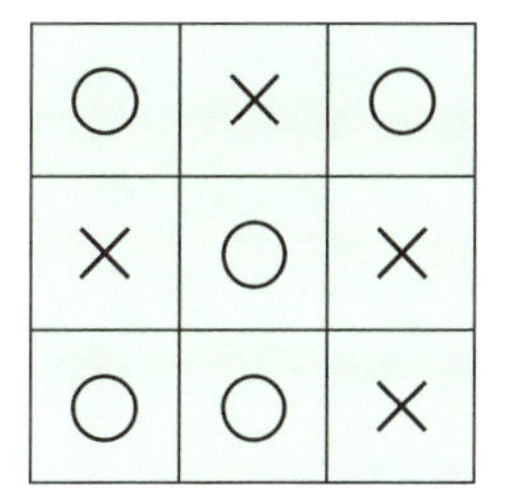

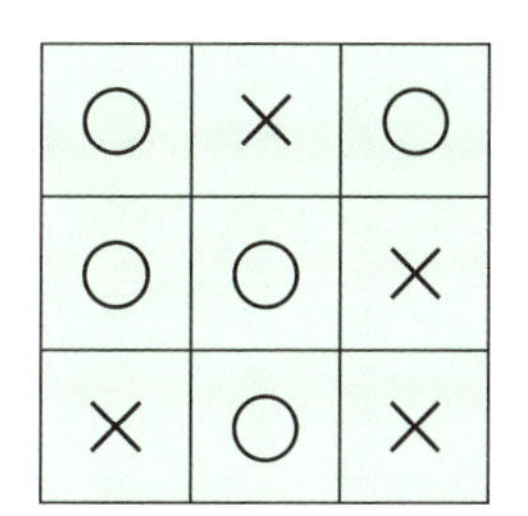

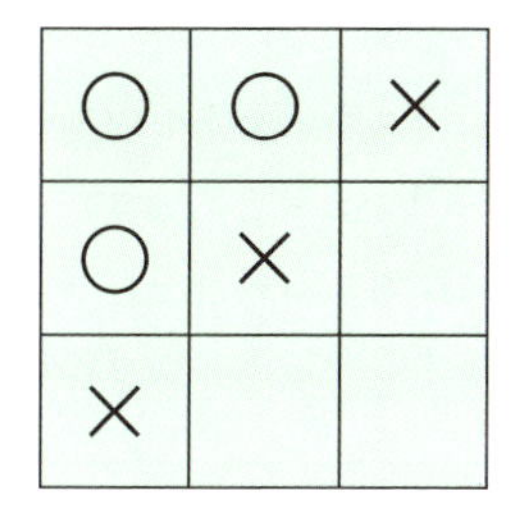

図26 ○×ゲームの例

なお、必ず勝てる場面でも正しいマスを選ばない可能性があるものとします。

問題

○×ゲームの結果画面が何通りあるかを求めてください。
このとき、途中の経過を考えた手順の数と、途中の経過には関係ない結果画面のパターン数のそれぞれについて答えてください。

○と×のどちらも空いているマスに置いていくだけなので、同じ処理で探索し、勝敗のチェックを行うとシンプルに実装できます。

第3章　中級編★★★

考え方

入れられるマスは9カ所であるため、最大でも9! = 362,880通りです。全探索してもなんとか処理できそうなので、○と×を交互に埋めていき、いずれかが3マス並ぶまで繰り返します。

探索はすべてのマスに対してまだ置かれていないかチェックし、置かれていなければ順に置いてみて、相手の手番に変えます。これは再帰的に処理できそうです。

勝敗が決まったかどうかのチェックはどうすればいいですか？

○か×が3マス並んでいればいいので、縦方向・横方向・斜め方向をそれぞれチェックしましょう。

勝敗が決まった場面を記録しておくと、途中の経過を無視した結果画面についても考えられるね。

マスを1次元の配列で表現し、それぞれのマスの状態を「0：未配置」、「1：○」、「－1：×」とします。最初にすべてのマスを「0」で初期化し、マスが未配置の場合に探索する処理を再帰的に実装します。同じ盤面が出た場合を考慮し、メモ化して実装すると以下のように書けます。

q60.rb

```
# 勝敗が決まったか
def check(board, user)
  3.times do |i|
    # 縦方向と横方向のチェック
    if ((board[i * 3] == user) &&
        (board[i * 3] == board[i * 3 + 1]) &&
        (board[i * 3] == board[i * 3 + 2])) ||
       ((board[i] == user) &&
        (board[i] == board[i + 3]) &&
        (board[i] == board[i + 6]))
      return true
    end
  end
  # 斜め方向のチェック
  if (board[4] == user) &&
     (((board[0] == board[4]) && (board[4] == board[8])) ||
      ((board[2] == board[4]) && (board[4] == board[6])))
    return true
  end
```

```
  false
end

@memo = {}
@uniq = {}
# 順に探索
def search(board, user)
  return @memo[[board, user]] if @memo[[board, user]]
  if check(board, -user)
    @uniq[board] = true
    return 1
  end
  cnt = 0
  9.times do |i|
    if board[i] == 0
      board[i] = user
      cnt += search(board, -user)
      board[i] = 0
    end
  end
  @memo[[board, user]] = cnt
end

puts search([0] * 9, 1)
puts @uniq.size
```

q60.js

```
// 勝敗が決まったか
function check(board, user){
  for (var i = 0; i < 3; i++){
    // 縦方向と横方向のチェック
    if (((board[i * 3] == user) &&
         (board[i * 3] == board[i * 3 + 1]) &&
         (board[i * 3] == board[i * 3 + 2])) ||
        ((board[i] == user) &&
         (board[i] == board[i + 3]) &&
         (board[i] == board[i + 6]))){
      return true;
    }
  }
  // 斜め方向のチェック
  if ((board[4] == user) &&
      (((board[0] == board[4]) && (board[4] == board[8])) ||
       ((board[2] == board[4]) && (board[4] == board[6])))){
    return true;
  }
  return false;
}
```

第3章 中級編★★★

```
var memo = {};
var uniq = {};
// 順に探索
function search(board, user){
  if (memo[[board, user]]) return memo[[board, user]];
  if (check(board, -user)){
    uniq[board] = true;
    return 1;
  }
  var cnt = 0;
  for (var i = 0; i < 9; i++){
    if (board[i] == 0){
      board[i] = user;
      cnt += search(board, -user);
      board[i] = 0;
    }
  }
  return memo[[board, user]] = cnt;
}

board = new Array(9);
for (var i = 0; i < 9; i++) board[i] = 0;
console.log(search(board, 1));
console.log(Object.keys(uniq).length);
```

途中経過を考えない結果画面のパターンを数えるために、連想配列を使っているんですね。

連想配列のキーをマスの配置にしておくことで、同じ配置を二重にカウントすることがなくなりますよ。

最後にパターン数を求めるときも、連想配列に格納されている個数を数えればいいから楽だわ。

途中経過を考えた場合：209,088通り
結果画面のパターン数：942通り

第4章

上級編

複雑な処理を正確に実装しよう

ライブラリを調べてみよう

プログラミング言語によっては、豊富なライブラリが用意されている言語があります。たとえば、Q53で登場したように、Rubyには素数を扱う「prime」というライブラリがあります。これを使うと、素数の判定だけでなく、ある数以下の素数を抽出することも簡単です。

また、データ構造についてのライブラリも知っておくと便利です。たとえば、配列は多くの言語で用意されていますが、連想配列や連結リスト、キューやスタックについてのライブラリが別途用意されている言語もあります。

これらのライブラリを知っておくと、自分で実装する必要がなくなり、開発にかかる時間を短縮できます。これは実務の現場においても同じです。知っていれば使うだけなのであっという間に実装できる案件でも、知らないがために開発に時間がかかる、調査に時間がかかる、というのは時間のムダです。

単純なソートなどを勉強のために実装するのも1つの方法ですが、すでに存在するライブラリがあるのであれば、それを活用することが大切です。また、ライブラリが充実した言語を選ぶという選択肢もあります。

この本で登場するパズルではあまり使うことはありませんが、統計に便利なライブラリを使いたいのであれば、PythonやRといった言語を使うのも方法の1つです。

すでに勉強した言語であっても、調べてみるとこれまでに使ったことがなかったライブラリに出会うことがあるかもしれません。業務で使わないから、という理由で調べていないライブラリも、パズルを解くうえで役に立つこともありますし、その逆もあるでしょう。

最近はオープンソースのライブラリも数多く提供されていますので、そのライブラリのソースコードを読むことで、よりよい実装について考えるきっかけになるかもしれません。

IQ：90　目標時間：30分

Q61 互い違いに並べ替え

学校などでよく見かける「背の順」。でも、いつも同じ順番になるのは不公平です。そこで、身長がバラバラになるように並べることを考えます。つまり、前の人よりも大きい人、小さい人が交互に並びます。

たとえば、身長が次のような4人がいたとします。

150cm、160cm、170cm、180cm

この4人が身長で交互に並ぶときの並び順として、以下の10通りが考えられます。

150cm、170cm、160cm、180cm
150cm、180cm、160cm、170cm
160cm、150cm、180cm、170cm
160cm、170cm、150cm、180cm
160cm、180cm、150cm、170cm
170cm、150cm、180cm、160cm
170cm、160cm、180cm、150cm
170cm、180cm、150cm、160cm
180cm、150cm、170cm、160cm
180cm、160cm、170cm、150cm

第4章 上級編★★★★

問題

20人を一列に並べるとき、その並び順として考えられるパターンが何通りあるか求めてください。なお、全員の身長は異なるものとします。

あくまでも並び順だけなので、具体的な身長の値は特に必要ありませんね。

逆順もカウント対象なので、組み合わせではなくて順列を考える必要がありますね。

考え方

全員の身長が異なることから、それぞれの身長を使うのではなく、n人の身長を1からnまでの数値に置き換えても同じです。そこで、1からnまでの数値をどのように並べるかを考えることにします。

互い違いの並び順は「交代順列（Alternating permutation）」と呼ばれることもあります。交互に並べるため、$1 \sim n-1$までの数が並んでいる状態に対して、nを入れることを考えます。

nを置く場所を、左からi番目とすると、nの左側には$i-1$個の数値が、nの右側には$n-i$個の数値があります。また、nを置いた位置よりも左に配置する数を決めると、右に残る数も自動的に決まります。左に配置する数の選び方は、$n-1$個の数から$i-1$個を選ぶ組み合わせで求められます。

組み合わせの求め方は何度も見たような……

今回は$n-1$個から$i-1$個を選ぶため、${}_{n-1}C_{i-1}$と表現できます。

さらに、挿入した位置の左右の並び順について考えてみます。挿入するnはほかの値より大きいため、左側は$i-1$番目の数が凹んで終わっているような並び順です。右側も同様に、$n-i$個のうち先頭が凹んでいるような並び順になっています（図1）。

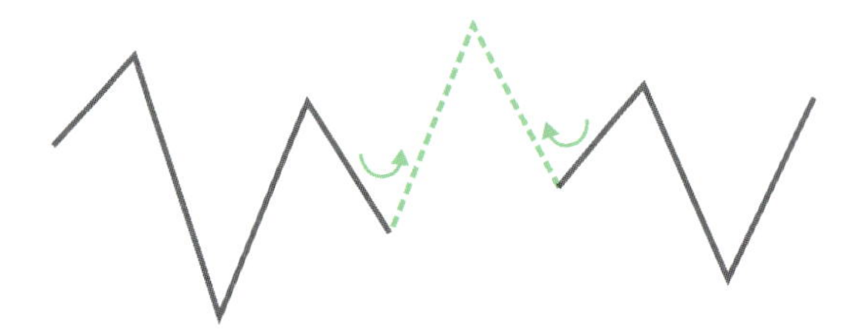

図1 左右の並び順のイメージ

つまり、n個の数が交互に並ぶパターン数をtall(n)とすると、nが1より大きいとき、以下のように再帰的に定義できます。この式の先頭に1/2があるのは、最後が上がっているときと下がっているもののうち、下がっているものだけを選ぶためです。

$$\mathrm{tall}(n) = \frac{1}{2}\sum_{i=1}^{n}\left[\mathrm{tall}(i-1) \times {}_{n-1}\mathrm{C}_{i-1} \times \mathrm{tall}(n-i)\right]$$

これを実装すると、以下のように書けます。

q61_1.rb

```
N = 20

# n個からr個を選ぶ組み合わせ数を求める
@memo = {}
def nCr(n, r)
  return @memo[[n, r]] if @memo[[n, r]]
  return 1 if (r == 0) || (r == n)
  @memo[[n, r]] = nCr(n - 1, r - 1) + nCr(n - 1, r)
end

@memo_tall = {}
def tall(n)
  return 1 if n <= 2
  return @memo_tall[n] if @memo_tall[n]
  result = 0
  1.step(n){|i|
    result += tall(i - 1) * nCr(n - 1, i - 1) * tall(n - i)
  }
  @memo_tall[n] = result / 2
end

if N == 1
  puts "1"
else
  puts 2 * tall(N)
end
```

q61_1.js

```
N = 20;

// n個からr個を選ぶ組み合わせ数を求める
var memo = {};
function nCr(n, r){
  if (memo[[n, r]]) return memo[[n, r]];
  if ((r == 0) || (r == n)) return 1;
  return memo[[n, r]] = nCr(n - 1, r - 1) + nCr(n - 1, r);
}

var memo_tall = {};
function tall(n){
  if (n <= 2) return 1;
  if (memo_tall[n]) return memo_tall[n];
  var result = 0;
  for (var i = 1; i <= n; i++){
```

```
    result += tall(i - 1) * nCr(n - 1, i - 1) * tall(n - i);
  }
  return memo_tall[n] = result / 2;
}

if (N == 1){
  console.log("1");
} else {
  console.log(2 * tall(N));
}
```

*n*が1でないとき2倍しているのは何のためですか？

*n*がほかの数よりも小さい場合、つまり上下が逆のパターンを考える必要があるためです。

ほかの求め方も考えられますか？

Point

英語版のWikipediaで「Alternating permutation」を調べると、「Entringer number」や「Euler zigzag number」という記述があります。これは以下の式で表されます。

$$E(0, 0) = 1$$
$$E(n, 0) = 0 \ (n > 0)$$
$$E(n, k) = E(n, k-1) + E(n-1, n-k)$$

*N*番目のzigzag numberを求めるには、$E(n, n)$を求めることになります。これを図に表してみると、**図2**のようになります。そして、これは求める数の半分ですので、この値を2倍にします。

1

0　1

0　1　1

0　1　2　2

0 → 2 → 4 → 5 → 5

0　5　10　14　16　16

0　…

図2 E（n, n）を求める

上記をループで実装すると、以下のように書けます。

q61_2.rb

```
N = 20

z = Hash.new(0)
z[[0, 0]] = 1
1.upto(N) do |n|
  1.upto(N) do |k|
    z[[n, k]] = z[[n, k - 1]] + z[[n - 1, n - k]]
  end
end
puts 2 * z[[N, N]]
```

q61_2.js

```
N = 20;

var z = new Array(N + 1);
for(var i = 0; i <= N; i++)
  z[i] = new Array(i + 1).fill(0);
z[0][0] = 1;
for (var n = 1; n <= N; n++)
  for (var k = 1; k <= n; k++)
    z[n][k] = z[n][k - 1] + z[n - 1][n - k];
console.log(2 * z[N][N]);
```

740,742,376,475,050通り

先生のコラム

身の回りにある「互い違い」

この問題では、互い違いに並べる作業を行いましたが、私たちの身の回りにも互い違いに並べる工夫をしている例がいくつもあります。

たとえば、ティッシュペーパーを考えてみましょう。テーブルなどに置かれているボックスに入ったティッシュペーパーは、互い違いに積み重ねられています。このように並べることで、上から1枚ずつ抜き出したときに、次の紙が摩擦により引き出されることを利用しています。これがもし、互い違いになっていなければ、1枚ずつ取り出すことが面倒な作業になるでしょう。

ほかにも、座席を互い違いに配置することで、向かい合う人と目が合わないように工夫する例もあります。たとえば、飛行機のビジネスクラスなどで採用されている「スタッガードシート」が挙げられます。少しずつ座席をずらすことで、足を伸ばすスペースを確保するだけでなく、半個室感を出してパーソナルスペースを増やす工夫をしています。

プログラマにとって身近なキーボードも、互い違いになっている例でしょう。多くの人に使われているQWERTY配列のキーボードでは、それぞれの段が互い違いに並んでいます。これも一列に並べることは可能ですが、現在の配列のほうがタッチタイピングをするときに使いやすいことは明らかです。

もちろん、初心者にとっては整列しているほうが探しやすい場合もあります。iPadで使われる「かな入力」のようなキーボード（図3）では、きれいに整列されているものもあります。

プログラマはソートなど並べることをよく考えますが、このように、あえて互い違いに並べる例を考えてみるのも面白いかもしれません。

☆123	「」	わ	ら	や	ま	は	な	た	さ	か	あ	⌫
ABC	?	を	り		み	ひ	に	ち	し	き	い	空白
あいう	!	ん	る	ゆ	む	ふ	ぬ	つ	す	く	う	改行
	、	ー	れ		め	へ	ね	て	せ	け	え	
	。	゛゜小	ろ	よ	も	ほ	の	と	そ	こ	お	

図3 iPadの「かな入力」キーボード

Q62 壊れたピンチハンガー

IQ：120　目標時間：30分

家事の中でも嫌いな人が多い洗濯。洗濯機に入れるのは簡単でも、干すのが面倒です。特にごちゃごちゃしたピンチハンガーは面倒なため、どの洗濯バサミを選べばよいか迷わないように場所を固定してみます。

今回は、長方形に並んだピンチハンガーを考えます。さらに、隣り合う2つの洗濯バサミを「ペア」として、一部を使えない（壊れている）ようにします。このピンチハンガーの上下左右に隣り合う2つを使って、洗濯物を干すことにします。

たとえば、縦に3個、横に4個並んでいるピンチハンガーで、図4のように1ペアを使えないようにしておくと、残った洗濯バサミをすべて使う配置は右図の1通りしかありません。

同様に、縦に4個、横に5個並んでいるピンチハンガーの場合は、図5のように2ペアを使えないようにすると、残った洗濯バサミをすべて使う配置は右図の1通りに決まります。ただし、1ペアを使えないようにするだけでは、1通りにすることはできません。

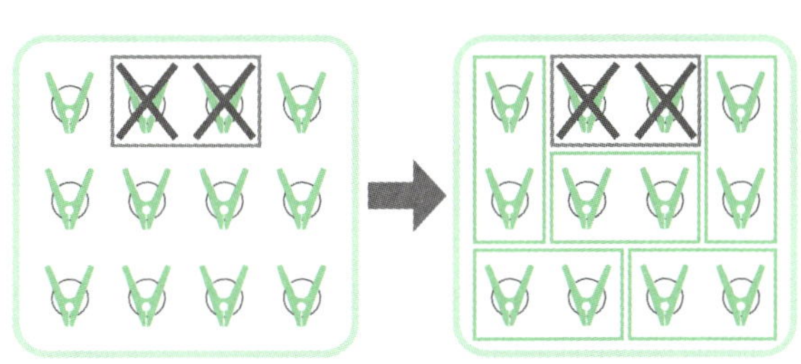

図4 縦3個、横4個の場合

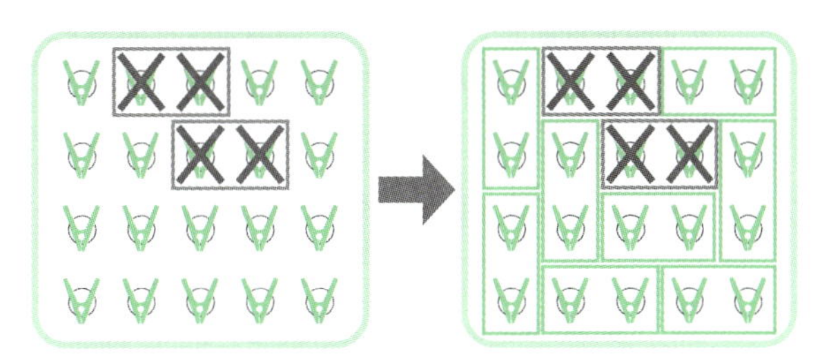

図5 縦4個、横5個の場合

問題

縦に7個、横に10個並んでいるピンチハンガーで、いくつかのペアを使えないようにした場合、残った洗濯バサミをすべて使う配置が1通りになるためには、最低いくつのペアを使えないようにする必要があるかを求めてください。

第4章 上級編★★★★

考え方

「長方形の中で、特定の位置を使わずにドミノ（1×2マスの長方形）を配置するパターン数を求める問題」と考えると、最も簡単なのは左上から順に埋めていくことです。ただし、全探索するとサイズが大きくなったときに大変なので、メモ化や動的計画法がよく使われます。

今回は配置方法のパターン数は不要で、1通りに決まるかがわかるだけで構いません。そこで、無条件に1通りに決まる部分の有無をチェックし、上記の方法でパターン数を求め、1つに決定できれば探索を終了する方法を採用します。

まず、どこが壊れた洗濯バサミなのかを決める必要がありますよね？

そうだね。壊れた洗濯バサミを1つずつ増やしながら、その配置を決めるとよさそう。

決めた配置に対して、何通りの使い方があるかを調査してみましょう。

壊れた洗濯バサミの配置は、縦か横に置く作業を再帰的に実行します。指定された数だけ配置できれば、その配置に対して何通りの使い方があるか調べます。これも左上から空いている場所を再帰的に探索すると、何通りの使い方があるかわかります。

ここでは、ただピンチハンガーを1次元の配列で表現するだけでなく、何通りの使い方があるかを調査しています。また、それぞれの位置を使う洗濯バサミの置き方が何通りあるかも1次元の配列で表しています。

1次元の配列を使うと、配列のコピーが楽でいいですね。

多次元の配列を使うと、配列の中身まで1つずつコピーするディープコピーを検討する必要がありますね。

配置できなかった場合は、残っている洗濯バサミの数を返すことで、1通りに決まらなかったことを表現できます。上下左右のチェックが必要なため、少しソースコードは長くなりますが、処理内容は単純で、左上から順に試しているだけです。

q62.rb

```
W, H = 10, 7

@pins = Array.new(W * H){0}

# 壊れた洗濯バサミを配置した状態で、何通りの使い方があるか調査
def check(temp)
  connect = Array.new(W * H){0}
  remain, single = 0, 0
  (W * H).times do |i|
    if temp[i] == 0
      # 配置されていない場合、上下左右の空き状況をチェック
      connect[i] += 1 if (i % W != 0) && (temp[i - 1] == 0)
      connect[i] += 1 if (i % W != W - 1) && (temp[i + 1] == 0)
      connect[i] += 1 if (i / W != 0) && (temp[i - W] == 0)
      connect[i] += 1 if (i / W != H - 1) && (temp[i + W] == 0)
      remain += 1 # 配置されていない洗濯バサミをカウント
      single += 1 if connect[i] == 1 # 1通りに決まる位置の数
    end
  end
  if single > 0
    (W * H).times do |i|
      if (connect[i] == 1) && (temp[i] == 0)
        # 1通りに決まる場合、使う
        temp[i] = 1
        if (i % W != 0) && (temp[i - 1] == 0)
          temp[i - 1] = 1
        elsif (i % W != W - 1) && (temp[i + 1] == 0)
          temp[i + 1] = 1
        elsif (i / W != 0) && (temp[i - W] == 0)
          temp[i - W] = 1
        elsif (i / W != H - 1) && (temp[i + W] == 0)
          temp[i + W] = 1
        else
          return 1 # 配置できない
        end
      end
    end
    return check(temp)
  else
    return remain
  end
end

#壊れた洗濯バサミを再帰的に配置
# pos: 配置する位置
# depth: 配置する数
def search(pos, depth)
  if depth == 0 # 配置完了
```

第4章 上級編★★★★

```
    if check(@pins.clone) == 0
      # 1通りに決まったときは出力して終了
      puts @broken
      exit
    end
    return
  end
  return if pos == W * H # 探索完了
  if @pins[pos] == 0 # 配置していないとき
    if (pos % W < W - 1) && (@pins[pos + 1] == 0) # 横に配置
      @pins[pos], @pins[pos + 1] = 1, 1
      search(pos, depth - 1)
      @pins[pos], @pins[pos + 1] = 0, 0
    end
    if (pos / W < H - 1) && (@pins[pos + W] == 0) # 縦に配置
      @pins[pos], @pins[pos + W] = 1, 1
      search(pos, depth - 1)
      @pins[pos], @pins[pos + W] = 0, 0
    end
  end
  search(pos + 1, depth) # 次を探索
end

# 壊れた数を増やしながら探索
(W * H / 2).times do |i|
  @broken = i
  search(0, @broken)
end
```

q62.js

```
W = 10;
H = 7;

var pins = new Array(W * H);
for (var i = 0; i < W * H; i++)
  pins[i] = 0;

// 壊れた洗濯バサミを配置した状態で、何通りの使い方があるか調査
function check(temp){
  // console.log(temp);
  var connect = new Array(W * H);
  for (var i = 0; i < W * H; i++)
    connect[i] = 0;
  var remain = 0, single = 0;
  for (var i = 0; i < W * H; i++){
    if (temp[i] == 0){
      // 配置されていない場合、上下左右の空き状況をチェック
      if ((i % W != 0) && (temp[i - 1] == 0)) connect[i]++;
```

```
      if ((i % W != W - 1) && (temp[i + 1] == 0)) connect[i]++;
      if ((i / W != 0) && (temp[i - W] == 0)) connect[i]++;
      if ((i / W != H - 1) && (temp[i + W] == 0)) connect[i]++;
      remain++; // 配置されていない洗濯バサミをカウント
      if (connect[i] == 1) single++; // 1通りに決まる位置の数
    }
  }
  if (single > 0){
    for (var i = 0; i < W * H; i++){
      if ((connect[i] == 1) && (temp[i] == 0)){
        // 1通りに決まる場合、使う
        temp[i] = 1;
        if ((i % W != 0) && (temp[i - 1] == 0)){
          temp[i - 1] = 1;
        } else if ((i % W != W - 1) && (temp[i + 1] == 0)){
          temp[i + 1] = 1;
        } else if ((i / W != 0) && (temp[i - W] == 0)){
          temp[i - W] = 1;
        } else if ((i / W != H - 1) && (temp[i + W] == 0)){
          temp[i + W] = 1;
        } else {
          return 1; // 配置できない
        }
      }
    }
    return check(temp);
  } else {
    return remain;
  }
}

//壊れた洗濯バサミを再帰的に配置
// pos: 配置する位置
// depth: 配置する数
function search(pos, depth){
  if (depth == 0){ // 配置完了
    if (check(pins.concat()) == 0){
      // 1通りに決まったときは出力して終了
      console.log(broken);
      done = true;
    }
    return;
  }
  if (pos == W * H) return; // 探索完了
  if (pins[pos] == 0){ // 配置していないとき
    if ((pos % W < W - 1) && (pins[pos + 1] == 0)){ // 横に配置
      [pins[pos], pins[pos + 1]] = [1, 1];
      search(pos, depth - 1);
      [pins[pos], pins[pos + 1]] = [0, 0];
    }
```

```
    if (done) return;
    if ((pos / W < H - 1) && (pins[pos + W] == 0)){ // 縦に配置
      [pins[pos], pins[pos + W]] = [1, 1];
      search(pos, depth - 1);
      [pins[pos], pins[pos + W]] = [0, 0];
    }
  }
  if (done) return;
  search(pos + 1, depth); // 次を探索
}

// 壊れた数を増やしながら探索
var broken = 0;
var done = false;
for (var i = 0; i < W * H / 2; i++){
  broken = i;
  search(0, broken);
  if (done) break;
}
```

このような長いソースコードは一気に理解しようとするよりも、分けられた処理に注目していくことが大事だよ。

JavaScriptではRubyのexitのように一気にプログラムの実行を止めることができないので、再帰を1つずつ抜ける必要があることに注意しましょう。

Point

今回のようなサイズになると、上記のようなRubyやJavaScriptなどで実行すると少し処理に時間がかかります。C言語やJavaのようなコンパイル型の言語を使うと、処理時間を短縮できます。

高速な処理が必要な場面では、コンパイル型の言語を使ってくだサイネ!

解答 4ペア

IQ：120　目標時間：30分

Q63 永遠に続くビリヤード

誰でも楽しめるビリヤード。ここではクッションに対してちょうど45度の角度にボールを打つことにします。ボールの勢いが十分に強い場合、クッションに当たると反射し、同じ場所を繰り返して動きます（テーブルにポケットはありません。ポケットのないテーブルを使用する方式をキャロムビリヤードといいます）。

簡単にするため、横にm個、縦にn個のマス目で任意の格子点から始め、通過したマス目の数をカウントします（クッションの角に当たった場合は、来た方向に戻ります。また、同じマスを通過した場合は、順方向、逆方向ともに1つとしてカウントします）。

たとえば、$m=4$、$n=2$のとき、図6の左図のように動かすと4マスですが、右図のように動かすと8マスです。

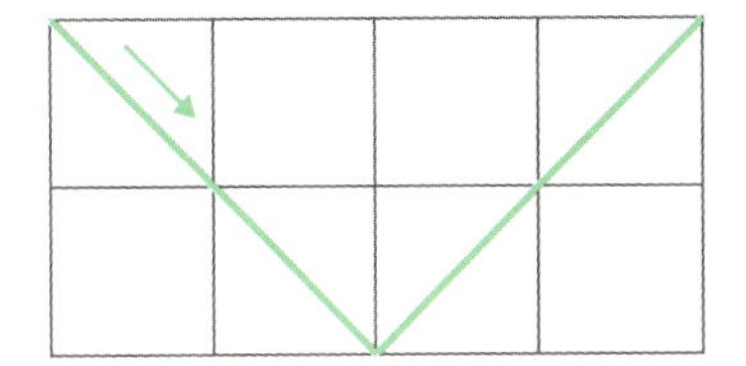
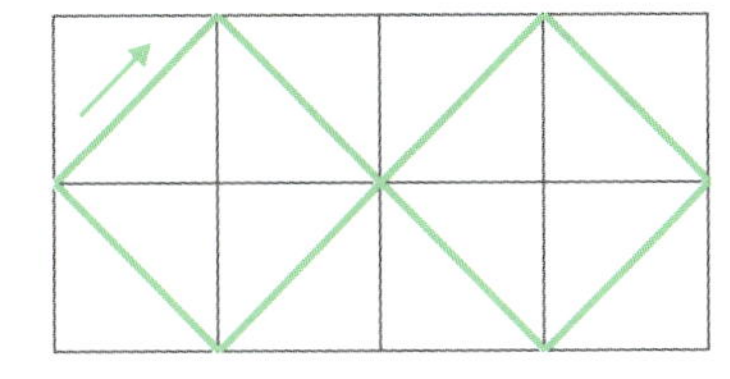

図6 $m=4$、$n=2$の場合

また、$m=4$、$n=3$のときはどの位置からどの方向にスタートしても、12マスになります（図7）。

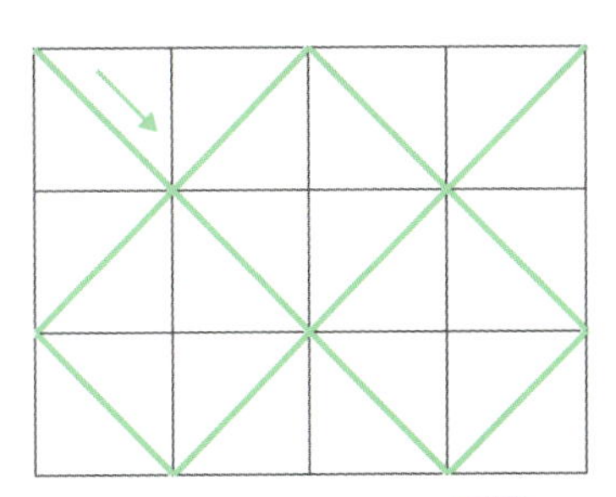
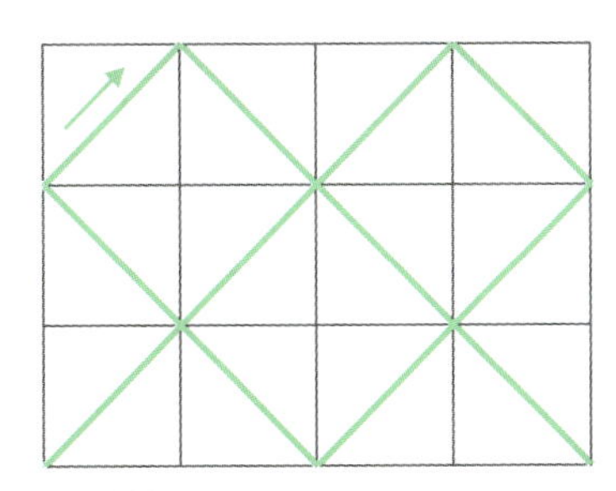

図7 $m=4$、$n=3$の場合

問題

$m=60$、$n=60$のとき、通過するマス目の数が最小になる経路、最大になる経路を考え、そのマス目の数をそれぞれ求めてください。

第4章 上級編★★★★

考え方

ボールが同じ場所を繰り返して動くことから、経路の途中で止まることを考える必要はありません。つまり、壁と壁の間を往復するため、ボールの移動距離は向かい合う壁の距離の倍数になることがわかります。

また、必ず45度の角度に動くため、縦方向だけでなく、横方向についても同じことがいえます。つまり、移動距離はmの倍数であり、かつnの倍数であることがわかります。このような数の最小値はmとnの最小公倍数でしょう。

壁から壁まで移動するので、縦方向も横方向も必ずマス目の数だけ移動するんですね。

あとは、この最小公倍数で実現できる経路があるか、だね。

$m=n$のときは簡単ですね。いずれかの角からスタートすると、対角線を移動して元に戻るので、通過するマスの数mは明らかに最小公倍数です。

問題なのは$m \neq n$のときです。いくつか実際に描いてみると、mとnの関係によって規則性が見えてきます。たとえば、問題文にある$m = 4$、$n = 3$のようにmとnが「互いに素」の場合、どの格子点から出発しても、4つの角のうちいずれか2つで跳ね返り、すべてのマスを通ることがわかります。つまり、最大も最小も$m \times n$マスとなります。

問題になるのは、mとnが互いに素でないときです。問題文の$m = 4$、$n = 2$の例で出した図6のように、いずれかの角から出発した場合、ほかのいずれかの角に当たって跳ね返ることを繰り返します。このときに通るマス目の数はmとnの最小公倍数なので、これが最小になります。

「互いに素」って何でしたっけ？

Q16でも登場したように、2つの整数の最大公約数が1、つまり1以外に共通の約数を持たないことだね。

実際に図を描いてみるとわかりやすいですよ。

次に最大値を考えてみましょう。最大値も$m = n$のときは簡単で、角以外からスタートすると、1周回って元に戻ってくるので、通過するマスの数は$2 \times m$です。また、mとnが互いに素のときは、上述のとおり$m \times n$マスです。

mとnが互いに素でないとき、角以外からスタートすると、角を通らずにループします。このとき、最短経路を平行移動したものを再び移動すると考えると、その経路の長さはmとnの最小公倍数の2倍になります。

mとnの最小公倍数をLCM(m, n)とすると、表1のように整理できます。

表1 条件別の最小と最大

条件	最小	最大
$m = n$	m	$2 \times m$
mとnが互いに素	$m \times n$	$m \times n$
mとnが互いに素でない	LCM(m, n)	$2 \times$ LCM(m, n)

これを実装すると、以下のように書けます。

q63.rb

```
M, N = 60, 60

if M == N
  min, max = M, 2 * M
elsif M.gcd(N) == 1
  min, max = M * N, M * N
else
  min, max = M.lcm(N), 2 * M.lcm(N)
end

puts min
puts max
```

q63.js

```
M = 60;
N = 60;

// 最大公約数を再帰で求める
function gcd(a, b){
  if (b == 0) return a;
  return gcd(b, a % b);
}

// 最小公倍数を求める
function lcm(a, b){
```

```
  return a * b / gcd(a, b);
}

var min, max;
if (M == N){
  [min, max] = [M, 2 * M];
} else if (gcd(M, N) == 1){
  [min, max] = [M * N, M * N];
} else {
  [min, max] = [lcm(M, N), 2 * lcm(M, N)];
}

console.log(min);
console.log(max);
```

Rubyだと最大公約数や最小公倍数を求める処理を使うだけですね。

JavaScriptで最大公約数を求める処理には「ユークリッドの互除法」を使っているよ。

最小公倍数は$A \times B = \mathrm{GCD}(A, B) \times \mathrm{LCM}(A, B)$という特徴を使って求めています。

Point

なお、表をよく見ると、最小の場合はいずれもLCM(m, n)で求められることがわかります（$m = n$のとき最小公倍数はmと等しくなり、mとnが互いに素のとき最小公倍数は$m \times n$と等しくなるため)。

また、最大の場合は、$m = n$のときも$2 \times \mathrm{LCM}(m, n)$と表現できます。このように整理すると、よりシンプルに実装することもできます。

解答

最小：60

最大：120

IQ: 130　目標時間: 30分

Q64 最短距離で往復できる形は?

格子状の道路があり、左下のA点から右上のB点まで格子状の道路を最短距離で移動し、またB点からA点に最短距離で戻ってくることを繰り返します。このとき、一度通ったルートとは異なる経路を通るものとします。

すべてのパターンを通ったとき、最終的にA点で終わるような道を考えます。たとえば、AからBまでの移動距離が5なのは図8の4通りがありますが、そのうち、最終的にA点で終わるのは中央の2通りです(両端の場合は、左端の道順のようにB点で終わる)。

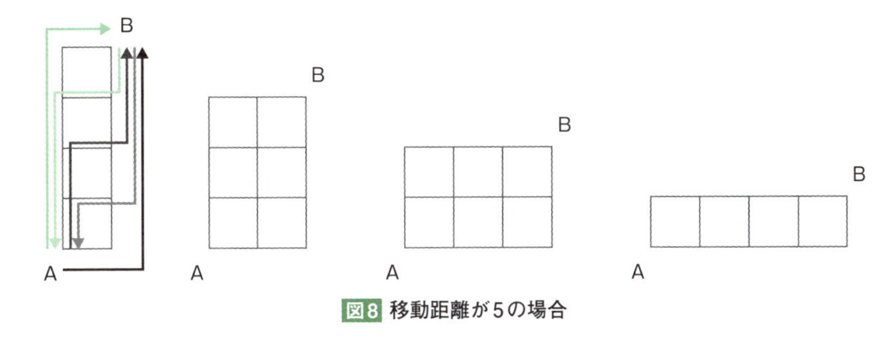

図8 移動距離が5の場合

問題

AからBまでの移動距離が98303のとき、最終的にA点で終わる形のうち、横幅が最小になるものを考え、その横幅を求めてください。
上記のようにAからBまでの移動距離が5のときは、図の左から2番目の形ですので、横幅は「2」になります。

この問題は2015年の東京大学の入試問題から着想を得たものです。その問題は「mを2015以下の正の整数とする。${}_{2015}C_m$が偶数となる最小のmを求めよ。」というシンプルなものでした。

ということは、プログラミングせずに解く方法も考えられるんですね!

考え方

問題文のような格子状の道を最短距離で往復し、すべてのパターンを通って最終的にA点に戻る場合、最短経路のパターン数が偶数である必要があります。ここで、最短経路のパターン数を考えると、AからBまでの移動距離をm、横方向の移動をn回とすると${}_mC_n$で求められます。

つまり、AからBまでの移動距離が98303で、最終的にA点で終わる形のうち、横幅が最小になるのは、「${}_{98303}C_n$が偶数となるような最小のn」を求めることだといえます。

最短経路が何通りあるか、という問題は入試でもよく出題されるね。

でも、偶数になるかどうかって、どうやって判断すればいいんですか？

順番に割ってみるのも1つの方法ですね。

組み合わせを求める${}_mC_n$の値が、${}_mC_{m-n}$と等しくなることはよく知られています。よくパスカルの三角形に登場するように、二項係数としても知られており、左右対称の形をしています。なので、ちょうどnの半分まで調べればそれ以降は調べる必要がありません。

そこで、組み合わせの数を求める処理でnの値を順に変えながら最小のものを求めるプログラムを書くと、以下のように実装できます。nが大きいため、組み合わせを求める処理に再帰ではなくループを使っています。

q64_1.rb

```
N = 98303

def nCr(n, r)
  result = 1
  1.upto(r) do |i|
    result = result * (n - i + 1) / i
  end
  result
end

width = ""
1.upto(N / 2) do |i|
```

```
  if nCr(N, i) % 2 == 0
    width = i
    break
  end
end
puts width
```

q64_1.js

```
N = 98303;

function nCr(n, r){
  var result = 1;
  for (var i = 1; i <= r; i++)
    result = result * (n - i + 1) / i;
  return result;
}

var width = "";
for (var i = 1; i <= N / 2; i++){
  if (nCr(N, i) % 2 == 0){
    width = i;
    break;
  }
}
console.log(width);
```

横幅を増やしながら、偶数になるものが見つかれば終了するだけですね。

処理は単純だけど、時間がかかるね。使えそうなのはNが30000くらいまでかな。JavaScriptでは桁あふれして正しい答えが得られないわ。

AからBまでの移動距離が短い場合は問題ありませんが、長い場合は工夫が必要になります。

ここで欲しいのは偶数なのか奇数なのか、という情報だけです。${}_mC_n$が最初に偶数になるときを考えると、mが偶数の場合は${}_mC_1$が偶数なので、必ず$n = 1$になります。

一方、mが奇数の場合は、${}_mC_{n-1}$が奇数で${}_mC_n$が偶数になるようなものを考えます。序章にも書いたように、${}_mC_n = {}_mC_{n-1} \times (m - n + 1)/n$です。つまり、${}_mC_n$が最初に偶数になるということは、${}_mC_{n-1}$は奇数であり、$m$が奇数で$(m - n + 1)/n$が偶数になるには、$n$は必ず偶数である必要があります。

そこで、$n = 2b$と置くと、${}_mC_n$は${}_mC_{2b}$となるため、以下の式で分母・分子に登場する数は偶数個です。

$$\frac{m \times (m-1) \times \cdots \times (m-2b+1)}{2b \times (2b-1) \times \cdots \times 1}$$

奇数は、偶数に掛けても奇数に掛けても偶奇が変わることはないため、奇数を除去して偶数部分のみについて考えると、以下の式と偶奇は変わりません。

$$\frac{(m-1) \times (m-3) \times \cdots \times (m-2b+1)}{2b \times (2b-2) \times \cdots \times 2}$$

ここで、$m - 1 = 2a$と置くと、

$$\frac{a \times (a-1) \times \cdots \times (a-b+1)}{b \times (b-1) \times \cdots \times 1}$$

となり、${}_mC_n$は${}_aC_b$と偶奇が変わらないことになります。これを繰り返して、最初にaが偶数になったときを調べることで、nの値を求められます。つまり、$m - 1$を2で割ることを繰り返したとき、最初に偶数になるまでの回数をkとすると、求める答えは2^kになります。

この回数は、mを2進数で表現したときの右端の「0」の位置を調べることと同じです。そこで、以下のようなプログラムで実装できます。

q64_2.rb

```
N = 98303

m = N.to_s(2).reverse.index("0")
puts m ? 2 ** m : ""
```

q64_2.js

```
N = 98303;

m = N.toString(2).split("").reverse().join("").indexOf("0");
console.log((m)? Math.pow(2, m) : "");
```

32,768

IQ: 130　目標時間: 30分

Q65 n-Queenで反転

「8-Queen問題」はアルゴリズムの勉強でよく登場します。8×8マスの盤上に8個のコマを、縦・横・斜めのいずれの方向にも重複しないように配置する問題です。一般化し、$n \times n$マスの盤でn個のコマの配置を考える場合、n-Queen問題と呼ばれます。

今回はこの配置を活用してみます。オセロのように白と黒の両面がある石が、$n \times n$マスの盤上で1マスに1つずつ置かれています。最初、すべての石は白の面が上を向いています。

n-Queenを満たすコマの配置を使って、コマがある位置に該当する石を反転することを繰り返して、すべてのマスの石を反転させる（つまり、すべての石が黒の面になる）ことを考えます。

たとえば、$n = 4$のとき、n-Queenを満たすのは図9のような2通りがありますが、何度繰り返してもすべての石を反転することはできません。

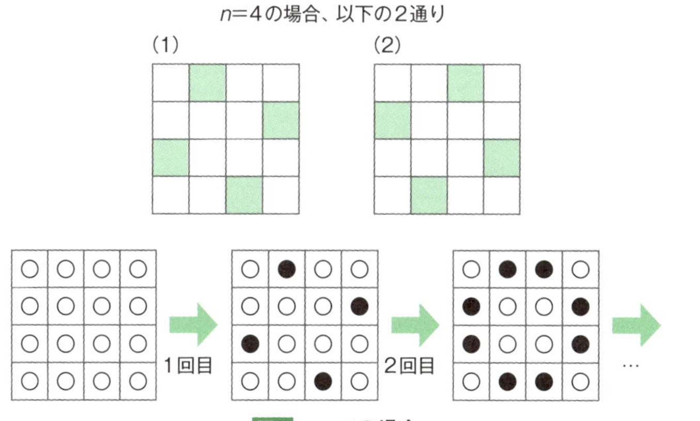

図9 $n = 4$の場合

$n = 5$のときは図10のようなパターンが10通りあり、繰り返すことですべての石を反転できます。

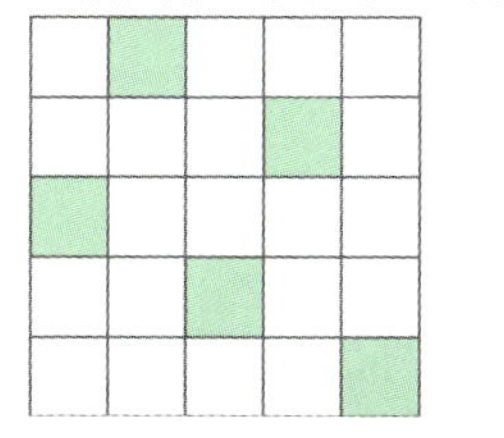

図10 $n = 5$の場合

問題

$n = 7$のとき、最小回数ですべての石を反転させるまでの回数を求めてください。

第4章 上級編★★★★

考え方

n-Queen問題はnを大きくしたときの解の求め方について、その高速化の手法に注目されることもありますが、ここではそれほど大きなnに対応する必要はありません。

そこで、n-Queenの配置についてはシンプルな実装を行います。よく知られている方法として、各行のコマの位置をビット列で表現するとともに、縦方向と斜め方向の利きをビット演算で表現する方法があります。

利きは各位置から左下、真下、右下方向をビット列で表現します。次の行をチェックする際には、左下は1ビット左にシフト、真下はそのまま、右下は1ビット右にシフトした値を使います。この値でビットが立っている位置にはコマを置けないことを意味します。

各行で置く位置は1つだけなので、ビットが立つのは1カ所だけですね。

すべての行を表現するには、配列を使うとすべての行を表現できるよ。

あとはこの配置に対して、反転する手順を考えてみましょう。

最小回数で反転できるものを探索するため、反転を繰り返す作業を幅優先探索で行います。すべての石が反転できれば探索を終了します。このとき、途中で登場したパターンに戻った場合は、同じ処理を繰り返すことになるため、このような配置を除外しながら探索すると、以下のように実装できます。

q65_1.rb

```
N = 7

# n-Queenを生成
@queens = []
def queen(rows, n, left, down, right)
  if n == N
    @queens.push(rows.clone)
    return
  end
  N.times do |i|
    pos = 1 << i
    if (pos & (left | down | right)) == 0
      # ほかのコマの利きに入っていないとき
```

```
      rows[n] = pos
      # 左下、真下、右下を設定し、次の行を探索
      l, d, r = left | pos, down | pos, right | pos
      queen(rows, n + 1, l << 1, d, r >> 1)
    end
  end
end

queen([0] * N, 0, 0, 0, 0)

white, black = [0] * N, [(1 << N) - 1] * N
fw_log = {white => 0}
fw = [white]

depth = 1
while true do
  # 幅優先探索
  fw_next = []
  fw.each do |f|
    @queens.each do |q|
      check = [0] * N
      N.times{|i| check[i] = f[i] ^ q[i]}
      # 過去に登場したパターンかチェック
      if !fw_log[check]
        fw_next.push(check)
        fw_log[check] = depth
      end
    end
  end
  fw = fw_next
  # 次のチェック対象がなくなれば終了
  break if fw.size == 0
  # すべて反転できれば終了
  break if fw_log[black]
  depth += 1
end

if fw_log[black]
  puts fw_log[black]
else
  puts "0"
end
```

q65_1.js

```
N = 7;

// n-Queenを生成
var queens = [];
function queen(rows, n, left, down, right){
```

```
  if (n == N){
    queens.push(rows.concat());
    return;
  }
  for (var i = 0; i < N; i++){
    var pos = 1 << i;
    if ((pos & (left | down | right)) == 0){
      // ほかのコマの利きに入っていないとき
      rows[n] = pos;
      // 左下、真下、右下を設定し、次の行を探索
      [l, d, r] = [left | pos, down | pos, right | pos];
      queen(rows, n + 1, l << 1, d, r >> 1);
    }
  }
}

rows = new Array(N);
for (var i = 0; i < N; i++) rows[i] = 0;
queen(rows, 0, 0, 0, 0);

var white = new Array(N);
for (var i = 0; i < N; i++) white[i] = 0;
var black = new Array(N);
for (var i = 0; i < N; i++) black[i] = (1 << N) - 1;

var fw_log = {white: 0};
var fw = [white];

var depth = 1;
while (true){
  // 幅優先探索
  fw_next = [];
  fw.forEach(function(f){
    queens.forEach(function(q){
      var check = new Array(N);
      for (var i = 0; i < N; i++) check[i] = f[i] ^ q[i];
      // 過去に登場したパターンかチェック
      if (!fw_log[check]){
        fw_next.push(check);
        fw_log[check] = depth;
      }
    });
  });
  fw = fw_next;
  // 次のチェック対象がなくなれば終了
  if (fw.length == 0) break;
  // すべて反転できれば終了
  if (fw_log[black]) break;
  depth++;
}
```

```
if (fw_log[black]){
  console.log(fw_log[black]);
} else {
  console.log("0");
}
```

n-Queenの部分はこんなに短いソースコードで実装できるんですね。

幅優先探索も、すでに登場したパターンを除外しているだけで、特に難しい部分はないかな。

ただ、処理に時間がかかります。*n*＝5なら問題ありませんが、*n*＝7になるとちょっとかかりすぎますね。

幅優先探索の場合、探索が深くなるとそれだけパターンが増大します。そこで、双方向から探索することにします。今回の場合、ゴールはすべてが黒になった場合で、実行する反転も白から行うときと同じです。そこで、両側からスタートして探索することで処理時間を短縮できます。

上記と同様の処理を双方向から探索し、同じパターンが登場した時点で終了します。これを実装すると、以下のように書けます。

q65_2.rb

```
N = 7

# n-Queenを生成
@queens = []
def queen(rows, n, left, down, right)
  if n == N
    @queens.push(rows.clone)
    return
  end
  N.times do |i|
    pos = 1 << i
    if (pos & (left | down | right)) == 0
      # ほかのコマの利きに入っていないとき
      rows[n] = pos
      # 左下、真下、右下を設定し、次の行を探索
      l, d, r = left | pos, down | pos, right | pos
```

```
      queen(rows, n + 1, l << 1, d, r >> 1)
    end
  end
end

queen([0] * N, 0, 0, 0, 0)

white, black = [0] * N, [(1 << N) - 1] * N
fw_log, bw_log = {white => 0}, {black => 0}
fw, bw = [white], [black]

depth = 1
while true do
  # 順方向
  fw_next = []
  fw.each do |f|
    @queens.each do |q|
      check = [0] * N
      N.times{|i| check[i] = f[i] ^ q[i]}
      if !fw_log[check]
        fw_next.push(check)
        fw_log[check] = depth
      end
    end
  end
  fw = fw_next
  break if (fw.size == 0) || ((fw & bw).size > 0)
  depth += 1

  # 逆方向
  bw_next = []
  bw.each do |b|
    @queens.each do |q|
      check = [0] * N
      N.times{|i| check[i] = b[i] ^ q[i]}
      if !bw_log[check]
        bw_next.push(check)
        bw_log[check] = depth
      end
    end
  end
  bw = bw_next
  break if (bw.size == 0) || ((fw & bw).size > 0)
  depth += 1
end

if (fw & bw).size > 0
  puts depth
else
  puts 0
end
```

q65_2.js

```
N = 7;

// n-Queenを生成
var queens = [];
function queen(rows, n, left, down, right){
  if (n == N){
    queens.push(rows.concat());
    return;
  }
  for (var i = 0; i < N; i++){
    var pos = 1 << i;
    if ((pos & (left | down | right)) == 0){
      // ほかのコマの利きに入っていないとき
      // 左下、真下、右下を設定し、次の行を探索
      rows[n] = pos;
      [l, d, r] = [left | pos, down | pos, right | pos];
      queen(rows, n + 1, l << 1, d, r >> 1);
    }
  }
}

rows = new Array(N);
for (var i = 0; i < N; i++) rows[i] = 0;
queen(rows, 0, 0, 0, 0);

function array_and(a, b){
  for (var i = 0; i < a.length; i++){
    for (var j = 0; j < b.length; j++){
      var flag = true;
      for (var k = 0; k < N; k++){
        if (a[i][k] != b[j][k])
          flag = false;
      }
      if (flag) return true;
    }
  }
  return false;
}

var white = new Array(N);
for (var i = 0; i < N; i++) white[i] = 0;
var black = new Array(N);
for (var i = 0; i < N; i++) black[i] = (1 << N) - 1;

var fw_log = {white: 0};
var bw_log = {black: 0};
var fw = [white];
var bw = [black];
```

```
var depth = 1;
while (true){
  // 順方向
  var fw_next = [];
  fw.forEach(function(f){
    queens.forEach(function(q){
      var check = new Array(N);
      for (var i = 0; i < N; i++) check[i] = f[i] ^ q[i];
      if (!fw_log[check]){
        fw_next.push(check);
        fw_log[check] = depth;
      }
    });
  });
  fw = fw_next;
  if ((fw.length == 0) || array_and(fw, bw)) break;
  depth++;

  // 逆方向
  bw_next = [];
  bw.forEach(function(b){
    queens.forEach(function(q){
      var check = new Array(N);
      for (var i = 0; i < N; i++) check[i] = b[i] ^ q[i];
      if (!bw_log[check]){
        bw_next.push(check);
        bw_log[check] = depth;
      }
    });
  });
  bw = bw_next;
  if ((bw.length == 0) || array_and(fw, bw)) break;
  depth++;
}

if (array_and(fw, bw)){
  console.log(depth);
} else {
  console.log(0);
}
```

7回

IQ: 130　目標時間: 30分

Q66 整数倍の得票数

国政選挙や地方選挙だけでなく、アイドルグループでも総選挙が行われるなど、投票に行く場面があります。投票に行ったあとは、誰がどれくらいの得票数を獲得するのか、結果を見るのも重要です。

ここでは、最下位の候補者の得票数を1としたときに、ほかの候補者の得票数が整数倍になるようなパターンを考えます（候補者は自分自身に投票するため、最低でも1票は確保できるものとします）。

たとえば、3人の候補者に対して7人が投票するとき、その得票数のパターンは以下の4通りがあります。

5-1-1
4-2-1
3-3-1
3-2-2

※候補者は区別せず、得票数のみに注目します。

ここで、3-2-2の得票数は、最下位の候補者を1とすると、ほかの候補者が整数倍にならないため対象外です。つまり、上記の場合は3通りです。

問題

20人の候補者に対して100人が投票するとき、その得票数のパターンが何通りあるか求めてください。

それぞれが整数倍になる必要はなくて、最下位の候補者に対して整数倍になっていればいいんですね。

候補者を区別しないので、分け方を大きい順か小さい順に並べて考えないと、重複して数えてしまいそう。

うまく工夫して、投票数が増えても高速に処理できるようにしてください。

考え方

各候補者への投票数を全パターン調べたうえで、配列に格納し、それが最下位の候補者の整数倍になっているかを調べることを考えます。このとき、投票数が多い順になるようにすることがポイントです。

問題文の例であれば、[5, 1, 1], [4, 2, 1], [3, 3, 1], [3, 2, 2]という配列を考え、最後の要素で割ったときにいずれも「余りが0」になればOKです。

整数倍になっているかは「余りが0」の判定でいいかな。

あとはどうやって配列に格納していくかですね。

配列の後ろから順に、後ろの要素の値以上の得票数をセットしていきましょう。

最初、配列の要素にすべて0をセットしておき、後ろから順に得票数をセットすることを再帰的に行います。チェックを容易にするため、番兵として最後に「1」の要素を追加しておくと、以下のように書けます。

q66_1.rb

```
M, N = 20, 100

def search(m, n, vote)
  return (n == 0) ? 1 : 0 if m == 0
  cnt = 0
  vote[m].upto(n / m) do |i|
    vote[m - 1] = i
    if (vote[m - 1] % vote[M - 1]) == 0
      cnt += search(m - 1, n - i, vote)
    end
  end
  cnt
end

puts search(M, N, [0] * M + [1])
```

q66_1.js

```
M = 20;
N = 100;

function search(m, n, vote){
  if (m == 0) return (n == 0) ? 1 : 0;
  var cnt = 0;
  for (var i = vote[m]; i <= n / m; i++){
    vote[m - 1] = i;
    if ((vote[m - 1] % vote[M - 1]) == 0){
      cnt += search(m - 1, n - i, vote);
    }
  }
  return cnt;
}

var vote = new Array(M + 1);
for (var i = 0; i < M; i++){
  vote[i] = 0;
}
vote[M] = 1;
console.log(search(M, N, vote));
```

番兵を使っているのはどういう意味ですか？

こうすると、「右の要素よりも大きな値をセットする」というときに右端かどうかの判定が不要になるよ。

探索するときに割り当てる数の繰り返しの上限が「*n*/*m*」になっている部分に注目です。これより大きな数を割り当てると、残りに大きな数を割り当てられなくなります。

ただし、この方法では、投票者数が増えると一気に処理時間が増加します。そこで少し工夫して、最下位の候補者の得票数に対し、それ以外の候補の得票数を最小得票数で割り切れるような分割方法を考えます。

問題文の例で考えると、最下位の候補者の得票数が1票の場合、残りの2人の候補者に対する得票数6の分け方が何通りあるか、という問題だと考えられます。一方、最下位の候補者の得票数が2票の場合、残り2人の候補者で得票数2.5を分けることはできません。

これをメモ化して再帰的に探索する処理を実装すると、以下のように書けます。

q66_2.rb

```ruby
M, N = 20, 100

# m 個の数で合計がkになるものの個数を探す
@memo = {}
def split(m, k)
  return @memo[[m, k]] if @memo[[m, k]]
  return 1 if (m == 1) || (m == k)
  return 0 if k < m
  @memo[[m, k]] = split(m - 1, k - 1) + split(m, k - m)
end

cnt = 0
1.upto(N / M) do |k|
  cnt += split(M - 1, (N - k) / k) if (N - k) % k == 0
end
puts cnt
```

q66_2.js

```javascript
M = 20;
N = 100;

// m 個の数で合計がkになるものの個数を探す
var memo = [];
function split(m, k){
  if (memo[[m, k]]) return memo[[m, k]];
  if ((m == 1) || (m == k)) return 1;
  if (k < m) return 0;
  return memo[[m, k]] = split(m - 1, k - 1) + split(m, k - m);
}

var cnt = 0;
for (var k = 1; k < N / M; k++)
  if ((N - k) % k == 0)
    cnt += split(M - 1, (N - k) / k);
console.log(cnt);
```

整数倍ということを考えて再帰的に処理することがポイントね。

9,688,804通り

IQ：130　目標時間：30分

Q67 迷路の最長経路

横にwマス、縦にhマス並んでいるマスのいくつかを塗りつぶして、迷路を作ります。塗りつぶしたところが壁になり、塗りつぶされていないところが通路になります。

スタートが左上のマス、ゴールが右下のマスである迷路を、一度に1マスずつ「右手法」で進みます。右手法は、右側の壁を触りながら壁沿いに進む方法で、最短経路が求められるとは限りませんが、最終的にスタートに戻るかゴールに到達します。

nマスを塗りつぶすとき、スタートからゴールまでに経由するマスを数えます。なお、ゴールに到達できないような迷路は考えないものとします。同じマスを複数回通った場合は別々にカウントし、ゴールのマスに到達した時点で終了とします。

例として、$w=4$、$h=4$、$n=5$のとき、図11の左図のような場合は「↓↓↑→→↓↓←→→」のように移動しますので、11マスになります。同じように5マスを塗りつぶす場合でも、右図のように配置すると15マスになります。

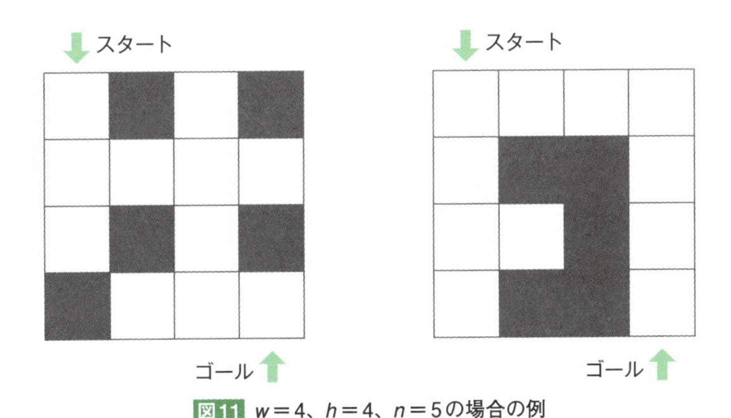

図11　$w=4$、$h=4$、$n=5$の場合の例

問題

$w=4$、$h=7$、$n=4$のとき、経由するマスが最長になるような塗りつぶすマスの配置を考え、その経由するマスの数を求めてください。

第4章　上級編★★★★

考え方

塗りつぶすマスのパターンをすべて作成し、それぞれに対して経路を求め、最長の経路を調べればよいのですが、すべてを調べると時間がかかりそうです。そこで、「迷路を作成する部分」と「経路を求める部分」に大きく分けて考えます。

迷路を作成することは、塗りつぶすマスの配置を決めることと同じです。塗りつぶすマスの数は決まっていますので、指定された数だけ壁を配置します。ただし、適当に壁を配置すると、スタートからゴールまでたどり着けない迷路ができる可能性があります。

解けない迷路ができた場合も、経路を求めながらチェックするのではダメなんですか？

それでも構いませんが、経路を求めるよりも解けるかどうかを考えるほうが簡単で高速ですよ。

Point

塗りつぶすマスの配置は再帰的に設定することもできますが、ここでは「すべてのマスの中から、埋めるマスの個数を選ぶ組み合わせ」を使っています。設定した壁に対して有効な迷路かを判定するには、スタート位置から到達できる範囲を上下左右に広げていく方法がよく使われます。図12のように到達できる範囲を広げていって、右下のゴールに到達できれば有効な迷路であると判断できます。

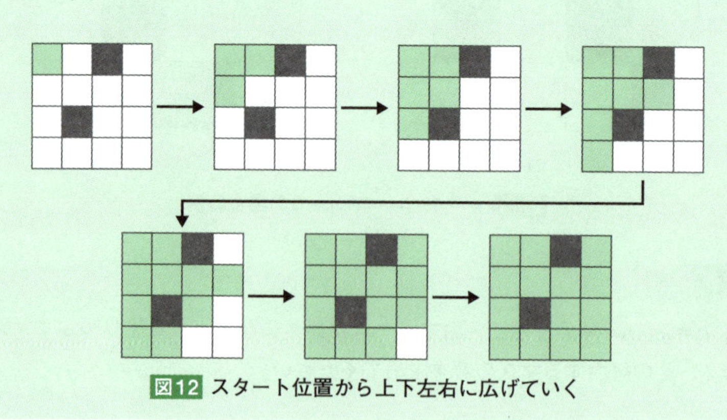

図12 スタート位置から上下左右に広げていく

今回のマスのサイズは32bitに収まるため、1マスに1ビットを割り当てた1つの整数で迷路を表現しています。壁が配置できれば、右手法で解くだけです。

迷路をビットで割り当てると、どんなメリットがあるんですか？

上下左右への移動をビット演算で一気に処理できるから、処理速度の面でメリットがありそう。

配列で処理しないことで、メソッドを呼び出すときの引数が値渡しで済むので、処理後に書き換えた変数を元に戻す必要がないというメリットもありますよ。

たとえば、左方向に移動したい場合は1ビット左にシフトして、用意したマスクとAND演算を行います（図13）。同様に右や上下の移動もビット演算で求められます。

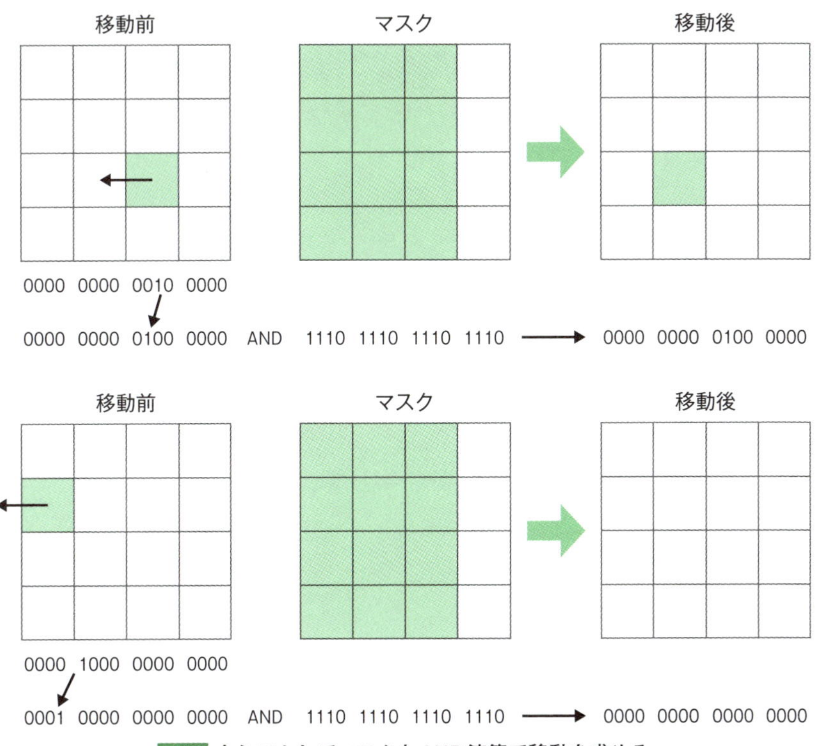

図13 左シフトしてマスクとAND演算で移動を求める

q67.rb

```
W, H, n = 4, 7, 4

# 移動方向
MASK = (1 << (W * H)) - 1
left, right = 0, 0
H.times do |i|
  left = (left << W) | ((1 << (W - 1)) - 1)
  right = (right << W) | ((1 << W) - 2)
end

# 移動した位置をビット演算で算出
@move = [lambda{|m| (m >> 1) & left}, # 右
         lambda{|m| (m << W) & MASK}, # 上
         lambda{|m| (m << 1) & right}, # 左
         lambda{|m| m >> W}] # 下

# 有効な迷路かを判定
def enable(maze)
  man = (1 << (W * H - 1)) & (MASK - maze) # 左上からスタート
  while true do
    next_man = man
    @move.each{|m| next_man |= m.call(man)} # 上下左右に移動
    next_man &= (MASK - maze) # 壁以外の部分が移動可能
    return true if next_man & 1 == 1 # 右下にたどり着けば有効
    break if man == next_man
    man = next_man
  end
  false
end

# map:壁の配置
# p1, d1: 1人目の位置、移動方向
def search(maze, p1, d1, depth)
  return depth if p1 == 1
  @move.size.times do |i| # 右手法で動ける方向を探索
    d = (d1 - 1 + i + @move.size) % @move.size
    if @move[d].call(p1) & (MASK - maze) > 0
      return search(maze, @move[d].call(p1), d, depth + 1)
    end
  end
  0
end

max = 0
(0..(W * H - 1)).to_a.combination(n) do |pos|
  maze = pos.map{|i| 1 << i}.inject(:|)
  if enable(maze)
    man_a = 1 << (W * H - 1)
    # 左上から下方向に移動
```

```
    max = [search(maze, man_a, 3, 1), max].max
  end
end
puts max
```

q67.js

```
W = 4;
H = 7;
n = 4;

// 移動方向
MASK = (1 << (W * H)) - 1;
var left = 0, right = 0;
for (var i = 0; i < H; i++){
  left = (left << W) | ((1 << (W - 1)) - 1);
  right = (right << W) | ((1 << W) - 2);
}

// 移動した位置をビット演算で算出
var move = [function(m){ return (m >> 1) & left;},
            function(m){ return (m >> 1) & left;}, // 右
            function(m){ return (m << W) & MASK;}, // 上
            function(m){ return (m << 1) & right;}, // 左
            function(m){ return m >> W;}]; // 下

// 有効な迷路かを判定
function enable(maze){
  // 左上からスタート
  var man = (1 << (W * H - 1)) & (MASK - maze);
  while (true){
    var next_man = man;
    for (var i = 0; i < move.length; i++)
      next_man |= move[i](man); // 上下左右に移動
    next_man &= (MASK - maze); // 壁以外の部分が移動可能
    if (next_man & 1 == 1) return true; // 右下にたどり着けば有効
    if (man == next_man) break;
    man = next_man;
  }
  return false;
}

// map:壁の配置
// p1, d1: 1人目の位置、移動方向
function search(maze, p1, d1, depth){
  if (p1 == 1) return depth;
  for (var i = 0; i < move.length; i++){
    // 右手法で動ける方向を探索
    var d = (d1 - 1 + i + move.length) % move.length;
    if ((move[d](p1) & (MASK - maze)) > 0){
```

```
      return search(maze, move[d](p1), d, depth + 1);
    }
  }
  return 0;
}

// 配列に対して組み合わせを列挙する
Array.prototype.combination = function(n){
  var result = [];
  if (n == 0) return result;
  for (var i = 0; i <= this.length - n; i++){
    if (n > 1){
      var combi = this.slice(i + 1).combination(n - 1);
      for (var j = 0; j < combi.length; j++){
        result.push([this[i]].concat(combi[j]));
      }
    } else {
      result.push([this[i]]);
    }
  }
  return result;
}

var max = 0;
var maze_array = new Array(W * H);
for (var i = 0; i < W * H; i++)
  maze_array[i] = i;
var wall = maze_array.combination(n);
for (var i = 0; i < wall.length; i++){
  var maze = 0;
  for (var j = 0; j < wall[i].length; j++)
    maze |= 1 << wall[i][j];
  if (enable(maze)){
    var man_a = 1 << (W * H - 1);
    // 左上から下方向に移動
    max = Math.max(search(maze, man_a, 3, 1), max);
  }
}
console.log(max);
```

このようにビット列を使う方法はソースコードをシンプルにできますが、32bitを超えたときに正しく動くか意識しておく必要があります。

Rubyでは問題なくても、JavaScriptなどの場合は注意が必要デスネ。

24マス

IQ: 140　目標時間: 40分

Q68 Base64で反転

A-Zとa-zの52文字から構成される、長さが$3n$の文字列があります。これをASCIIコードからBase64にエンコードし、左右反転します。

さらにBase64からデコードしたときに、元の文字列と同じになるもののうち、元の文字列に含まれる文字がn種類のものがいくつあるかを出力します。

たとえば、$n=1$のとき、「TQU」という文字列はエンコードすると「VFFV」となり、左右反転してデコードすると「TQU」に戻ります。ただし、この場合は「T」「Q」「U」という3種類の文字を使用しています。

同様に、「DQQ」「fYY」は2種類の文字を使用しています。$n=1$のときは「UUU」の1つだけですので、1を出力します。

表2 ASCIIコード表

上＼下	000	001	010	011	100	101	110	111
01000		A	B	C	D	E	F	G
01001	H	I	J	K	L	M	N	O
01010	P	Q	R	S	T	U	V	W
01011	X	Y	Z					
01100		a	b	c	d	e	f	g
01101	h	i	j	k	l	m	n	o
01110	p	q	r	s	t	u	v	w
01111	x	y	z					

表3 Base64コード表

上＼下	000	001	010	011	100	101	110	111
000	A	B	C	D	E	F	G	H
001	I	J	K	L	M	N	O	P
010	Q	R	S	T	U	V	W	X
011	Y	Z	a	b	c	d	e	f
100	g	h	i	j	k	l	m	n
101	o	p	q	r	s	t	u	v
110	w	x	Y	z	0	1	2	3
111	4	5	6	7	8	9	+	/

問題

$n=5$のとき、上記の条件を満たすものが何通りあるかを求めてください。

考え方

7ビットのデータしか扱うことができない電子メールで、マルチバイト文字を送りたい場合などに使われるのが「Base64」です。A-Z、a-z、0-9という62文字に加え、「+」と「/」を使った64種類の文字と、余った部分を詰める「=」という記号を使うことで、7ビットの環境でも正しくデータの送受信が可能です。

ただし、8ビットのデータを6ビットずつ（64種類の文字なので2^6）に変換するため、データ量はほぼ4/3倍になります。つまり、今回の問題にあるような長さが$3n$のASCIIコードの文字列をBase64文字列に変換すると、そのビット数は$8 \times 3n = 6 \times 4n$となり、長さが$4n$になります。

問題文にある例をもう少し詳しく見て、規則性について考えてみます。まず、「TQU」というASCIIコードを「VFFV」というBase64に変換する内容を見てみます（図14）。

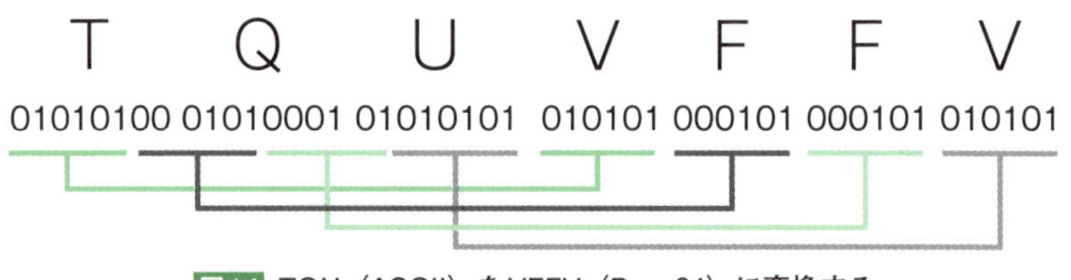

図14 TQU（ASCII）をVFFV（Base64）に変換する

このように見ると、Base64での左端の文字は、ASCIIコードの先頭6ビットに対応します。ここでBase64コード表を見ると先頭が「1」で始まるものがありますが、ASCIIコード表には先頭が「1」で始まるものはありません。つまり、Base64コード表の下半分は、変換前のASCII文字列で左端に現れることはないのがわかります。

3文字のASCII文字列について、もう少し細かく考えると、

入力のASCII文字列	01xxxxxx 01yyyyyy 01zzzzzz
Base64文字列	01xxxx xx01yy yyyy01 zzzzzz
反転したBase64文字列	zzzzzz yyyy01 xx01yy 01xxxx
出力のASCII文字列	zzzzzzyy yy01xx01 yy01xxxx

となります。さらに、出力がA-Zとa-zでできるASCII文字列になるように、出力の先頭が01のものだけを考えると、以下のように整理できます。

入力のASCII文字列	01xxxxxx 0101yy01 0101zzzz
Base64文字列	01xxxx xx0101 yy0101 01zzzz
反転したBase64文字列	01zzzz yy0101 xx0101 01xxxx
出力のASCII文字列	01zzzzyy 0101xx01 0101xxxx

Point

上記を見ると、ASCII文字列の中央にあるのは「0101」で始まり「01」で終わる文字です。これを満たす文字は、「Q」「U」「Y」の3通りしかありません。また、左端の文字を決めると自動的に右端の文字も決まります。

たとえば、中央が「Q」のとき、左端を「D」にすると右端が「Q」、左端を「H」にすると右端が「R」になります。これを調べると、表4のように対応します。これ以外が現れることはないため、探索範囲を限定できます。

表4 中央の文字がQ、U、Yの場合のパターン

中央の文字	全体の文字パターン
Q	DQQ、HQR、LQS、PQT、TQU、XQV、dQY、hQZ
U	AUP、EUQ、IUR、MUS、QUT、UUU、YUV、aUX、eUY、iUZ
Y	BYP、FYQ、JYR、NYS、RYT、VYU、ZYV、bYX、fYY、jYZ

なるほど、実際にありえないパターンを事前に除去しておけばいいのか！

探索範囲を絞ることは有効デス。

同様に、6文字のASCII文字列についても考えてみましょう。

入力	01aaaaaa 0101bb01 0101cccc 01dddddd 0101ee01 0101ffff
Base64	01aaaa aa0101 bb0101 01cccc 01dddd dd0101 ee0101 01ffff
反転	01ffff ee0101 dd0101 01dddd 01cccc bb0101 aa0101 01aaaa
出力	01ffffee 0101dd01 0101dddd 01ccccbb 0101aa01 0101aaaa

これを見ると、2文字と5文字目が「0101」で始まり「01」で終わる文字です。このように、長さ$3n$の文字列の場合、3文字ずつ文字を決めていけば全体の文字列を生成できます。

ただし、両端だけを見ると、左端の文字を決めれば右端の文字が決まりますが、その内側の文字は単純ではありません。一般に長さ$3n$の文字列を考えたとき、nが奇数の場合と偶数の場合で交互に位置が変わります（ぜひnの値を増やして順に考えてみてください）。

そこで、再帰的に文字列を生成するとき、交互に位置を変えるように実装すると、以下のように書けます。

q68_1.rb

```
N = 5

# 左右と中央の文字のリストを準備
@l = ["DHLPTXdh", "AEIMQUYaei", "BFJNRVZbfj"]
@c = "QUY"
@r = ["QRSTUVYZ", "PQRSTUVXYZ", "PQRSTUVXYZ"]

def search(n, flag, left, right)
  if n == 0
    return ((left + right).split("").uniq.length == N) ? 1 : 0
  end
  cnt = 0
  @c.length.times do |i|       # 中央の文字を決定
    @l[i].length.times do |j| # 左右の文字を決定
      # 交互に配置しながら探索
      if flag
        cnt += search(n - 1, !flag, left + @l[i][j],
                      @c[i] + @r[i][j] + right)
      else
        cnt += search(n - 1, !flag, left + @c[i] + @r[i][j],
                      @l[i][j] + right)
      end
    end
  end
  cnt
end

puts search(N, true, "", "")
```

q68_1.js

```
N = 5;

// 左右と中央の文字のリストを準備
var l = ["DHLPTXdh", "AEIMQUYaei", "BFJNRVZbfj"];
var c = "QUY";
var r = ["QRSTUVYZ", "PQRSTUVXYZ", "PQRSTUVXYZ"];

function search(n, flag, left, right){
  if (n == 0){
    ary = (left + right).split("");
    uniq = ary.filter((x, i, self) => self.indexOf(x) === i);
    return (uniq.length == N) ? 1 : 0;
  }
  var cnt = 0;
  for (var i = 0; i < c.length; i++){       // 中央の文字を決定
    for (var j = 0; j < l[i].length; j++){ // 左右の文字を決定
      // 交互に配置しながら探索
      if (flag){
        cnt += search(n - 1, !flag, left + l[i][j],
                      c[i] + r[i][j] + right);
      } else {
        cnt += search(n - 1, !flag, left + c[i] + r[i][j],
                      l[i][j] + right);
      }
    }
  }
  return cnt;
}

console.log(search(N, true, "", ""));
```

生成できた文字列を見ると、確かに反転して同じ文字列になることが確認できるね。

でも、少し処理に時間がかかりますね。

必要なのは組み合わせの数だけなので、計算だけ実行してみましょう。

生成される文字列は3文字単位で考えると、その順番はパターン数を求めるうえでは必要ありません。そこで、それぞれの3文字に使われている文字の数を集計します。

たとえば、「DQQ」という3文字に使われている文字は「D」と「Q」の2文字、「UUU」という3文字に使われている文字は「U」の1文字だけです。また、「YUV」と「VYU」のように「異なる文字列」で「使われている文字が同じ」ものがいくつあるかもカウントしておきます。

これを文字列の各パターンに対して何通りあるかを求めておけば、指定された文字列の長さに対して、再帰的に探索できます。

q68_2.rb

```
N = 5

# 左右と中央の文字のリストを準備
l = ["DHLPTXdh", "AEIMQUYaei", "BFJNRVZbfj"]
c = "QUY"
r = ["QRSTUVYZ", "PQRSTUVXYZ", "PQRSTUVXYZ"]

# 3文字に使われている文字の数で集計
@ascii = {}
c.length.times do |i|
  l[i].length.times do |j|
    cnt = [l[i][j], c[i], r[i][j]].uniq.length
    key = [l[i][j], c[i], r[i][j]].uniq.sort
    @ascii[cnt] = Hash.new(0) if !@ascii[cnt]
    @ascii[cnt][key] += 1
  end
end

# n : 文字列の長さ
# d : 文字列の種類
def search(n, d)
  return @ascii[d] ? @ascii[d] : {} if n == 1
  result = Hash.new(0)
  1.upto(d) do |i|
    search(n - 1, i).each do |char1, cnt1|
      @ascii.each do |len, chars|
        chars.each do |char2, cnt2|
          if (char1 + char2).uniq.length == d
            # 文字列の種類が一致すればパターン数を計算
            result[(char1 + char2).uniq.sort] += cnt1 * cnt2
          end
        end
      end
    end
  end
  result
end

puts search(N, N).values.inject(:+)
```

q68_2.js

```
N = 5;

// 左右と中央の文字のリストを準備
var l = ["DHLPTXdh", "AEIMQUYaei", "BFJNRVZbfj"];
var c = "QUY";
var r = ["QRSTUVYZ", "PQRSTUVXYZ", "PQRSTUVXYZ"];

// 文字列から重複を除外
function unique(str){
  var ary = str.split("");
  var uniq = ary.filter((x, i, self) => self.indexOf(x) === i);
  uniq.sort();
  return uniq.join("");
}

// 3文字に使われている文字の数で集計
var ascii = {};
for (var i = 0;  i < c.length; i++){
  for (var j = 0; j < l[i].length; j++){
    var uniq = unique(l[i][j] + c[i] + r[i][j]);
    var cnt = uniq.length;
    if (!ascii[cnt]) ascii[cnt] = {};
    if (ascii[cnt][uniq]){
      ascii[cnt][uniq]++;
    } else {
      ascii[cnt][uniq] = 1;
    }
  }
}

// n : 文字列の長さ
// d : 文字列の種類
function search(n, d){
  if (n == 1) return ascii[d] ? ascii[d] : {};
  var result = {};
  for (var i = 1; i <= d; i++){
    var chars = search(n - 1, i);
    for (char1 in chars){
      for (len in ascii){
        for (char2 in ascii[len]){
          var uniq = unique(char1 + char2);
          if (uniq.length == d){
            // 文字列の種類が一致すればパターン数を計算
            if (!result[uniq]) result[uniq] = 0;
            result[uniq] += chars[char1] * ascii[len][char2];
          }
        }
      }
    }
```

```
  }
  return result;
}

sum = 0;
var chars = search(N, N);
for (i in chars){
  sum += chars[i];
}
console.log(sum);
```

なぜJavaScriptでは配列ではなく、文字列をキーに使っているんだろう。

Rubyではハッシュ（連想配列）のキーに配列を使えるけど、JavaScriptでは使えないからじゃないかな？

そのとおりです。文字列をキーとして、重複を除外するときだけ配列に変換して処理しています。

この方法だと生成される文字列がわからないので、デバッグは大変ですが、処理速度は高速デス。

52,500通り

先生のコラム

こんなところにも使われているBase64

本文中で紹介した電子メールのマルチバイト文字以外にも、Base64は見えないところで多く使われています。いくつか事例を紹介します。

- 電子メールの添付ファイルに使われるMIMEエンコード
- ASP.NETにおけるViewState
- 画像をWebページに埋め込むData URI scheme
- Webフォームの文字列送信に使われるURLエンコード
- HTTPにおける認証方式の1つであるBasic認証

IQ: 150　目標時間: 50分

Q69 ファイル数が異なるフォルダ構成

Windows PCで、あるフォルダ内にn個のファイルを格納しようとしています。ただし、フォルダを分けて格納し、「フォルダのプロパティを調べたとき、どのフォルダを見ても格納されているファイル数が異なる」ようにします。

Windowsではファイル数とフォルダ数は別々にカウントされ、フォルダを作成してもファイル数は増えません。また、ファイル数は直下のファイルだけでなく、その配下にあるフォルダに含まれるファイルも再帰的に調べて、そのファイル数をカウントします。図15にはフォルダが5つありますが、いずれのフォルダも格納されているファイル数が異なります。

このようなフォルダ構成が何通り作れるかを求めることにします。ただし、フォルダ名は無視し、フォルダの並び順は考えないものとします。また、フォルダの直下にファイルとフォルダが混在するケースは考えないものとします。

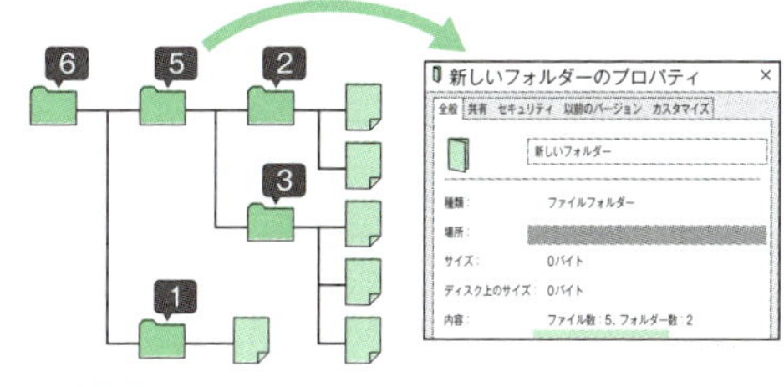

図15 フォルダによってファイル数が異なる

例を挙げると、$n=6$のときは図16のような6通りがあります。

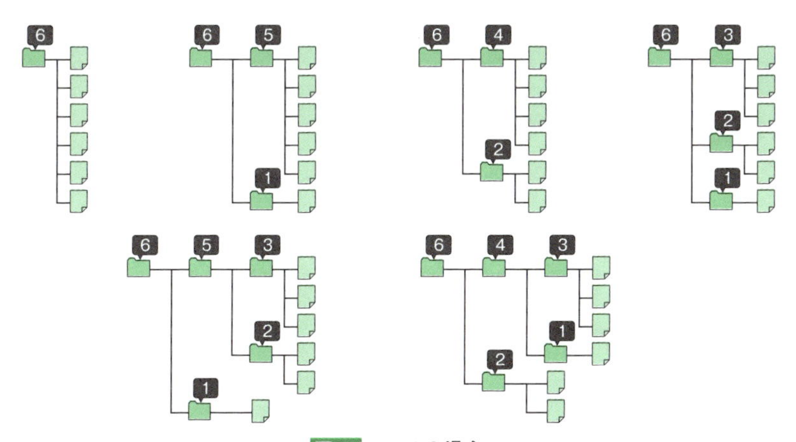

図16 $n=6$の場合

問題

$n=25$のとき、何通りのフォルダ構成が考えられるかを求めてください。

考え方

フォルダ内に格納されているファイル数がすべてのフォルダで異なるため、同じファイル数のフォルダがないようにしなければなりません。しかも、上位のフォルダにあるファイル数は、下位のフォルダにあるファイル数の和でなければなりません。

1つの方法として、各階層から探索し、そのフォルダに含まれるファイル数を左から順に並べることにします。たとえば、問題文にある例は以下のように書くとします。

6
6、5、1
6、5、1、3、2
6、4、2
6、4、2、3、1
6、3、2、1

このように並べれば、同じ数字が発生していないことがわかりますね。

各階層で大きい数から順に並べることで、異なる配置が同じ数字列になることも防げますね。

問題はどうやってこれを列挙するか、ということね。

Point

図17のように左から順に、分解しながら列挙します。同じ数が出ないように分解し、右端まで分解が終わると処理が完了します。

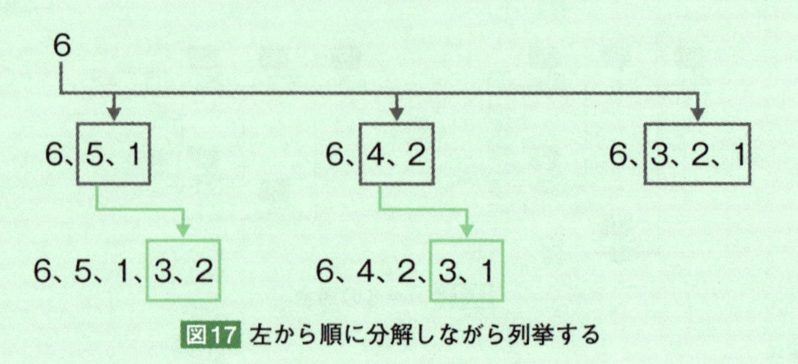

図17 左から順に分解しながら列挙する

このように数を分解する処理も再帰的に実装できます。一例として、足して6になる組み合わせは「5, 1」「4, 2」「3, 2, 1」のようになります。同様に、足して5になる組み合わせは「4, 1」「3, 2」があり、重複しないものを列挙すれば完了です。

何度も同じ分解を処理しないように、メモ化して再帰的に処理すると、以下のように実装できます。

q69.rb

```
N = 25

# 数を分解する
@memo = {}
def split(n, pre)
  return @memo[[n, pre]] if @memo[[n, pre]]
  result = []
  # 直前の数より大きいものを順に調べる
  pre.upto((n - 1) / 2) do |i|
    result.push([i, n - i])
    split(n - i, i + 1).each do |j|
      result.push([i].push(j).flatten)
    end
  end
  @memo[[n, pre]] = result
end

# 左から順に調べる
def search(used, pos)
  return 1 if used.length == pos
  # 次の数を調べる
  cnt = search(used, pos + 1)
  split(used[pos], 1).each do |i|
    # 調べる数で分解し、同じ数字がなければ次を探索
    cnt += search(used + i, pos + 1) if (used & i).size == 0
  end
  cnt
end

puts search([N], 0)
```

q69.js

```
N = 25;

// 数を分解する
var memo = {};
function split(n, pre){
  if (memo[[n, pre]]) return memo[[n, pre]];
  var result = [];
```

第4章 上級編★★★★

```
  // 直前の数より大きいものを順に調べる
  for (var i = pre; i <= ((n - 1) / 2); i++){
    result.push([i, n - i]);
    split(n - i, i + 1).forEach(function(j){
      var temp = [i];
      j.forEach(function(k){ temp.push(k); });
      result.push(temp);
    });
  }
  return memo[[n, pre]] = result;
}

// 左から順に調べる
function search(used, pos){
  if (used.length == pos) return 1;
  // 次の数を調べる
  var cnt = search(used, pos + 1);
  split(used[pos], 1).forEach(function(i){
    // 調べる数で分解し、同じ数字がなければ次を探索
    flag = true;
    for (var j = 0; j < i.length; j++){
      if (used.indexOf(i[j]) >= 0){
        flag = false;
        break;
      }
    }
    if (flag) cnt += search(used.concat(i), pos + 1);
  });
  return cnt;
}

console.log(search([N], 0));
```

数を分解する処理が配列を返すので、その返り値の処理には工夫が必要なんですね。

配列同士の重複チェックなど、RubyではかんたんなものもJavaScriptやほかの言語では少し考える必要がありますね。

14,671通り

IQ：160　目標時間：60分

Q70 他人と同じ商品は選ばない

飴玉をm個ずつ詰めたパッケージをn個作ろうとしています。ただし、それぞれのパッケージについて、1つのパッケージの中に同じ味の飴玉は入れないものとします。また、パッケージ同士を比べたとき、同じ味が2つ以上重複することがないようにします。

たとえば、図18の左図のような場合はいずれのパッケージも同じ味がなく、パッケージ同士で同じ味が2つ以上重複していないためOKです。一方、右図のように詰めるとパッケージ内で同じ味が重複したり、パッケージ同士で同じ味が2つ以上重複したりするためNGです。

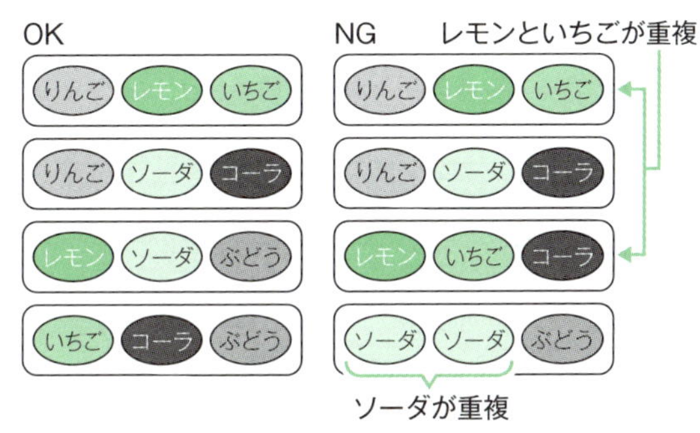

図18 OK例とNG例

上記のようにパッケージを作成するとき、必要な飴玉の味の種類をどれだけ用意すればよいか考えています。例を挙げると、$m = 3$、$n = 4$のとき、上記の左図のようなパターンが最小となり、6種類となります。

問題

$m = 10$、$n = 12$のとき、用意する飴玉の種類の最小値を求めてください。
たとえば、$m = 2$、$n = 5$のとき「4」、$m = 3$、$n = 5$のとき「7」になります（図19）。

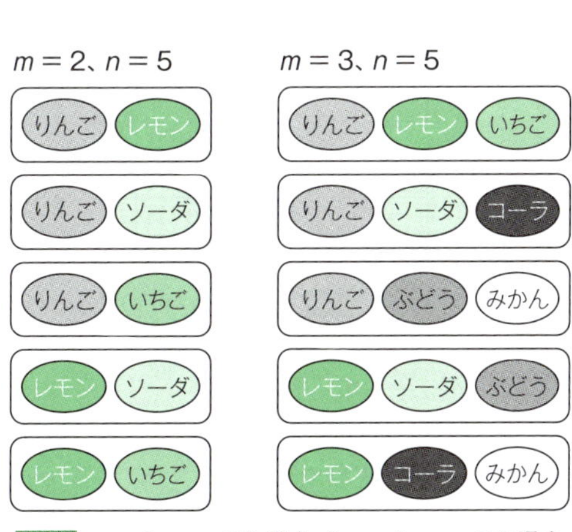

図19 $m = 2$、$n = 5$の場合／$m = 3$、$n = 5$の場合

第4章 上級編★★★★

考え方

$m \geqq n$のときを考えると、1つ目のパッケージにm種類、2つ目のパッケージは直前で使ったうち1種類を再利用して$m-1$種類、その次は$m-2$種類、というように増やせるため、その種類の数は等差数列の和で求められます。

$$m + (m-1) + \cdots + \left(m - (n-1)\right) = \frac{1}{2}n(2m - n + 1)$$

等差数列ということは、初項がmで、公差が−1、項数がnということですね？

等差数列の和Sは初項をa、公差をd、項数をnとすると、以下の公式で求められましたね。

$$S = \frac{1}{2}n(2a + (n-1)d)$$

ただし、今回の問題のように$m < n$のときはそれほど簡単ではありません。

まず、$m+1=n$のとき、以下のように1つの味を最大2回使うことを考えてみます。たとえば、$m=6$、$n=7$のとき、「1」を2回使うとすると、最初に「1、2、3、4、5、6」と「1、7、8、9、10、11」という2つのパッケージができます（図20のA）。そして、残りの5個のパッケージに対して、ここで使った2～11の10種類を使います（B）。残りの4×5個も同様に$m+1=n$の長方形なので、再帰的に探索できそうです（C）。

A

1	2	3	4	5	6
1	7	8	9	10	11

B

1	2	3	4	5	6
1	7	8	9	10	11
2	7				
3	8				
4	9				
5	10				
6	11				

C

1	2	3	4	5	6
1	7	8	9	10	11
2	7	12	13	14	15
3	8	12	16	17	18
4	9	13	16		
5	10	14	17		
6	11	15	18		

図20 $m=6$、$n=7$のとき、「1」を2回使う場合

同様に、$m+2=n$のときも考えてみます。このときは、1つの味を最大3回使うと、上記と同様に再帰的な探索が可能です。一例として、$m=6$、$n=8$のときは図21のように23種類で実現できます。

1	2	3	4	5	6
1	7	8	9	10	11
1	12	13	14	15	16

D

1	2	3	4	5	6
1	7	8	9	10	11
1	12	13	14	15	16
2	7	12			
3	8	13			
4	9	14			
5	10	15			
6	11	16			

E

1	2	3	4	5	6
1	7	8	9	10	11
1	12	13	14	15	16
2	7	12	17	18	19
3	8	13	17	20	21
4	9	14	17	22	23
5	10	15	18	20	22
6	11	16	19	21	23

F

図21 $m=6$、$n=8$の場合

$m+3=n$以降も同じようにできると考えると、以下のように再帰的に実装できそうです。

q70_1.rb

```
M, N = 10, 12

def search(m, n)
  return 0 if m <= 0
  return 1 if m == 1

  # m>=nのときは等差数列の和で求められる
  return n * (2 * m - n + 1) / 2 if m >= n

  # 「1」をセットする行数を取得
  max = n - m + 1
  # 配置したものを除外して残りを再帰的に探索
  (m - 1) * max + 1 + search(m - max, n - max)
end

puts search(M, N)
```

q70_1.js

```
M = 10;
N = 12;

function search(m, n){
  if (m <= 0) return 0;
  if (m == 1) return 1;

  // m>=nのときは等差数列の和で求められる
  if (m >= n) return n * (2 * m - n + 1) / 2;
```

```
    // 「1」をセットする行数を取得
    var max = n - m + 1;
    // 配置したものを除外して残りを再帰的に探索
    return (m - 1) * max + 1 + search(m - max, n - max);
  }

  console.log(search(M, N));
```

なるほど、これはきれいな形になっていますね。

確かにこの方法で埋められそう。でも、これが最小ですか？

実は、このように単純には実現できません。

たとえば$m = 4$、$n = 7$のとき、上記の方法では、図22のGのように13種類で入れられそうですが、実際にはHのように12種類で実現する方法があります。同様に$m + 4 = n$の例で、$m = 4$、$n = 8$のときも、I、Jのように最初に「1」を使う行数を増やすと非効率であることがわかります。

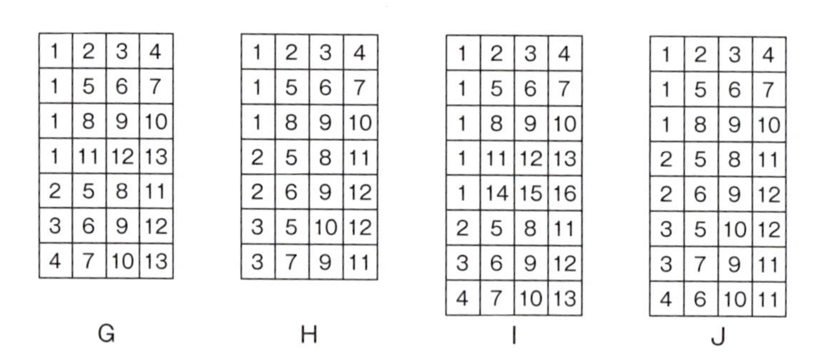

G

1	2	3	4
1	5	6	7
1	8	9	10
1	11	12	13
2	5	8	11
3	6	9	12
4	7	10	13

H

1	2	3	4
1	5	6	7
1	8	9	10
2	5	8	11
2	6	9	12
3	5	10	12
3	7	9	11

I

1	2	3	4
1	5	6	7
1	8	9	10
1	11	12	13
1	14	15	16
2	5	8	11
3	6	9	12
4	7	10	13

J

1	2	3	4
1	5	6	7
1	8	9	10
2	5	8	11
2	6	9	12
3	5	10	12
3	7	9	11
4	6	10	11

図22 $m = 4$、$n = 7$の場合の例

つまり、1つの配置例として考えられますが、より効率よく配置する方法があるかもしれません。図22の例を見てみると、1つの種類を極端に多く使うと非効率だと考えられます。たとえば、Gでは1が4回使われているのに対し、そのほかは2回ずつです。同様にIでは1が5回使われているのに対し、そのほかは2回ずつです。HやJはこれに比べて均等に使われています。

確かに均等に使えるなら、そのほうがよさそうですね。

同じ味の飴玉が使われている個数に注目すれば、均等に分けられそう。

それぞれの味がどれだけ使われているかをカウントしてみましょう。

Point

一例として、問題文にある$m=3$、$n=5$のとき、図23のようになります。

飴玉の味

りんご	レモン	いちご
りんご	ソーダ	コーラ
りんご	ぶどう	ミルク
レモン	ソーダ	ぶどう
レモン	コーラ	ミルク

⇒

使われている数

3	3	1
3	2	2
3	2	2
3	2	2
3	2	2

図23 $m=3$、$n=5$のとき、使われている味をカウント

このように表現すると、求めるパターン数は「使われている数」の逆数の和になります。上記の例の場合、

$$\frac{1}{3}+\frac{1}{3}+\frac{1}{1}+\frac{1}{3}+\frac{1}{2}+\frac{1}{2}+\frac{1}{3}+\frac{1}{2}+\frac{1}{2}+\frac{1}{3}+\frac{1}{2}+\frac{1}{2}+\frac{1}{3}+\frac{1}{2}+\frac{1}{2}=7$$

です。つまり、この「使われている数」の逆数の和が最小になるものを求めればよい、ということがわかります。

ここで、いずれか1つのパッケージについて考えると、同じ味の飴玉は使われないので、ほかのパッケージで1つずつ使われたと考えると、1つのパッケージ内で「使われている数」の和は最大でも$m+n-1$です。実際、上記の例で見ても、各パッケージで「使われている数」の和はいずれも「$3+5-1=7$」になっています。

最大になるのはどんなときですか？

たとえば、1つ目の味がすべてのパッケージで使われていて、残りの味がすべてのパッケージで異なっているときを考えるといいんじゃないかな。

そうですね。ある味がすべてのパッケージで使われていると、残りの味がほかのパッケージで使われることはありませんからね。

そこで、1つのパッケージ内で「使われている数」の和が$m+n-1$以下で、上記の逆数の和が最小になる場合を考えます。たとえば、和が7になる3つの数の組み合わせとして、「1＋1＋5」「1＋2＋4」「1＋3＋3」「2＋2＋3」が考えられます。

これらの逆数の和を求めると、それぞれ「11/5」「7/4」「5/3」「4/3」となり、最小なのは「4/3」です。つまり、使われている数がいずれも「3、2、2」になると最小になりますが、このときの和は4/3が5個なので、20/3と分数になります。これ以上の整数の中から最小のものを求めると、7となります。

一般的に、逆数の和が最小になるのは、登場する「使われている数」ができるだけ均等に分けられるときでしょう。つまり、3つの数で7を作る場合であれば、7/3を計算して2.666…に近い「2」と「3」の組み合わせで表現したときに最小になりそうです。これを実装すると、以下のように書けます。

q70_2.rb

```
M, N = 10, 12

#「使われている数」の最大値
sum = M + N - 1
# 平均に近い値
ave = sum / M

kind = 0
1.upto(M) do |i|
  if sum == ave * i + (ave + 1) * (M - i)
    kind = (N * (i.to_f / ave + (M - i).to_f / (ave + 1))).ceil
    break
  end
end
puts kind
```

q70_2.js

```
M = 10;
N = 12;

//「使われている数」の最大値
var sum = M + N - 1;
// 平均に近い値
var ave = Math.floor(sum / M);

var kind = 0;
for (var i = 1; i <= M; i++){
  if (sum == ave * i + (ave + 1) * (M - i)){
    kind = Math.ceil(N * (i / ave + (M - i) / (ave + 1)));
    break;
  }
}
console.log(kind);
```

これはどのような処理を行っているのか、わかるかな？

隣り合う2つの整数を使った和で表現するものを、順に探しているのでしょうか……？

そのとおりです。たとえば27という数を8つの数で表す場合、その平均付近にある3と4を使って表現する方法を、以下のように探しています。

$3 \times 1 + 4 \times 7 = 31$ → NG

$3 \times 2 + 4 \times 6 = 30$ → NG

$3 \times 3 + 4 \times 5 = 29$ → NG

$3 \times 4 + 4 \times 4 = 28$ → NG

$3 \times 5 + 4 \times 3 = 27$ → OK … $3 + 3 + 3 + 3 + 3 + 4 + 4 + 4$

ただし、この方法では最小となる値は得られますが、実際にその値でパッケージを用意できるとは限りません。例を挙げると、$m = 2$、$n = 7$のとき、上記のプログラムを実行すると4が得られます。しかし、実際には4種類の飴玉ではパッケージが作成できず、図24のような5種類が必要です。

第4章 上級編★★★★

飴玉の味	
りんご	レモン
りんご	ソーダ
りんご	ぶどう
レモン	ソーダ
レモン	ぶどう
ソーダ	コーラ
ぶどう	コーラ

⇒

使われている数	
3	3
3	3
3	3
3	3
3	3
3	2
3	2

図24 $m=2$、$n=7$のときは5種類の飴玉が必要

つまり、「q70_1」のソースコードでできた配置のときが最大値、「q70_2」でできた個数が最小値と考えられます。これが一致する場合は確実に答えが得られますが、異なる場合にはその範囲内で細かく考える必要があります。

今回の問題では、$m=10$、$n=12$のため、どちらを使っても同じ58になり、正解が求められます。

そうか。最大と最小が同じになれば、その値に決まりますね。

mとnの値が小さい場合は、単純に組み合わせを求めるだけで得られるけれど、サイズが大きくなると探索に時間がかかりそうだね。

58

1	2	3	4	5	6	7	8	9	10
1	11	12	13	14	15	16	17	18	19
1	20	21	22	23	24	25	26	27	28
2	11	20	29	30	31	32	33	34	35
3	12	21	29	36	37	38	39	40	41
4	13	22	29	42	43	44	45	46	47
5	14	23	30	36	42	48	49	50	51
6	15	24	31	37	43	48	52	53	54
7	16	25	32	38	44	48	55	56	57
8	17	26	33	39	45	49	52	55	58
9	18	27	34	40	46	50	53	56	58
10	19	28	35	41	47	51	54	57	58

図25 解答を実際に配置した例

索引

英数字

あ

か

さ

た

な

は

ま

やらわ

本書内容に関するお問い合わせについて

このたびは翔泳社の書籍をお買い上げいただき、誠にありがとうございます。弊社では、読者の皆様からのお問い合わせに適切に対応させていただくため、以下のガイドラインへのご協力をお願い致しております。下記項目をお読みいただき、手順に従ってお問い合わせください。

●ご質問される前に

弊社Webサイトの「正誤表」をご参照ください。これまでに判明した正誤や追加情報を掲載しています。

正誤表　http://www.shoeisha.co.jp/book/errata/

●ご質問方法

弊社Webサイトの「刊行物Q&A」をご利用ください。

刊行物Q&A　http://www.shoeisha.co.jp/book/qa/

インターネットをご利用でない場合は、FAXまたは郵便にて、下記“翔泳社 愛読者サービスセンター”までお問い合わせください。
電話でのご質問は、お受けしておりません。

●回答について

回答は、ご質問いただいた手段によってご返事申し上げます。ご質問の内容によっては、回答に数日ないしはそれ以上の期間を要する場合があります。

●ご質問に際してのご注意

本書の対象を越えるもの、記述個所を特定されないもの、また読者固有の環境に起因するご質問等にはお答えできませんので、予めご了承ください。

●郵便物送付先およびFAX番号

送付先住所　〒160-0006　東京都新宿区舟町5
FAX番号　03-5362-3818
宛先　（株）翔泳社 愛読者サービスセンター

※本書に記載されたURL等は予告なく変更される場合があります。
※本書の出版にあたっては正確な記述につとめましたが、著者や出版社などのいずれも、本書の内容に対してなんらかの保証をするものではなく、内容やサンプルに基づくいかなる運用結果に関してもいっさいの責任を負いません。
※本書に掲載されているサンプルプログラムやスクリプト、および実行結果を記した画面イメージなどは、特定の設定に基づいた環境にて再現される一例です。

著者プロフィール

増井敏克（ますい としかつ）

増井技術士事務所代表。技術士（情報工学部門）。情報処理技術者試験にも多数合格。IT エンジニアのための実務スキル評価サービス「CodeIQ」にて、アルゴリズムや情報セキュリティに関する問題を多数出題。また、ビジネス数学検定 1 級に合格し、公益財団法人日本数学検定協会認定トレーナーとしても活動。「ビジネス」×「数学」×「IT」を組み合わせ、コンピュータを「正しく」「効率よく」使うためのスキルアップ支援や、各種ソフトウェアの開発、データ分析などを行っている。著書に『おうちで学べるセキュリティのきほん』、『プログラマ脳を鍛える数学パズル』、『エンジニアが生き残るためのテクノロジーの授業』（以上、翔泳社）、『シゴトに役立つデータ分析・統計のトリセツ』、『プログラミング言語図鑑』（以上、ソシム）がある。

装丁・デザイン　植竹 裕
DTP　株式会社 シンクス

もっとプログラマ脳を鍛える数学パズル

アルゴリズムが脳にしみ込む 70 問

2018年2月19日　初版第1刷発行

著者　増井 敏克
発行人　佐々木 幹夫
発行所　株式会社 翔泳社（http://www.shoeisha.co.jp）
印刷・製本　株式会社 ワコープラネット

本書へのお問い合わせについては、343 ページに記載の内容をお読みください。
落丁・乱丁はお取り替えいたします。03-5362-3705 までご連絡ください。

ISBN978-4-7981-5361-2　Printed in Japan